Hühner, Schreitvögel und Rallen

Hühner, Seite 154–159 Mit kurzen, aber kräftigen Beinen sind Hühnervögel gut zu Fuß. Oft sind sie in großen Familienverbänden unterwegs.

Schreitvögel, Seite 160–167 Mit langen Beinen schreiten die recht großen, langhalsigen Vögel durch Gewässer und Wiesen; Schnäbel meist lang.

Rallen, Seite 168–171 Die meisten Rall
in Schilf und auf nassem Gelände, ei
frei sichtbar mit ruckartigen Bewegu

Watvögel

Schnepfenvögel, Seite 172–192 Kleine bis mittelgroße Vögel mit langen Beinen und langen Schnäbeln leben an Küsten und in sumpfigen Gebieten.

Möwen, Seeschwalben und Alken, Seite 193–210 Mit Schwimmhäuten ausgestattete See- und Küstenvögel, meist sehr hell befiedert.

Taucher, Enten, Sturmvögel

Taucher, Seite 211–215 Mit kurzen Beinen am Hinterende des schlanken Körpers können Taucher hervorragend unter Wasser nach Fischen jagen.

Entenvögel, Seite 216–234 Schwäne, Gänse und Enten haben Schwimmhäute und halten sich gern auf dem Wasser auf, einige suchen ihre Nahrung an Land.

Sturmvögel, Seite 235–241 Seevögel, oft mit Salzdrüsen am Schnabel, die teilweise nur zum Brüten an die Küste kommen und sich von Fisch ernähren.

Verbreitungskarte

grün >	ganzjähriges Vorkommen
rot >	Brutgebiet
hellblau >	Überwinterungsgebiet
gelb >	Durchzugsgebiet
gelbe Striche >	Hauptzugroute

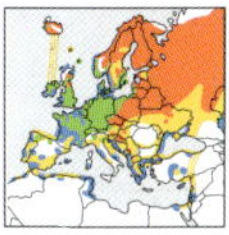

Volker Dierschke **Welcher Vogel ist das?**

Die Vogelarten

Zur Benutzung des Buches

Das zuerst ins Auge fallende **Hauptbild** stellt, wenn nicht anders angegeben, einen männlichen Vogel im Prachtkleid da. Die für die Bestimmung wichtigsten Merkmale werden durch Legenden hervorgehoben. Die weiteren Illustrationen zeigen aussagekräftige Details bzw. ähnliche Arten.
In der Randspalte erfahren Sie durch Text, Bild und Karte mehr über den Lebensraum der Vögel und über die Brutgewohnheiten. Der Haupttext enthält Wissenswertes über die Art. Bei Vögeln, die auf einer kompletten Seite vorgestellt werden finden Sie zudem noch einen **Beobachtungstipp** oder einen **„Schon gewusst?"**-Kasten. Nicht zuletzt wird Ihnen die Beschreibung der Stimme beim Bestimmen helfen.

Verbreitungskarte
Verschiedene Farben verdeutlichen, wo Sie den Vogel zur Brutzeit, im Überwinterungsgebiet oder auf dem Durchzug beobachten können.

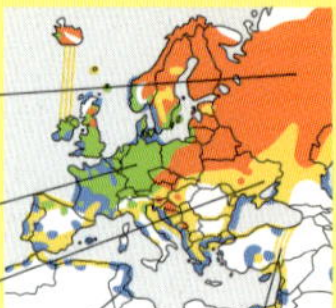

(rot) Brutgebiet
(grün) ganzjähriges Vorkommen
(gelb) Durchzugsgebiet
(blau) Überwinterungsgebiet
(gelbe Striche) Hauptzugroute

Größe
Körpergröße Länge von Kopf bis Schwanz
Spannweite: Abstand der Flügelspitzen bei ausgestreckten Flügeln

Wissenswertes
Hier finden Sie Spannendes zu Lebensweise, Ernährung und vieles mehr.

Typisches Federkleid
Die wichtigsten Bestimmungsmerkmale der Art werden beschrieben.

Gefiedervarianten
Die Illustrationen zeigen unterschiedliche Federkleider, die je nach Geschlecht (♀, ♂), Alter (Jungvogel, Altvogel) oder Jahreszeit (z.B. winterliches Schlichtkleid, sommerliches Prachtkleid) auftreten. Wesentliche Bestimmungsmerkmale sind markiert und beschriftet.

Ähnliche Arten
Sofern nicht ausführlich behandelt, zeigen Illustrationen ähnliche Vögel (Name unterstrichen) mit Beschriftung der wichtigsten Bestimmungsmerkmale.

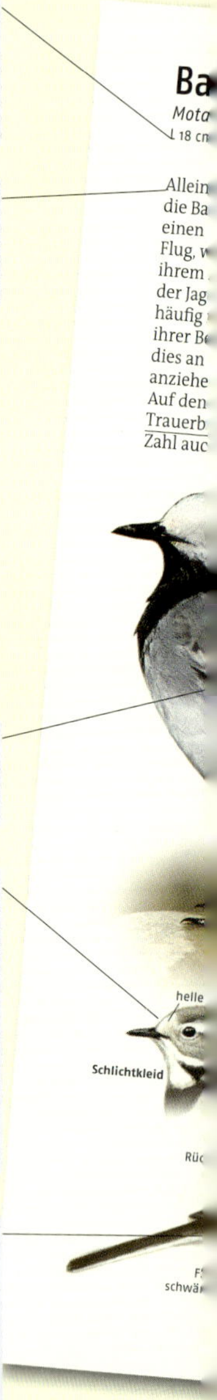

Deutscher Name
Wissenschaftlicher Name
Familie

Zugverhalten
Bleibt der Vogel ganzjährig, zieht er kurze oder lange Strecken?

Lebensraum
Zeigt den Vogel in einem seiner natürlichen Lebensräume, im Text werden weitere Beobachtungsgebiete vorgestellt.

Flugbild
Zeigt den Vogel im Flug. Beachten Sie, dass hier Unterschiede im Geschlecht oder Alter nicht immer sichtbar sind.

Brutinformationen
Enthält Angaben zu Jahreszeit (Legebeginn bis Ausfliegen der letzten Brut), Gelegegröße, Eifärbung und Anzahl der Bruten pro Jahr

Verbreitungskarte
(Erläuterungen siehe S. 4 unten)

Farbcode
Jede der sechs Vogelgruppen ist mit einer Farbe gekennzeichnet (siehe auch S. 1).

Silhouette
Der Umriss des Vogels ermöglicht eine feinere Unterteilung innerhalb der sechs Vogelgruppen (siehe auch S. 1).

Stimme
Beschreibung der Rufe und Gesänge.

Beobachtungstipp
Hier finden Sie Hinweise darauf, wo und wie Sie bei dem Vogel interessante Verhaltensweisen beobachten können. Bei manchen Arten werden unter **„Schon gewusst?"** besonders wissenswerte Details geschildert.

Merkmale erkennen

Neben dem auffälligsten Kennzeichen, der Gefiederfärbung, spielen bei der Vogelbestimmung folgende Aspekte eine wichtige Rolle: die **Größe** eines Vogel, seine **Gestalt**, besonders aber auch seine Bewegungsweise und sein **Verhalten.** Wenn Sie auf einen unbekannten Vogel treffen, hilft oft der Vergleich zu bereits bekannten Vögeln weiter. Auf den folgenden Seiten finden Sie einige Hinweise, die Ihnen das richtige Ansprechen der Vögel erleichtern sollen.

Fast alle Vogelarten kann man in verschiedenen Federkleidern beobachten. Unterschiede sind häufig zwischen **Männchen** und **Weibchen** sowie zwischen **Alt- und Jungvögeln** vorhanden. Oft gibt es zudem ein bunteres **Prachtkleid** und ein weniger auffälliges, tarnfarbenes **Schlichtkleid**. Während das Schlichtkleid vor allem im Winter vorkommt, wird das Prachtkleid meist zur Balz- und Brutzeit getragen und ist überwiegend im Frühjahr und Sommer zu sehen. Bei den Enten beginnt die Balz bereits im Winter, sodass die Männchen viel früher als andere Vögel ihr buntes Gefieder zeigen.
Zu beachten ist stets, dass bei der **Mauser**, dem Gefiederwechsel von einem Kleid zum anderen, Übergangsstadien zu beobachten sind. Einige Vogelarten bekommen ihr Prachtkleid auch ohne Mauser: Das bunte Gefieder tritt zu Tage, wenn die schlicht gefärbten Federspitzen durch Abnutzung verschwinden.

Arten finden

Mit über 440 Arten finden Sie in diesem Buch nahezu alle Vögel, die Ihnen in Europa als Brutvogel, Durchzügler oder Wintergast begegnen können. Die Reihenfolge richtet sich größtenteils nach der Verwandtschaft der Vogelarten. Ähnlich aussehende Arten sind meist auf den umgebenden Seiten zu finden und erleichtern den Vergleich.

Kennzeichnung eines Sommergoldhähnchens

Körperregionen und Gefiederpartien einer Goldammer

Gefieder eines Stockenten-Weibchens

Größe

Von Zaunkönig und Wintergoldhähnchen bis zu Kranich und Seeadler begegnen uns Vögel ganz unterschiedlicher Größe. Für die Bestimmung wichtig sind die Unterschiede zwischen ähnlich aussehenden Arten. Ein schwarz-weiß befiederter Vogel mit langen roten Beinen und langem roten Schnabel kann entweder ein Austernfischer oder ein Weißstorch sein. Auch wenn Sie bei genauerem Hinsehen natürlich weitere Unterschiede feststellen, die **Körpergröße** lässt eine Verwechslung der beiden Arten nicht zu. Meistens sind es aber feinere Größenunterschiede, die zu beachten sind, z. B. bei den schwarzweißen Spechtarten Bunt-, Mittel- und Kleinspecht oder gar zwischen dem kleinen Zilpzalp und dem nur wenig größeren Fitis (S. 53). Im herbstlichen Wattenmeer sind gleich etliche Watvogelarten (S. 176–192) zu sehen, die fast alle grau bis braun befiedert sind, sich aber vom Zwergstrandläufer bis hin zum Großen Brachvogel deutlich in der Körpergröße unterscheiden.

Bei ähnlicher Farbgebung unterscheiden sich Weißstorch und Austernfischer deutlich in der Größe.

Eine genaue Einschätzung der Größe eines Vogels ist sehr schwer – in der Regel erscheint uns ein Vogel aus der Entfernung größer als er wirklich ist. Die **Längenangabe** (gemessen von Kopf bis Schwanz) bei jeder Vogelart soll Ihnen vielmehr helfen, die Körpergröße eines Vogels im Vergleich zu der einer Ihnen bereits bekannten Art einzuordnen. Dabei ist zu berücksichtigen, dass ein Vogel in geduckter Haltung oder gar bei eingezogenem Hals kleiner wirken kann. Bei fliegenden Vögeln fällt oft die **Flügelspannweite** stärker auf als die Körperlänge, deshalb finden Sie zusätzlich eine Angabe zum Abstand der beiden Flügelspitzen bei ausgebreiteten Flügeln.

Ähnlich gefärbte Spechtarten unterscheiden sich in der Größe.

Gestalt

Die Größenverhältnisse der Körperteile zueinander bestimmen die Gestalt eines Vogels. Die **Form des Körpers** kann zwar von schlank bis dick variieren, augenfälliger ist aber die **Länge von Hals, Beinen und Schwanz.** Unterstrichen wird der Gesamteindruck oft noch durch feinere Merkmale wie die **Länge von Schnabel und Flügel.** Trotz ihres langen Schnabels wirkt die Bekassine mit ihrem dicken Bauch und dem kurzen Hals eher plump. Im Gegensatz dazu erscheint uns der Große Brachvogel mit langem Hals und langen Beinen sehr schlank – ein Eindruck, der durch den langen, dünnen Schnabel noch verstärkt wird.

Schlanker Großer Brachvogel und plumpe Bekassine.

Werden sehr ähnliche Vogelarten miteinander verglichen kann es auf viel kleinere Details ankommen. So reichen die längeren Flügel der Heringsmöwe weiter über den Schwanz hinaus als die der kurzflügeligeren Mantelmöwe – die Heringsmöwe wirkt dadurch viel schlanker. Formen von Schwanz und Flügeln können in vielen Fällen weiterhelfen. Bei ähnlicher Gestalt hat der Sperber (S. 148) rundliche Flügel, während die Flügel von Falken (S. 149–153) spitzer wirken. Schwarz- und Rotmilan (S. 143) haben einen gegabelten Schwanz, alle anderen Greifvögel nicht.

Die längeren Flügel geben der Heringsmöwe ein schlankeres Erscheinungsbild.

Ein sehr hilfreiches Bestimmungsmerkmal ist die **Schnabelform.** Unter den Singvögeln sind Ammern (S. 105–111), Finken (S. 94–104) und Sperlinge (S. 91–93) leicht an ihrem dicken Schnabel zu erkennen, der zum Körnerfressen geeignet ist. Insektenfresser haben dagegen meist dünnere Schnäbel. Genaues Hinsehen lohnt sich schließlich bei den Strandläufern: Der Alpenstrandläufer hat einen leicht gebogenen Schnabel, beim Zwergstrandläufer ist er kürzer und nicht gebogen, beim Sichelstrandläufer aber länger und stärker gebogen.

Feine Unterschiede in der Schnabelform helfen bei der Bestimmung der Strandläufer.

Farben und Muster

Bunte Vögel wie Eisvogel (S. 122), Blaukehlchen (S. 61) und Pirol (S. 90) sind meist sofort an ihrer auffälligen **Gefiederfärbung** zu erkennen. Viele andere Arten können Sie leicht bestimmen, wenn Sie sich die Färbung der wichtigsten Gefiederpartien merken, vor allem Kopf, Oberseite (Rücken und Flügel) und Unterseite (Brust und Bauch). Ein kleiner Singvogel mit gelbem Bauch, grünem Rücken und schwarz-weißem Kopf kann deshalb problemlos als Kohlmeise (S. 76) angesprochen werden.

Der Feldsperling unterscheidet sich vom Haussperling durch den schwarzen Kopfseitenfleck.

Oft begegnen uns aber unscheinbar gefärbte Vögel, deren Gefieder in der Grundfarbe braun oder grün ist. Diese sind zwar gut getarnt, bereiten uns aber Schwierigkeiten bei der Bestimmung. Es kommt daher auf die Details an, wie **Muster** oder bestimmte **auffällige Elemente.** Haussperling und Feldsperling sind sich insgesamt recht ähnlich, den Feldsperling kann man aber immer an dem schwarzen Fleck an der Kopfseite erkennen, der dem Haussperling stets fehlt. Wichtige Gefiederteile sind bei der Bestimmung häufig die **Streifung** des Kopfes, der Flügelbinden und die **Fleckung** oder Streifung der Unterseite. Im Flug sollten Sie auf die Färbung von Schwanz (manche Arten haben weiße Außenkanten) und Flügeln achten. Auch die Farbe des hinteren Rückens (Bürzel) kann Hinweise bei der Bestimmung geben. In einem auffliegenden Finkentrupp fallen Bergfinken sofort durch ihren weißen **Bürzel** auf, während dieser bei Buchfinken unauffällig grün ist. Neben der Gefiederfärbung spielen auch die **Farben von Schnabel und Beinen** eine Rolle.

Auffliegende Finken sind am Bürzel gut erkennbar.

Flug

Alle europäischen Vögel können fliegen – ihre **Flugweise** unterscheidet sich aber vielfach und kann bei der Bestimmung helfen. Enten und Watvögel schlagen beim Flug ständig mit den Flügeln, haben dadurch eine gerade **Flugbahn** und sind sehr schnell. Bei Singvögeln wechselt kurzes Flattern mit kurzen Pausen, sodass die Flugbahn oft ein Auf und Ab aufweist; die **Fluggeschwindigkeit** ist meist geringer. Viele Vögel können längere Strecken auch ohne Flügelschlag fliegen. Greifvögel und Störche schrauben sich gern mit Hilfe warmer Aufwinde (Thermik) in die Höhe. Sturmtaucher und viele andere Seevögel nutzen Luftströmungen zwischen den Wellen des Meeres, um mitunter stundenlang ohne Flügelschlag über die Wellen zu gleiten.

Viele Greifvögel segeln mit ausgebreiteten Flügeln.

Schon aus größerer Entfernung sind ziehende Kraniche an der Flugweise erkennbar – unregelmäßig wechseln Phasen mit langsamen Flügelschlägen mit Phasen des Gleitens. Gänse, deren **Formation** im Flug ähnlich ist, schlagen dagegen ständig und schneller mit den Flügeln.

Neben der unterschiedlichen Gestalt hilft auch die Flugweise bei der Bestimmung von Mehlschwalben und Mauerseglern hoch am Himmel. Letztere fliegen reißend schnell mit kräftig ausholenden Flügelschlägen und oft langen **Gleitphasen**; der Flug der Mehlschwalbe wirkt dagegen flatternder, die Gleitphasen sind viel kürzer.

Mauersegler und Mehlschwalbe sind an ihrer Flugweise erkennbar.

Eine Besonderheit zeigen einige Greifvögel, besonders häufig der Turmfalke: Um aus der Luft nach Beute Ausschau zu halten stehen sie mit schnell flatternden Flügeln auf der Stelle. Ein solcher **„Rüttelflug“** ist auch bei Seeschwalben (S. 203–207) zu beobachten.

Rüttelflug eines Turmfalken.

Verhalten

Beim Beobachten der Vögel werden Sie rasch feststellen, dass Ihnen Bewegungsweise und Verhalten eines Vogel oft sehr schnell dessen Bestimmung ermöglichen. Meist sieht man Vögel bei der **Nahrungssuche**, deren Art und Weise den Kreis der in Frage kommenden Arten schnell

Spechte, Baumläufer und Kleiber klettern an Baumstämmen.

einschränkt. So gibt es nur wenige Vögel, die an Baumstämmen emporklettern und Insekten aus der Rinde picken. Neben Spechten sind dies auch Baumläufer und Kleiber. Enten suchen ihre Nahrung meist im Wasser, einige sammeln sie von der Oberfläche ab oder tauchen nur mit dem Vorderkörper unter (Stockente und ähnliche Arten), andere tauchen bis zum Gewässergrund und entziehen sich dadurch kurz unserem Blick (z. B. Reiher- und Tafelente). Die genaue Artbestimmung muss dann jeweils mit Hilfe der Gefiedermerkmale erfolgen.

Weitere Verhaltensweisen, die Hinweise bei der Artbestimmung geben können, betreffen z. B. die **Brut** und das **Balzritual** und, besonders auf dem Zug, auch die **Schwarmbildung**. Sowohl während des aktiven Wanderfluges als auch während der Rast bilden manche Arten riesige Schwärme, andere sind dagegen eher Einzelgänger oder halten sich nur in kleinen Trupps auf.

Verbreitung

Auch der Ort, an dem ein Vogel beobachtet wird, kann Anhaltspunkte für dessen Bestimmung geben. Dies betrifft unter anderem die **Region**, in der Sie sich gerade aufhalten. Die Verbreitungskarten zeigen rasch, ob ein Vogel dort regelmäßig vorkommen kann oder nicht. Aber Vorsicht: Gelegentlich verfliegen sich Vögel und tauchen auch in nicht in den Karten markierten Regionen auf. Eine noch feinere Ortsangabe bezieht sich auf den **Lebensraum**. Viele Arten kommen entweder nur im Wald, nur an Gewässern oder nur in der offenen Landschaft vor. Aber auch hier ist Vorsicht geboten, denn auf dem Zug finden Vögel nicht überall ihren bevorzugten Lebensraum und rasten dann manchmal in ungewohntem Terrain.

Teichrohrsänger leben nur im Schilf.

Gesang

Neben dem bunten Gefieder sind es die Lautäußerungen, mit denen sich die Vögel bei uns Menschen beliebt machen. Da fast jede Vogelart ihr eigenes **Repertoire an Rufen und Gesängen** hat, sind diese zugleich ein wesentliches Hilfsmittel bei der Vogelbestimmung. In den Artbeschreibungen sind die Vogelstimmen kurz mit Worten skizziert, eine zusätzliche Hilfe bieten im Handel erhältliche Tonträger. Zu empfehlen ist auch die Teilnahme an **Vogelstimmen-Exkursionen,** die vielerorts von Naturschutzverbänden oder Volkshochschulen angeboten werden. Aber auch auf eigene Faust können Sie sich mit etwas Geduld Kenntnisse aneignen, wenn Sie singende Vögel beobachten und sich die Verknüpfung von Stimme und Aussehen merken.

Der Schlagschwirl singt versteckt aus dichtem Gebüsch.

Der Vogelgesang ist vielfältig und kann sowohl aus **melodischen Strophen** als auch aus wenigen, aus unserer Sicht schmucklosen **Tönen** bestehen. Bei vielen Arten singt nur das Männchen, bei einigen Arten auch das Weibchen. In der Regel verfolgt ein Vogel mit seinem Gesang zwei Ziele: die akustische Abgrenzung seines Brutreviers gegen Nachbarn der selben Vogelart und die Anlockung eines Brutpartners. Oft präsentieren sich dabei die Männchen erhöht auf Buschspitzen oder freien Ästen eines Baumes um gleichzeitig ihr buntes Gefieder vorzuführen. Besonders in der offenen Landschaft vollführen einige Arten **Singflüge**, bei denen sie ihren Gesang hoch aus der Luft vortragen. So manche Art singt nur aus dichtem Gebüsch heraus, ohne dass man den Vogel zu Gesicht bekommt.

Das Blaukehlchen präsentiert beim Gesang seine bunte Vorderseite.

Mit verschiedenen Rufen halten die Vögel einer Art Kontakt untereinander. Insbesondere ziehende Vögel kündigen sich unserem Ohr schon von weitem an. Oft machen sie mit **Warnrufen** auf Feinde wie Greifvögel oder Katzen aufmerksam. Sie können aber auch einem Nachbarn drohen, der ins eigene Revier eingedrungen ist.

Der Singflug des Baumpiepers startet von einer Baumspitze aus.

Ursachen

Ein großer Teil der europäischen Vögel gehört zu den Zugvögeln. Weil sie in ihrem Brutgebiet im Winter keine **Nahrung** finden, fliegen sie im Herbst in südlichere Gefilde, um dort bei besserem Nahrungsangebot zu überwintern und erst im Frühjahr zurückzukehren. **Körnerfresser** finden auch im Winter fast überall Nahrung und ziehen deshalb oft gar nicht oder nur kurze Strecken. **Insektenfresser** sind dagegen fast immer Zugvögel. Manche verweilen bereits in Westeuropa oder im Mittelmeerraum, andere überfliegen die 3000 km breite Sahara und gelangen ins mittlere oder gar südliche Afrika.

Verbreitung

Ein typischer **Standvogel**, der sein Brutgebiet nicht verlässt und im Winter höchstens etwas weiter umherstreift, ist der Grünspecht. Zu den **Kurzstreckenziehern** gehört die Wacholderdrossel, die ihr Verbreitungsgebiet im Winter nur innerhalb Europas etwas nach Süden verlagert. Zu den **Langstreckenziehern** zählen neben vielen Singvögeln einige Watvogelarten. Der Sichelstrandläufer zum Beispiel brütet in der nordsibirischen Arktis, berührt Europa nur auf dem Durchzug und überwintert in West- und Südafrika.

„Treibstoff"

Um ihre Zugstrecke bewältigen zu können, müssen Zugvögel vor dem Abflug die erforderliche **Energie** im Körper speichern. Sie nehmen einige Wochen lang besonders viel Nahrung zu sich und legen dabei am Körper große **Fettvorräte** an. Diese dienen während des Fluges als **„Treibstoff"**. In der Regel müssen Zugvögel unterwegs Zwischenstation machen und erneut „auftanken". Dazu benötigen sie **Rastgebiete**, die ein reichhaltiges Nahrungsangebot bieten. Für viele Enten, Gänse und Watvögel dient das Wattenmeer an der deutsch-dänisch-niederländischen Küste als enorm wichtige Auftankstation, bevor sie im Herbst nach Afrika bzw. im Frühjahr nach Sibirien aufbrechen.

Als Standvogel überwintert der Grünspecht im eigenen Brutrevier.

Mit Beeren als Winternahrung kann der Kurzstreckenzieher Wacholderdrossel in Europa überwintern.

Als Langstreckenzieher überquert der Sichelstrandläufer Europa beim Zug von Sibirien nach Südafrika.

Vogelzug

Vogelzug findet sowohl am Tage als auch in der Nacht statt. Die **Richtung und Dauer** des Zuges ist den Vögeln dabei ebenso angeboren wie der Mechanismus, nach dem sie sich orientieren. Je nach Vogelart wird ein innerer **Kompass** benutzt, der sich nach **Sonnenstand, Sternen, Erdmagnetfeld** oder einer Kombination aus diesen richtet.
Bei vielen Vögeln erfolgt der Zug daher in breiter Front, d. h. sie fliegen auf direktem Weg vom Brutgebiet ins Winterquartier.
Einige Vögel orientieren sich auch an **Landmarken** wie Küsten oder Flussläufen, die dabei als „Leitlinien“ dienen.
Greifvögel und Störche ziehen im **Gleitflug**. Um die dafür erforderliche Flughöhe zu gewinnen, nutzen sie **thermische Aufwinde.**
Da es die nur über dem Land gibt, vermeiden sie nach Möglichkeit den Flug über ausgedehnte Meeresgebiete. Anstatt das Mittelmeer zu überqueren konzentriert sich der Zug von Greifvögeln und Störchen deshalb an den Meerengen von Gibraltar und Bosporus, in geringerem Ausmaß auch zwischen Tunesien und Sizilien.

Auf dem Zug vom Brutgebiet nach West- bzw. Ost- und Südafrika konzentrieren sich Weißstörche an Meerengen.

Uferschwalbe

Riparia riparia (Schwalben)

L 12 cm SpW 27–29 cm Langstreckenzieher

Vorkommen *Brütet in steilen Sandwänden, meist an Ufern oder Küsten. Nahrungssuche in umgebender offener Landschaft.*

> ***Brutzeit April–September***
> ***4–6 rein weiße Eier***
> ***1–2 Bruten im Jahr***

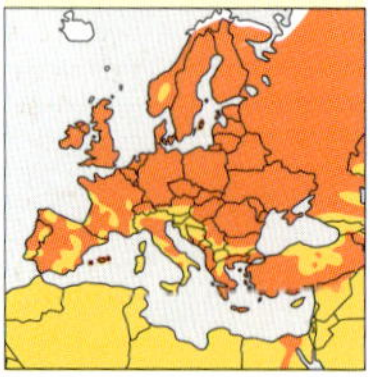

Die Uferschwalbe brütet meist in Kolonien. Ihre Brutröhren legt sie in den wenigen in der Landschaft vorhandenen Steilwänden an. Mehrere tausend Paare umfassen die größten Kolonien an Steilufern der Ostsee. Die Brutweise hat den Vorteil, dass räuberische Säugetiere wie Dachs oder Fuchs die Nester nicht erreichen können. Dagegen kann abrutschender Sand Bruten gefährden. Gesellig ist die Uferschwalbe auch auf dem Zug und im afrikanischen Winterquartier.

Stimme *Im Flug harte, schnurrende Rufe („tschrrrt“). Schwatzender, unauffälliger Gesang.*

Brutkolonie

Schon gewusst?

Das Männchen gräbt in ein- bis zweiwöchiger Arbeit eine bis zu 90 cm tiefe Brutröhre mit den Krallen in den Sand. Am Ende polstert es eine Nestkammer mit Gras und Federn aus. Das Brüten und das Füttern der Jungvögel teilen sich beide Partner.

Rauchschwalbe

Hirundo rustica (Schwalben)

L 17–19 cm   SpW 32–34 cm   Langstreckenzieher

Die Rauchschwalbe brütet eigentlich in Felshöhlen, befestigt aber ihr aus Lehm und Halmen zusammengeklebtes Nest heute meist in offenstehenden Gebäuden (z. B. Ställe) oder unter niedrigen Brücken. Alte Nester werden gerne wiederverwendet. An der Länge der Schwanzspieße kann das Weibchen die Qualität eines Männchens erkennen. Denn Männchen mit langen Schwanzspießen beteiligen sich besonders emsig am Brutgeschäft, beginnen früh mit der Brut und schaffen deshalb oft noch eine zweite oder gar dritte Brut im Jahr.

Nest mit fast flüggen Jungen

Vorkommen *Brütet vor allem in Dörfern; Nahrungsflüge bevorzugt über Grünland oder Gewässern.*

- > ***Brutzeit April–September***
- > ***3–6 weiße Eier mit bräunlichen Tupfen***
- > ***1–3 Bruten im Jahr***

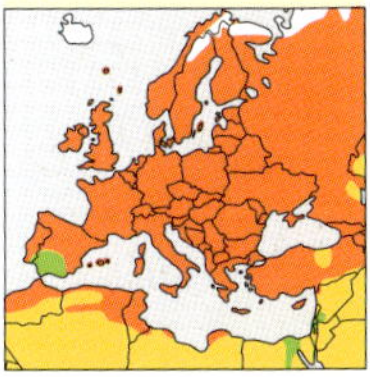

Stimme *Ruft im Flug oft „wit", auch wiederholt; zwitschernder Gesang, der mit Triller enden kann.*

Altvogel

Schon gewusst?

Die Rauchschwalbe zählt unter den europäischen Singvögeln zu den ausgeprägtesten Zugvögeln. Abgesehen von einzelnen Vögeln, die im Mittelmeerraum bleiben, überwintert sie südlich der Sahara in Afrika, bis hinunter zur Südspitze des Kontinents.

Jungvogel

Rötelschwalbe

Cecropis daurica (Schwalben)

L 16–17 cm SpW 32–34 cm Langstreckenzieher

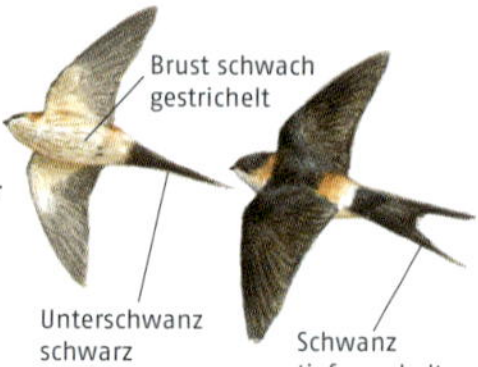

Vorkommen *Brütet entweder in felsigen Schluchten oder in Siedlungen; Nahrungssuche in offenerer Landschaft.*

- **Brutzeit April–September**
- **3–5 rein weiße Eier**
- **1–3 Bruten im Jahr**

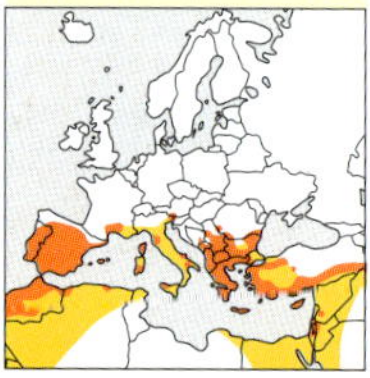

Von Aussehen, Lebensweise und Nistplatzwahl erinnert die Rötelschwalbe sehr an die Rauchschwalbe (S. 19). Häufiger als diese nistet die Rötelschwalbe an natürlichen Felswänden, aber auch an Gebäuden. Das in ein- bis zweiwöchiger Arbeit aus Lehmklümpchen und Stroh zusammengeklebte Nest hat eine enge Eingangsröhre.

Nest mit Eingangstunnel

Stimme *Ähnlich Rauchschwalbe, aber Rufe weicher. Schwatzender Gesang tiefer und kürzer.*

Felsenschwalbe

Ptyonoprogne rupestris (Schwalben)

L 15 cm SpW 32–34 cm Standvogel/Kurzstreckenzieher

Vorkommen *Brütet im Gebirge an sonnenexponierten Felswänden, bewohnt aber auch Städte; jagt gerne über Gewässern.*

- **Brutzeit Mai–Oktober**
- **2–5 weiße, rot gefleckte Eier**
- **1–2 Bruten im Jahr**

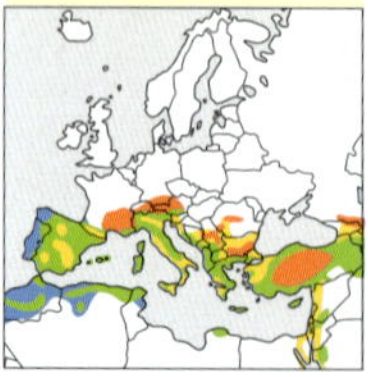

Im Gegensatz zu den anderen europäischen Schwalben brütet die Felsenschwalbe nicht in Kolonien – sie verteidigt mitunter sogar ihr Brutrevier. Ihr Nest baut sie in Höhlungen oder unter Überhängen an Felswänden, doch gibt es auch Bruten an Gebäuden und Brücken. Als Gebirgsvogel ist die Art gegen Kälte gewappnet und verbringt nur wenige Wochen abseits der Brutplätze.

Stimme *Leiser, schwatzender Gesang, der im Flug vorgetragen wird. Ruft schnurrend oder hart „trek".*

Mehlschwalbe

Delichon urbicum (Schwalben)

L 13 cm SpW 26–29 cm Langstreckenzieher

Die Mehlschwalbe jagt nach kleinen Insekten meist hoch über dem Erdboden. Sie fliegt dabei oft gemeinsam mit dem Mauersegler (S. 121) und damit deutlich höher als die Rauchschwalbe (S. 19). Die erbeuteten Insekten vermengt sie mit Speichel und verfüttert sie als Ballen an die Jungvögel. Wenn in kühlen, regnerischen Perioden die Nahrung knapp wird, fallen die Jungvögel in eine Kältestarre und unterbrechen ihr Wachstum. Die Nestlingsdauer kann dadurch zwischen drei und fünf Wochen schwanken.

Vorkommen *Ursprünglich Bewohner von Felswänden, aber heute überwiegend Brutvogel in Städten und Dörfern.*

- ***Brutzeit Mai–September***
- ***3–5 weiße Eier***
- ***1–2 Bruten im Jahr***

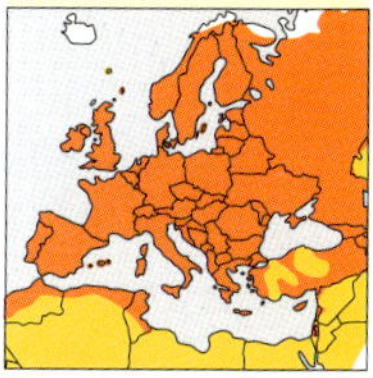

Stimme *Ruft im Flug rau „tschrrip". Gesang leise und zwitschernd.*

Beobachtungstipp

Beim Nestbau kommt die Mehlschwalbe, die sonst in der Luft rastet, ausnahmsweise auch mal am Boden vor, wo sie an Pfützen Matsch als Baumaterial sammelt. Man kann gut beobachten, wie die Klümpchen unter Dachvorsprüngen zu einem Nest zusammengefügt werden.

Haubenlerche

Galerida cristata (Lerchen)

L 17 cm SpW 29–38 cm Standvogel

Vorkommen *Lebt in trockenen, offenen Bereichen; auch an Straßen, auf Parkplätzen und Brachflächen.*

- > **Brutzeit April–September**
- > **3–5 weißliche Eier mit grauen Flecken**
- > **2–3 Bruten im Jahr**

Die Haubenlerche liebt dürre und karge Lebensräume. Sie hat sich in Europa in Phasen wärmeren Klimas (16. und 18. Jahrhundert) ausgebreitet und in kälteren Perioden (17. Jahrhundert) wieder nach Süden zurückgezogen. In den vergangenen 100 Jahren entstanden mit der Bebauung großer Flächen zusätzliche Lebensräume, die inzwischen aber zu stark bewachsen sind. Mit der aktuellen Klimaerwärmung erhöhte Temperaturen wirken sich positiv, damit verbundene zunehmende Niederschläge in einigen Regionen Europas eher negativ auf die Verbreitung aus.

Schon gewusst?

In Spanien und Nordwestafrika kommt neben der Haubenlerche die sehr ähnliche Theklalerche (G. theklae) vor. Sie bevorzugt noch trockenere und kahlere Lebensräume und ist am besten anhand von Bruststrichelung und Schnabelform zu bestimmen.

Stimme *Lauter, flötender Gesang, der im Flug oder am Boden vorgetragen wird. Rufe wehmütig pfeifend.*

Feldlerche

Aluda arvensis (Lerchen)

L 18–19 cm SpW 30–36 cm Kurzstreckenzieher

Die Feldlerche ist eigentlich ein Steppenvogel. Durch die Rodung von Wäldern und der nachfolgenden Bewirtschaftung von Wiesen und Feldern ist sie in weite Teile Europas eingewandert. Starke Düngung, Gifteinsatz, großflächige Monokulturen und das Verschwinden von Ackerrandstreifen haben in den letzten Jahrzehnten dazu geführt, dass die Feldlerchen deutlich seltener geworden sind. Für die Nahrungssuche und Brut ist das Pflanzenwachstum zu schnell und zu dicht, zudem hat sich das Angebot an Insekten stark verringert.

Vorkommen *Brütet auf Äckern und Wiesen und hält dabei Abstand von Bäumen und Siedlungen. Im Winter auch auf Brachflächen.*

> ***Brutzeit April–August***
> ***2–5 weißliche Eier mit brauner Fleckung***
> ***2–3 Bruten im Jahr***

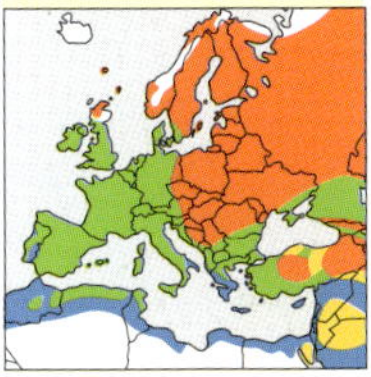

Beobachtungstipp

Den Singflug kann man ab März überall auf Feldern und Wiesen beobachten. Die Lerche steigt vom Boden fast senkrecht auf und singt in der Luft „stehend" mehrere Minuten lang. Mit geübtem Ohr lassen sich die imitierten Rufe von Watvögeln heraushören.

Stimme *Trillernder Gesang im Singflug, mit Imitationen anderer Vogelstimmen. Raue Rufe.*

Heidelerche

Lullula arborea (Lerchen)

L 15 cm   SpW 27–30 cm   Kurzstreckenzieher

Die Heidelerche steigt beim Singflug in Spiralen auf und startet dabei auch von Baumspitzen aus. Davon abgesehen ist sie aber ein Bodenvogel, der in kargen Bereichen nach Insekten sucht. Auch das Nest befindet sich am Boden. Es ist gut zwischen Grasbüscheln versteckt und wird von den Jungen noch vor dem Flüggewerden verlassen.

***Vorkommen** Bevorzugt sandige, halboffene Landschaften: Heide, lichte Wälder oder Waldränder; zur Nahrungssuche auch auf Äckern.*

- ***Brutzeit März–Juli***
- ***3–6 weißliche Eier mit brauner Punktierung***
- ***1–2 Bruten im Jahr***

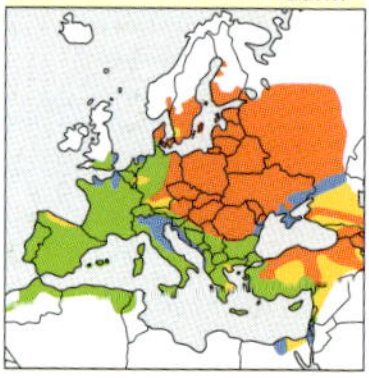

***Stimme** Singflug mit Strophen aus wohlklingenden, abfallenden Flötentönen. Ruft jodelnd „didlüi".*

Kurzzehenlerche

Calandrella brachydactyla (Lerchen)

L 13–14 cm   SpW 25–30 cm   Kurz-/Mittelstreckenzieher

Der Gesang ist bei der Kurzzehenlerche monotoner als bei der Feldlerche (S. 23), die Flugbahn des Singflugs ist dafür aber mit wellenförmigem Auf und Ab sowie gleitenden und flatternden Phasen sehr viel abwechslungsreicher. In Spanien und der Ukraine lebt neben der Kurzzehenlerche auch die ihr stark ähnelnde Stummellerche *(C. rufescens)*.

***Vorkommen** Bewohnt trockene, offene Landschaft: Halbwüste, Trockenrasen und karges Ackerland.*

- ***Brutzeit April–Juli***
- ***3–5 weißliche Eier mit dunkler Fleckung***
- ***2 Bruten im Jahr***

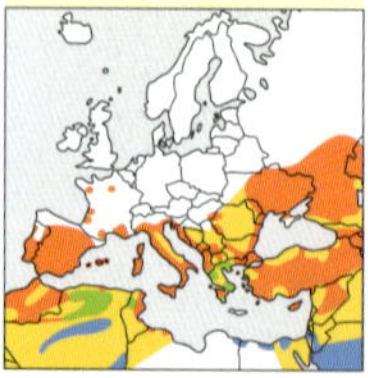

***Stimme** Singflug mit monotonen Strophen, auch Imitationen anderer Vogelstimmen. Ruft scharf „zrrp".*

Ohrenlerche

Eremophila alpestris (Lerchen)

L 14–17 cm   SpW 30–35 cm   Kurz-/Mittelstreckenzieher

Die Ohrenlerche überwintert bevorzugt an der Meeresküste. Dort konzentriert sich die Art besonders an Spülsäumen, in denen die Samen von Salzwiesenpflanzen zusammengetrieben werden und somit nicht mühsam gesucht werden müssen. An gute Plätze kehren die Vögel Jahr für Jahr zurück.

Stimme *Ruft dünn pfeifend „tiieh". Gesang aus zwitschernden Strophen hoher Töne, meist am Boden vorgetragen.*

Jungvogel

Vorkommen *Brütet in kargen, steinigen Lebensräumen; im Winter an Stränden sowie auf Salzwiesen und Äckern.*

> ***Brutzeit April–Juli***
> ***3–5 gelbbraune Eier mit Flecken oder Punkten***
> ***1–2 Bruten im Jahr***

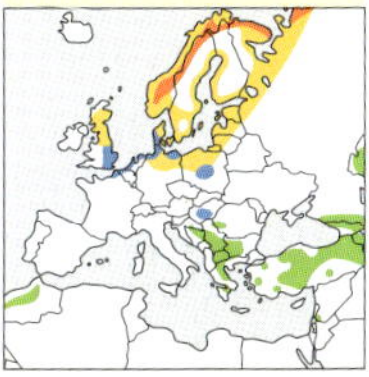

Kalanderlerche

Melanocorypha calandra (Lerchen)

L 18–19 cm   SpW 34–42 cm   Standvogel/Kurzstreckenzieher

Beim Singflug „steht" die Kalanderlerche wie die Feldlerche in der Luft, schlägt dabei aber erstaunlich langsam mit den Flügeln. Im Sommer nimmt sie Insekten zu sich. Diese gräbt sie wegen des im Brutgebiet trockenen Bodens manchmal mit dem Schnabel aus. Im Winter ist die Kalanderlerche Körnerfresser, wobei sie Samenhüllen mit dem Schnabel entfernt.

Stimme *Tiefer, melodischer Gesang, der im Flug vorgetragen wird und Imitationen enthält. Klirrende Flugrufe.*

Vorkommen *Bewohnt ursprünglich trockene Steppen, Weiden und Brachflächen, heute vielfach auch auf Getreidefeldern.*

> ***Brutzeit April–Juli***
> ***4–5 rötliche oder bläuliche, gefleckte Eier***
> ***1–2 Bruten im Jahr***

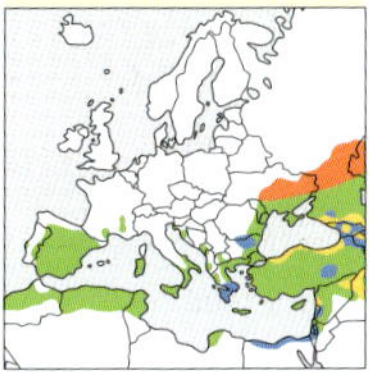

Brachpieper

Anthus campestris (Stelzen und Pieper)
L 17 cm SpW 25–28 cm Langstreckenzieher

Vorkommen *Bewohnt trockene, schütter bewachsene Bereiche auf Sandböden wie Heide, Brach- und Rodungsflächen.*

- > **Brutzeit Mai–August**
- > **4–5 weiße bis bräunliche, gefleckte Eier**
- > **1–2 Bruten im Jahr**

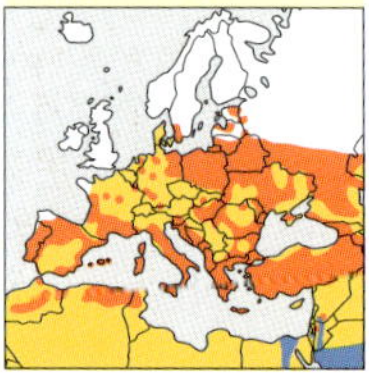

Der Brachpieper ist auf karge Gebiete angewiesen. Er findet bei feuchter werdendem Klima, starkem Düngereinsatz in der Landwirtschaft und der Zerstörung von Heide- und Moorgebieten in Mitteleuropa kaum noch geeignete Lebensräume. Deshalb nimmt der Bestand stark ab. Aus sibirischen Brutgebieten kommen jeden Herbst einige ähnlich aussehende Spornpieper (*A. richardi*) nach Europa.

***Stimme** Der Gesang besteht aus der Wiederholung zweisilbiger Elemente. Flugruf spatzenähnlich „tschilp“.*

Rotkehlpieper

Anthus cervinus (Stelzen und Pieper)
L 15 cm SpW 25–27 cm Langstreckenzieher

Vorkommen *Brütet in offener Sumpflandschaft (Tundra, Moore); auf dem Zug und im Winter bevorzugt in nassen Wiesen.*

- > **Brutzeit Juni–August**
- > **5–6 gefleckte Eier, Grundfarbe variabel**
- > **1 Brut im Jahr**

Im Frühjahr ist die Färbung der Vorderpartie beim Rotkehlpieper recht variabel. Je höher der Anteil der Rotfärbung an Kopf und Brust, desto weniger dunkle Strichelung ist vorhanden. Trotz seiner Häufigkeit als Brutvogel in Nordskandinavien ist er in Mitteleuropa nur ein spärlicher Durchzügler. Die meisten Vögel schlagen nämlich eine südöstliche Richtung ein und überwintern in Ostafrika.

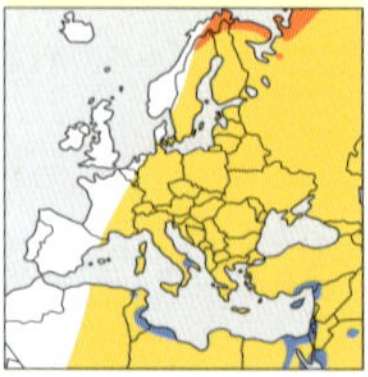

***Stimme** Feiner, langgezogener Flugruf, der auch im Wiesenpieper-ähnlichen Gesang vorkommt.*

Baumpieper

Anthus trivialis (Stelzen und Pieper)

L 15 cm SpW 25–27 cm Langstreckenzieher

So auffällig der Singflug des Baumpiepers ist, so versteckt hält er sich bei der Nahrungssuche. Er liest im Schutz von dichtem Pflanzenbewuchs kleine Insekten vom Boden auf. Die Strecke zwischen Brutgebiet und afrikanischem Winterquartier bewältigt er mit morgendlichen Flügen; den Rest des Tages sucht er Nahrung zum Auffüllen seiner Energiereserven.

***Vorkommen** Brütet an Waldlichtungen und -rändern sowie in halboffener Landschaft mit einzelnen Bäumen.*

> **Brutzeit April–August**
> ***3–6 gefleckte Eier, Grundfarbe variabel***
> **1–2 Bruten im Jahr**

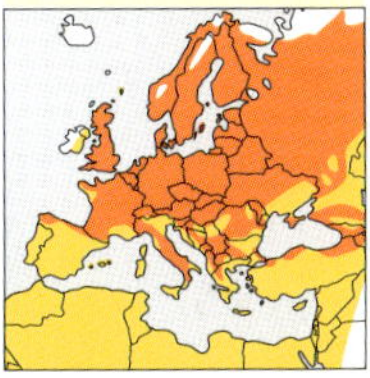

***Stimme** Schmetternder Gesang, der nach dem Start von Baumspitzen aus im Flug vorgetragen wird; Flugruf rau „tsriie".*

Wiesenpieper

Anthus pratensis (Stelzen und Pieper)

L 14 cm SpW 22–25 cm, Kurz-/Mittelstreckenzieher

Abgesehen vom auffälligen Singflug bemerkt man vom Wiesenpieper im Brutgebiet nicht viel. Zwar bewohnt er die offene Landschaft, versteckt sein Nest aber in dichtem Gras und bleibt auch bei der Nahrungssuche verborgen. Aufgrund großer skandinavischer Brutbestände tritt er aber als Durchzügler viel stärker in Erscheinung, zumal er tagsüber und ständig rufend zieht.

***Vorkommen** Lebt in offener Landschaft von Moor, Heide und Tundra bis hin zu Wiese und Ackerland.*

> **Brutzeit März–August**
> ***4–6 blasse Eier mit dunkler Fleckung***
> **1–2 Bruten im Jahr**

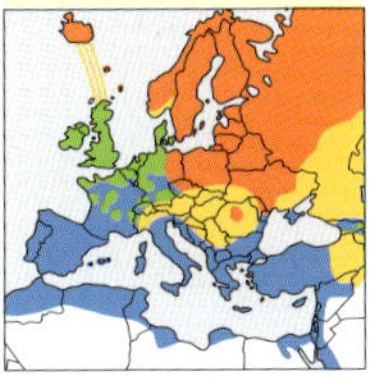

***Stimme** Ruft „ist", oft mehrfach. Gesang aus verschiedenen Elementen im herabgleitenden Flug.*

Bergpieper

Anthus spinoletta (Stelzen und Pieper)
L 17 cm SpW 24–29 cm Kurzstreckenzieher

Vorkommen Brütet oberhalb der Baumgrenze im Grasland von Gebirgen; im Winter im Flachland auf Wiesen und an Ufern.

- **Brutzeit Mai–August**
- **3–6 stark gezeichnete, graue oder braune Eier**
- **1–2 Bruten im Jahr**

Die für viele Gebirgsvögel typische herbstliche Abwanderung in tiefere Lagen ist beim Bergpieper stark ausgeprägt. Er zieht z. B. von den Alpen ins Tiefland bis zur Ostsee. Ins Brutgebiet kehrt er dennoch bereits zurück, wenn es noch schneebedeckt ist. Bei der Auswahl seines Nistplatzes achtet er auf eine steinerne Überdachung, die vor weiterem Schneefall schützt.

***Stimme** Ruft etwas rauer als der Wiesenpieper; Strophen des Fluggesangs bestehen aus mehreren Phrasen.*

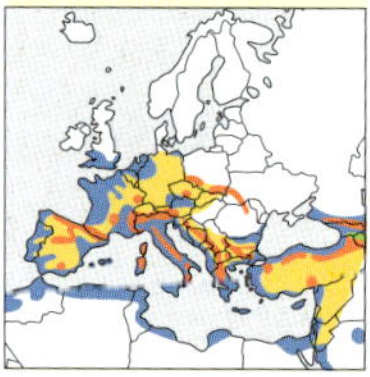

Strandpieper

Anthus petrosus (Stelzen und Pieper)
L 17 cm SpW 23–28 cm Kurzstreckenzieher

Vorkommen Brütet und überwintert an felsigen Küsten; im Winter auch in Salzwiesen und an Spülsäumen.

- **Brutzeit Mai–August**
- **4–6 stark gezeichnete, graue oder braune Eier**
- **1–2 Bruten im Jahr**

Als Küstenvogel hat sich der Strandpieper auf die Nahrung aus dem felsigen und schlammigen Gezeitenbereich spezialisiert. Im Winter nimmt er dort vor allem Tangfliegen, Krebstierchen, Asseln und kleinere Schnecken zu sich, während er im Sommer überwiegend Insekten frisst. Brutvögel der Britischen Inseln und Skandinaviens unterscheiden sich im Prachtkleid deutlich.

***Stimme** Ruft etwas länger als Wiesenpieper („ihst"); auch Gesang ähnlich Wiesenpieper (S. 27), aber viele Triller.*

Bachstelze

Motacilla alba (Stelzen und Pieper)
L 18 cm SpW 25–30 cm Kurz-/Mittelstreckenzieher

Allein schon durch ihre Bewegungsweise ist die Bachstelze unverkennbar. Sie zeigt einen ausgeprägt wellenförmigen Flug, wippt fast ständig mit ihrem langen Schwanz, und bei der Jagd nach Insekten rennt sie häufig ruckartig mit Trippelschritten ihrer Beute hinterher. Gerne tut sie dies an Stellen, die viele kleine Fliegen anziehen, z. B. an Pfützen oder Kuhfladen. Auf den Britischen Inseln lebt die dunklere Trauerbachstelze *(M. yarrellii)*, die in kleiner Zahl auch an der Nordseeküste des Kontinents brütet.

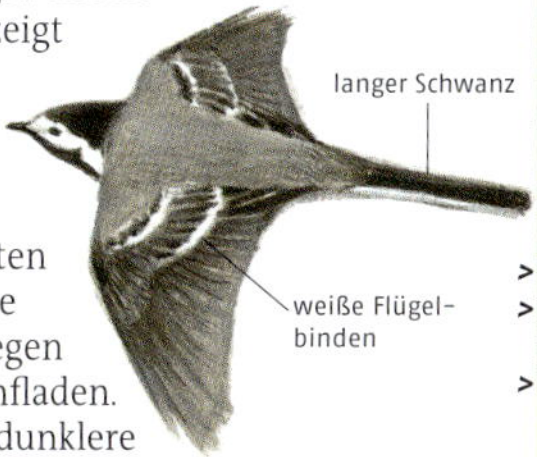

Vorkommen *Lebt in Dörfern und Vorstädten sowie in offener und halboffener Landschaft, dabei gerne in Gewässernähe.*

> ***Brutzeit April–August***
> ***5–6 hellgraue Eier mit feinen Punkten***
> ***2 Bruten im Jahr***

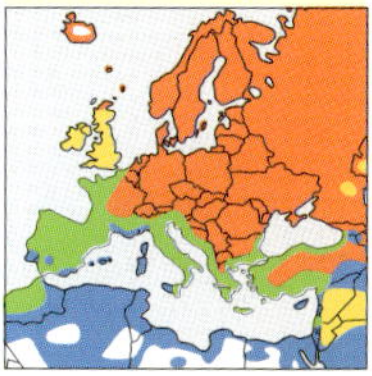

Stimme *Ruft „zlipp" oder „zilipp"; unauffälliger Zwitschergesang mit eingebetteten Rufen.*

Beobachtungstipp

Wenn ein Feind aus der Luft naht, verhält sich die Bachstelze sehr auffällig. Fliegt sie aufgeregt zwitschernd umher, so dauert es meist nicht lange, bis man eine Rabenkrähe (S. 87), einen Sperber (S. 148) oder gar einen Turmfalken (S. 149) entdeckt.

Gebirgsstelze

Motacilla cinerea (Stelzen und Pieper)

L 18–19 cm SpW 25–27 cm Standvogel/Langstreckenzieher

***Vorkommen** Lebt an schnell fließenden Gewässern, nur gelegentlich auch in trockenem Gelände.*

- ***Brutzeit März–August***
- ***4–6 schwach gezeichnete graue Eier***
- ***2 Bruten im Jahr***

Ihr Nest baut die Gebirgsstelze nah am Wasser, meist unter Baumwurzeln oder zwischen Steinen, aber auch unter Brücken. Da sie ihre Nahrung nah am Wasser sucht, treten unter überwinternden Vögeln bei längeren Frostperioden Verluste auf. In Osteuropa lebt die ihr auf den ersten Blick ähnelnde Zitronenstelze *(M. citreola)*. Diese hält sich bevorzugt in nassen Wiesen auf und überwintert in Indien und Südostasien, erscheint aber alljährlich in kleiner Zahl in Mitteleuropa.

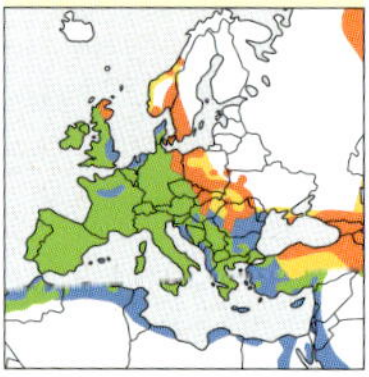

Zitronenstelze

***Stimme** Ruft höher und schärfer als Bachstelze (S. 29). Der Gesang ist eine unmelodische Reihung rufähnlicher Töne.*

Schon gewusst?

Welchen Aufwand die Jungenaufzucht für die Gebirgsstelze bedeutet, fanden Schweizer Wissenschaftler heraus. Für eine Brut benötigen die beiden Altvögel 30 000–45 000 Insekten, die sie bei etwa 4500 Nestbesuchen verfüttern.

Schafstelze

Motacilla flava (Stelzen und Pieper)
L 17 cm SpW 23–27 cm Langstreckenzieher

Der Name „Schafstelze“ passt, da sie zur Nahrungssuche kurzgrasige, beweidete Grünlandflächen oder freien Boden benötigt. In den letzten Jahrzehnten hat sie zunehmend auch Getreide- und Rübenfelder besiedelt. Auf dem Zug und im Winterquartier trifft man die Schafstelze fast immer in Trupps an. Gegen Abend finden sich diese wiederum zu großen Schlafplatzgemeinschaften im Schilf zusammen, die mehrere tausend Vögel umfassen können.

Vorkommen *Lebt in verschiedenartigen offenen Landschaften, besonders auf Wiesen, Weiden und Äckern.*

- ***Brutzeit Mai–August***
- ***5–6 bräunlich-weiße Eier mit Punkten***
- ***1–2 Bruten im Jahr***

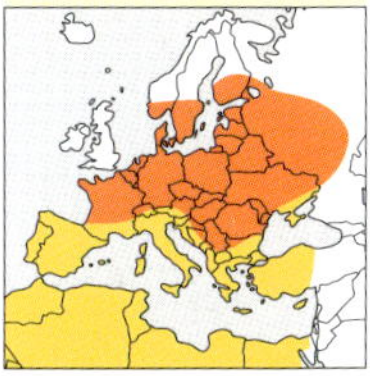

Nordische Schafstelze
M. thunbergi
(Skandinavien)

Maskenschafstelze
M . feldegg
(Balkan)

Aschkopf-Schafstelze
M. cinereocapilla
(Italien)

Englische Schafstelze
M. flavissima
(Britische Inseln)

Iberienschafstelze
M. iberiae
(Spanien)

Stimme *Ruft weich und leicht abfallend „psieh“. Der stockende Gesang besteht aus etwa 3–4 rauen Tönen.*

Schon gewusst?

Ähnliche Arten, die früher als Unterarten der Schafstelze geführt wurden, unterscheiden sich besonders in der Kopffärbung. In Mitteleuropa kommt vor allem die Nordische Schafstelze als Durchzügler vor.

Seidenschwanz

Bombycilla garrulus (Seidenschwänze)

L 18 cm SpW 32–35 cm Standvogel/Kurzstreckenzieher

***Vorkommen** Brütet in Fichten- und Birkenwäldern der Taiga; im Winter in offenen Wäldern, Parks und Gärten.*

- ***Brutzeit Mai–August***
- ***4–6 blaugraue Eier mit schwarzen Punkten***
- ***1 Brut im Jahr***

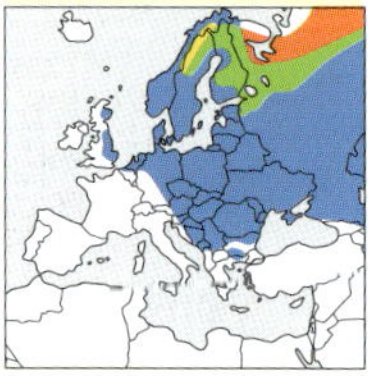

Zur Brutzeit ist der Seidenschwanz Insektenfresser. Jedoch hängt sein Zugverhalten vom Angebot an Früchten der Eberesche in Skandinavien ab. Gibt es viele Früchte, bleiben die meisten Vögel nahe dem Brutgebiet; fehlen sie, fällt der Seidenschwanz in Scharen in Mitteleuropa ein. Dort frisst er neben verschiedenen Beeren auch hängen gebliebene Äpfel.

***Stimme** Ruft hoch und schwirrend „sirr"; Gesang aus langen Folgen von Rufen und ähnlichen Lauten.*

Wasseramsel

Cinclus cinclus (Wasseramseln)

L 18 cm SpW 26–30 cm Standvogel/Kurzstreckenzieher

***Vorkommen** Lebt ausschließlich an schnell fließenden Bächen und Flüssen.*

- ***Brutzeit Februar–Juli***
- ***4–6 weißliche oder hell rahmfarbene Eier***
- ***1–2 Bruten im Jahr***

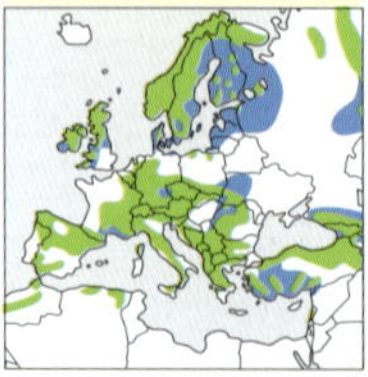

Als einziger Singvogel ist die Wasseramsel in der Lage, in Fließgewässern zu tauchen. Dies tut sie ausgiebig, um Insektenlarven, Flohkrebse und andere kleine Wassertiere vom Grund aufzusammeln. Auch bei der Balz spielt das Schwimmen eine Rolle. Ihr kugelförmiges Nest baut die Wasseramsel unmittelbar am Wasser und gut geschützt in Höhlungen aller Art.

***Stimme** Hell klingender Gesang aus pfeifenden bis klirrenden Tönen, oft kaum im Wasserrauschen auszumachen.*

Zaunkönig

Troglodytes troglodytes (Zaunkönige)
L 9–10 cm SpW 13–17 cm Standvogel/Kurzstreckenzieher

Trotz der geringen Größe des Zaunkönig-Männchens gehört sein Gesang zu den lautesten und auffälligsten der europäischen Vogelwelt. Zu hören ist seine Stimme nahezu ganzjährig. Er grenzt mit ihr nicht nur das Brutterritorium, sondern im Winter auch ein Nahrungsrevier ab. Auf der Suche nach Insekten und Spinnen schlüpft der Zaunkönig durch dichtes Unterholz, macht aber durch seinen harten Warnruf auf sich aufmerksam. Zu sehen ist er am besten, wenn er mit schwirrendem Flügelschlag den Standort wechselt.

Vorkommen *Lebt in unterholzreichen Wäldern, Parks, Gärten und größeren Gebüschen.*

- **Brutzeit April–August**
- **5–7 weiße Eier mit braunen Flecken**
- **2 Bruten im Jahr**

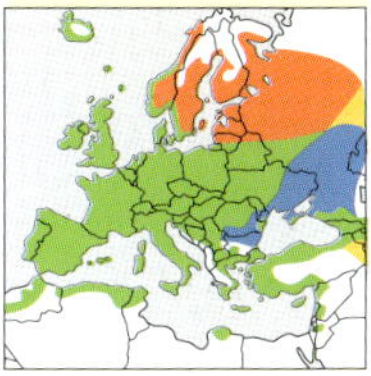

Stimme *Weit hörbarer, schmetternder Gesang mit leiernden und trillernden Passagen; ruft hart „zrrrrt".*

Schon gewusst?

In seinem Revier baut das Männchen mehrere kugelförmige Nester, von denen sich das Weibchen eines zum Brüten aussucht. Viele Männchen haben zwei, manche sogar bis zu vier Weibchen. Das Nest wird auch zum Übernachten benutzt.

flügge Jungvögel

Heckenbraunelle

Prunella modularis (Braunellen)

L 14 cm SpW 19–21 cm Standvogel/Kurzstreckenzieher

Vorkommen *Bewohnt buschige Wälder, Feldgehölze, Hecken, Parks und Gärten.*

> ***Brutzeit April–August***
> ***4–6 türkisblaue Eier***
> ***2–3 Bruten im Jahr***

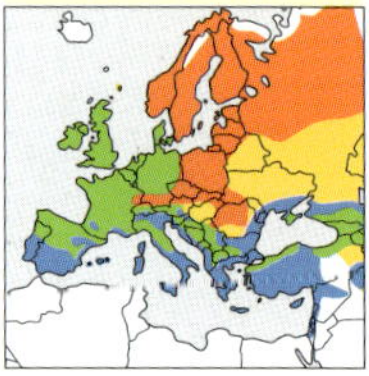

Die Heckenbraunelle fällt vor allem durch lauten Gesang auf; ansonsten huscht sie recht versteckt im Unterholz umher. Männchen und Weibchen haben zur Brutzeit jeweils ihre eigenen Reviere. Je nachdem, wie stark sich diese überlappen, kann ein Männchen mehrere Weibchen oder ein Weibchen bis zu zwei Männchen als Brutpartner haben.

Stimme *Klirrender, von Buschspitzen aus vorgetragener Gesang; auf dem Zug hohe, trillernde Rufe.*

Alpenbraunelle

Prunella collaris (Braunellen)

L 18 cm SpW 30–32 cm Standvogel/Kurzstreckenzieher

Vorkommen *Lebt im Gebirge an felsigen, kurzgrasigen Hängen oberhalb der Baumgrenze; im Winter auch in Tälern.*

> ***Brutzeit Mai–August***
> ***3–5 türkisblaue Eier***
> ***1–2 Bruten im Jahr***

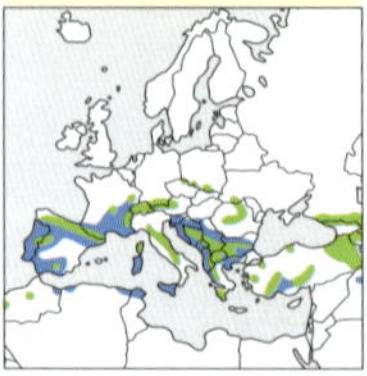

Bei der Alpenbraunelle sucht das Weibchen den geeigneten Nistplatz in einer Felswand oder unter großen Steinen und baut das Nest allein. Oft finden sich Gruppen von bis zu fünf Weibchen zum Brüten zusammen, zu denen bis zu fünf Männchen gehören. Gegenseitige Unterstützung der Gruppenmitglieder bei der Jungenaufzucht führt zu gutem Bruterfolg.

Stimme *Schneller Gesang mit harten Trillern, der von Felsspitzen aus dargeboten wird. Häufigster Ruf „djürr".*

Amsel

Turdus merula (Drosseln)

L 24–25 cm SpW 34–39 cm Standvogel/Kurzstreckenzieher

Vor 150 Jahren wanderte die Amsel allmählich von Wäldern aus in Gärten und andere städtische Lebensräume ein. In Büschen und Bäumen findet sie dort nicht nur geeignete Standorte für ihr Nest, kurzgrasige Rasenflächen bieten auch günstige Bedingungen zur Nahrungssuche. Mit schätzungsweise 40–80 Millionen Paaren gehört die Amsel heute zu den häufigsten europäischen Brutvogelarten. Während die meisten nordeuropäischen Vögel im Spätherbst nach Südwesten ziehen, bleiben mitteleuropäische Amseln überwiegend im Brutgebiet.

Vorkommen *Bewohnt sowohl dichte Wälder als auch kleinere Gehölze, sehr häufig in Siedlungen bis hin zur Großstadt.*

- > ***Brutzeit Februar–August***
- > ***4–5 bläuliche, oft braun gezeichnete Eier***
- > ***2–4 Bruten im Jahr***

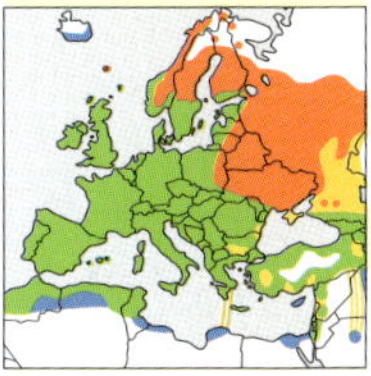

Stimme *Melodischer, flötender Gesang, der von erhöhter Warte aus vorgetragen wird; bei Gefahr laut schimpfend.*

Beobachtungstipp

Besonders frühmorgens und in der Abenddämmerung kann man dem Gesang der Amsel lauschen. Bei genauem Hinhören sind zahlreiche Imitationen zu entdecken, in Siedlungen ahmt sie oft Menschenpfiffe oder Klingeltöne von Telefonen nach.

Ringdrossel

Turdus torquatus (Drosseln)

L 23–24 cm SpW 38–42 cm Kurz-/Mittelstreckenzieher

Vorkommen *Brütet in lichten Nadelwäldern im Gebirge, in Skandinavien auch auf felsigen Fjälls und in Birkenwäldern.*

- ***Brutzeit April–Juli***
- ***3–6 grünliche, braun gefleckte Eier***
- ***1–2 Bruten im Jahr***

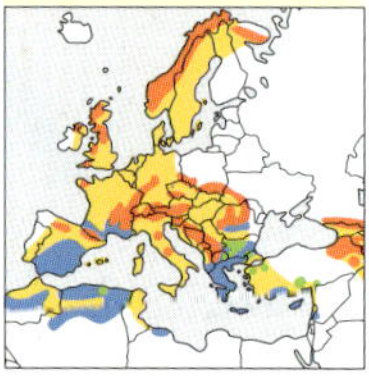

Ähnlich wie die Amsel ernährt sich die Ringdrossel zum großen Teil von Regenwürmern. Diese findet sie am besten auf mit kurzem Gras oder schütter bewachsenen Böden. Sobald im Sommer Früchte verfügbar sind, nimmt der Anteil an pflanzlicher Nahrung stark zu. Die Ringdrossel überwintert im Mittelmeerraum, vor allem in Nordwestafrika.

Stimme *Im Vergleich zur Amsel (S. 35) ist der Gesang rauer und eintöniger; die Rufe klingen härter.*

Wacholderdrossel

Turdus pilaris (Drosseln)

L 26 cm SpW 39–42 cm Kurzstreckenzieher

Vorkommen *Brütet in Feldgehölzen, Parks und größeren Gärten; Nahrungssuche bevorzugt auf Grünland und Äckern.*

- ***Brutzeit April–Juli***
- ***5–6 blassblaue, rötlich gefleckte Eier***
- ***1–2 Bruten im Jahr***

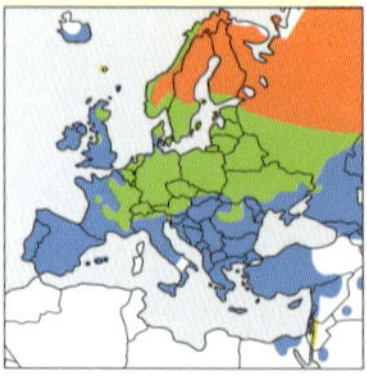

Die Wacholderdrossel brütet gerne in kleinen Kolonien. Zu mehreren attackieren sie eindringende Krähen oder Greifvögel und versuchen diese mit Kotspritzern zu vertreiben. Auch außerhalb der Brutzeit ist die Wacholderdrossel sehr gesellig; sowohl auf dem Zug als auch bei der Nahrungssuche sieht man sie in größeren Gruppen oder Schwärmen.

Stimme *Raue, schackernde Rufe; Gesang krächzend und quietschend, oft im Flug vorgetragen.*

Singdrossel

Turdus philomelos (Drosseln)

L 23 cm SpW 33–36 cm Standvogel–Mittelstreckenzieher

Wenn auch ihr lauter Gesang kaum zu überhören ist, so ist die Singdrossel doch die heimlichste Drossel. Beim Brüten bleibt sie unauffällig, denn ihr Nest baut sie am liebsten gut versteckt in Nadelbäumen. Auch bei der Nahrungssuche hält sie sich bevorzugt im Schutz des Unterholzes auf, wo man sie oft nur durch das Rascheln des Laubes entdeckt. Am Boden frisst sie neben Schnecken auch Regenwürmer und Insekten, auf dem Herbstzug spielen auch Beeren wie die des Holunders eine große Rolle.

Vorkommen *Brütet in Wäldern, Parks und Gärten mit Bäumen; auf dem Zug und im Winter auch in offener Landschaft.*

> ***Brutzeit März–August***
> ***4–6 grünlich blaue Eier mit dunklen Flecken***
> ***2 Bruten im Jahr***

Schneckenschmiede

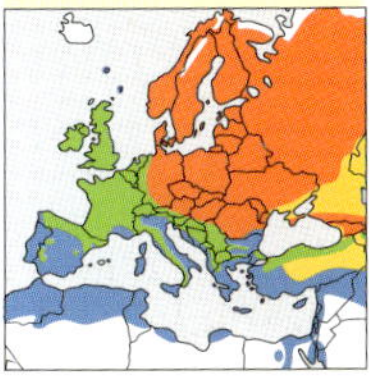

Beobachtungstipp

Wo die Singdrossel lebt, findet man fast immer auch Schneckenschmieden. Sie nutzt geeignete Steine wie auch Treppenstufen als Unterlage, um im Schnabel gehaltene Schneckenhäuser zu zerschlagen. Der weiche Inhalt wird anschließend gefressen.

Stimme *Lauter Gesang aus kurzen, meist 2–3-mal wiederholten Strophen; ruft scharf „zipp“.*

Rotdrossel

Turdus iliacus (Drosseln)

L 21cm SpW 33–35 cm Kurz-/Mittelstreckenzieher

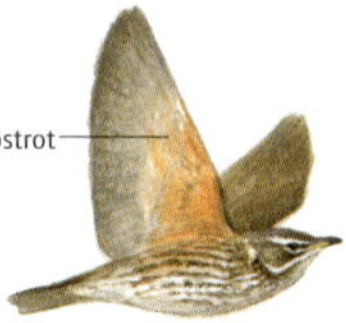

Vorkommen *Brütet in Laub-, Misch- und Nadelwäldern; außerhalb der Brutzeit häufig auf Wiesen und Weiden.*

- **Brutzeit April–August**
- **4–6 grünliche, braun gefleckte Eier**
- **1–2 Bruten im Jahr**

Eigentlich baut die Rotdrossel ihr Nest gut versteckt in Nadelbäumen. Da sie aber als Brutvogel weit in die baumlosen Gebiete des Nordens und der Gebirge vordringt, nimmt sie auch mit Brutplätzen am Boden vorlieb. Auf dem Zug und im Winterquartier tritt sie meist in Trupps auf und ist häufig mit der Wacholderdrossel vergesellschaftet.

Stimme *Gesang abgehackt und wenig melodisch. Flugruf scharf und langgezogen „zieeeh".*

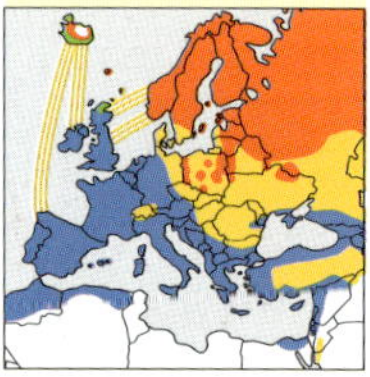

Misteldrossel

Turdus viscivorus (Drosseln)

L 27 cm SpW 42–47 cm Standvogel/Kurzstreckenzieher

Vorkommen *Brütet in hochstämmigen Wäldern, in Parks und Dörfern; Nahrungssuche auch auf Wiesen und Feldern.*

- **Brutzeit Februar–August**
- **4 grünliche Eier mit rötlichen Flecken**
- **1–2 Bruten im Jahr**

Die größte europäische Drossel ernährt sich im Sommer von Würmern und Insekten, im Winterhalbjahr vorwiegend von Beeren. Die klebrigen Früchte der Mistel, einer als Schmarotzer an Bäumen lebenden Pflanze, bleiben häufig am Schnabel hängen. Durch die so von der Drossel transportierten Samen kann die Pflanze auch benachbarte Bäume besiedeln.

Stimme *Gesang ähnlich Amsel (S. 35), aber sehr kurze Strophen; langer, schnarrender Ruf.*

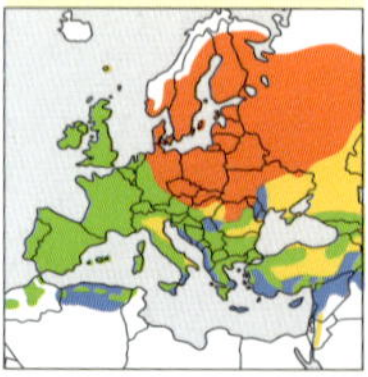

Seidensänger

Cettia cetti (Buschsänger)
L 14 cm SpW 15–19 cm Standvogel

Anders als die ihm ähnelnden Rohrsänger (S. 41–44) ist der Seidensänger kein Zugvogel, sondern bleibt ganzjährig in seinem Brutrevier. Dieses wird auch im Winter mit lautem Gesang gekennzeichnet. Die Nahrungssuche erfolgt fast immer gut versteckt in dichtem Gestrüpp. Bei Aufregung kommt er mitunter hervor und zuckt dabei heftig mit Schwanz und Flügeln.

Vorkommen *Bewohnt dicht mit Gebüsch, Schilf und Brennnesseln bewachsene Gräben; stellenweise auch in trockenem Gebüsch.*

> ***Brutzeit April–August***
> ***3–5 rötlich braune Eier***
> ***1–2 Bruten im Jahr***

Stimme *Schneller, ganzjährig vorgetragener Gesang, der explosionsartig beginnt und zum Ende hin leiser wird.*

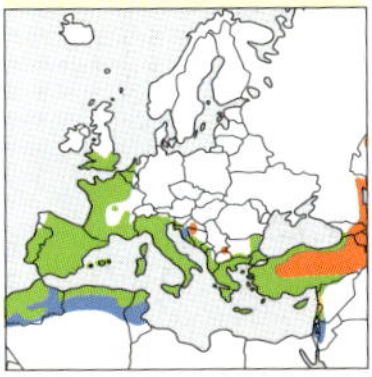

Zistensänger

Cisticola juncidis (Halmsänger)
L 10 cm SpW 12–14 cm Standvogel

Bereits im Herbst besetzt das Männchen ein Brutrevier. Dort baut es mehrere Nester, auf die es mit Singflügen aufmerksam macht. Im Spätwinter kann das erste Weibchen mit der Brut beginnen, was das Männchen aber nicht daran hindert, sich mit einem weiteren Weibchen zu verpaaren. In einem Jahr kann ein Männchen nacheinander bis zu neun Weibchen haben.

Stimme *Der im Wellenflug vorgetragene Gesang ist eine monotone Aneinanderreihung von „zip"-Rufen.*

Vorkommen *Lebt in verschiedenartigen offenen Landschaften, meist in Verbindung mit hohen Grasbeständen.*

> ***Brutzeit Februar–August***
> ***4–6 weiße Eier, z. T. schwarz gepunktet***
> ***2–3 Bruten im Jahr***

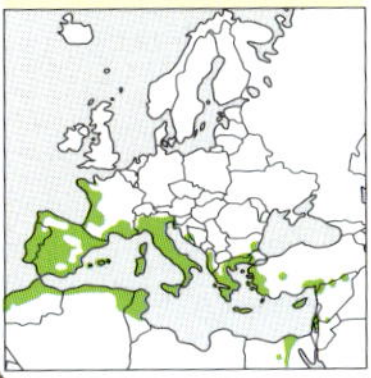

Rohrschwirl

Locustella luscinioides (Grassänger)

L 14 cm SpW 18–21 cm Langstreckenzieher

Vorkommen *Brütet in Schilfbeständen, die im Wasser stehen und mit Büschen durchsetzt sein können.*

- > **Brutzeit April–August**
- > **4–6 weiße, braun gepunktete Eier**
- > **1–2 Bruten im Jahr**

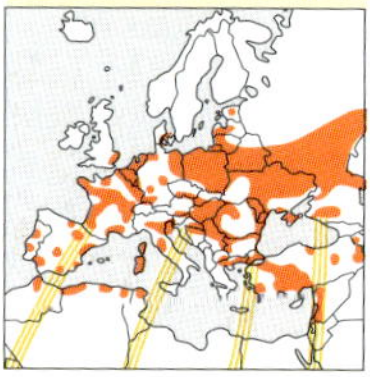

Auf Nahrungssuche klettert der Rohrschwirl geschickt durch Schilfhalme und ist dabei nur selten zu sehen. Wird er überrascht, nimmt er ähnlich einer Rohrdommel (S. 160) eine Pfahlstellung ein. Das Nest befindet sich gut verborgen zwischen Schilfhalmen, oft nur knapp über dem Wasser. Dort ist es trotz Hochwassergefahr sicherer vor Räubern.

Stimme *Der Gesang ist ein scheinbar endloses, insektenartiges Schwirren, schneller und tiefer als beim Feldschwirl.*

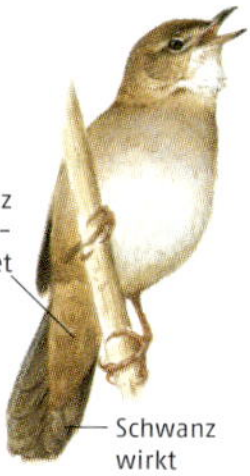

Schlagschwirl

Locustella fluviatilis (Grassänger)

L 13 cm SpW 19–22 cm Langstreckenzieher

Vorkommen *Lebt in Büschen und dichtem Unterholz mit feuchtem Untergrund, meist in der Nähe von Gewässern.*

- > **Brutzeit Mai–August**
- > **4–6 weiße, braun gefleckte Eier**
- > **1 Brut im Jahr**

Nahezu unsichtbar schlüpft der Schlagschwirl in der bodennahen Krautschicht umher und klettert dabei geschickt auf waagerecht liegenden Stängeln. Zu Gesicht bekommt man ihn allenfalls, wenn er im Bereich der Buschspitzen seinen Gesang vorträgt. Im Herbst zieht er über das östliche Mittelmeergebiet bis ins südliche Afrika.

Stimme *Lang anhaltender, monotoner Gesang, der an das Surren einer Nähmaschine erinnert.*

Feldschwirl

Locustella naevia (Grassänger)

L 13 cm SpW 15–19 cm Langstreckenzieher

Der schwirrende Gesang besteht aus zwei sich abwechselnden Tönen, die der Feldschwirl etwa 25-mal pro Sekunde erzeugt. Dabei zeigt er große Ausdauer, denn eine einzige Gesangseinheit kann er über eine Stunde lang durchhalten. Zur Paarungszeit singt er fast durchgehend Tag und Nacht. Wie alle Schwirle lebt er sehr versteckt.

Vorkommen *Bewohnt feuchte, hochgewachsene Wiesen und Brachflächen, die meist mit Büschen durchsetzt sind.*

> ***Brutzeit April–August***
> ***5–6 weißliche, rotbraun gepunktete Eier***
> ***1–2 Bruten im Jahr***

Stimme *Der Gesang ist ein heuschreckenartiges, oft minutenlang vorgetragenes Schwirren.*

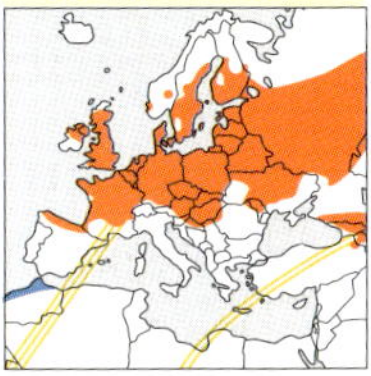

Seggenrohrsänger

Acrocephalus paludicola (Zweigsänger)

L 13 cm SpW 17–19 cm Langstreckenzieher

Mit weniger als 20 000 Brutpaaren gehört der Seggenrohrsänger zu den seltensten Singvogelarten Europas. Durch Trockenlegung wurden und werden seine Lebensräume zerstört, so dass er in seinem Bestand stark gefährdet ist. Schon ab Juni verlassen viele Vögel das Brutgebiet und ziehen zu ihrem westafrikanischen Winterquartier.

Vorkommen *Lebt in Mooren und Wiesen mit 50–70 cm hohen Seggenbeständen, bisweilen in wenig genutzten Salzwiesen.*

> ***Brutzeit Mai–August***
> ***4–6 braune oder braun gefleckte Eier***
> ***1–2 Bruten im Jahr***

Stimme *Der Gesang besteht aus wenig abwechslungsreichen Reihen knarrender und pfeifender Laute.*

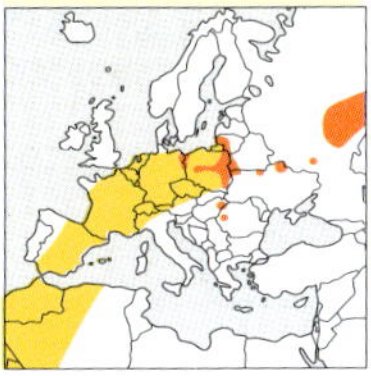

Schilfrohrsänger

Acrocephalus schoenobaenus (Zweigsänger)
L 13 cm   SpW 17–21 cm   Langstreckenzieher

***Vorkommen** Brütet an dicht mit Schilf, Gebüsch und Stauden bewachsenen Gräben und Gewässerufern.*

> ***Brutzeit Mai–August***
> ***4–6 olivbraune Eier***
> ***1–2 Bruten im Jahr***

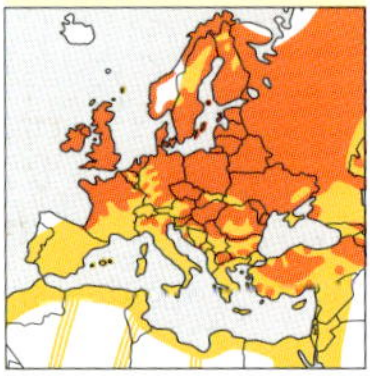

42 

Das Männchen grenzt mit seinen Singflügen das Revier ab. Nestbau und Bebrüten der Eier sind jedoch allein Sache des Weibchens. Erst beim Füttern der Jungvögel beteiligt sich das Männchen wieder am Brutgeschäft. In Schilfbeständen des Balkans und des Mittelmeerraumes brütet der ähnlich gefärbte Mariskenrohrsänger *(A. melanopogon)*. Sein Gesang erinnert an den des Teichrohrsängers, enthält aber Reihen von Pfeiftönen, wie man sie auch von der Nachtigall hören kann.

Jungvogel

***Stimme** Abwechslungsreicher Gesang mit kratzenden und pfeifenden Tönen, oft im Singflug vorgetragen.*

Schon gewusst?

Nach der Brutzeit sucht der Schilfrohrsänger Schilfbestände auf, die stark von Blattläusen befallen sind. Von diesen frisst er so viele, bis er einen Fettvorrat angelegt hat, der für den langen Flug über Mittelmeer und Sahara hinweg ausreicht. Weiter geht es in kleineren Etappen bis nach Südafrika.

Mariskenrohrsänger

Sumpfrohrsänger

Acrocephalus palustris (Zweigsänger)
L 13 cm SpW 18–21cm Langstreckenzieher

Der Sumpfrohrsänger hält sich kaum im Schilf auf. Er ahmt Hunderte anderer Vogelstimmen nach darunter auch viele afrikanische, deren Gesang er aus dem Winterquartier nach Europa exportiert. In Nordosteuropa brütet der sehr ähnliche Buschrohrsänger *(A. dumetorum)*, der ebenfalls kaum im Schilf vorkommt.

Vorkommen *Brütet auf offenen, mit hohen Stauden und Büschen bewachsenen Flächen; auch in Getreidefeldern.*

> ***Brutzeit Mai–Juli***
> ***3–6 weißliche, braun gefleckte Eier***
> ***1 Brut im Jahr***

Stimme *Die langen Gesangsabschnitte bestehen fast ausschließlich aus Imitationen anderer Vogelstimmen.*

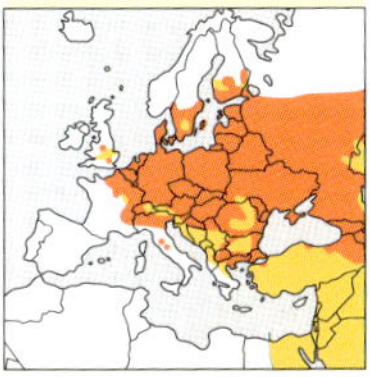

Teichrohrsänger

Acrocephalus scirpaceus (Zweigsänger)
L 13 cm SpW 17–21 cm Langstreckenzieher

Gut einen halben Meter über der Wasseroberfläche hängt das Weibchen ein Nest an mehrere Schilfhalme. Da oft mehrere Paare nahe beieinander brüten, beschränkt sich das verteidigte Revier auf die Nestumgebung, die zur Nahrungssuche verlassen wird. Ebenfalls im Schilf brütet östlich des Schwarzen Meers der Feldrohrsänger *(A. agricola)*.

Vorkommen *Brütet in Schilfbeständen; auf dem Zug auch in Gebüschen.*

> ***Brutzeit Mai–September***
> ***3–5 weißliche, braun gefleckte Eier***
> ***1–2 Bruten im Jahr***

Stimme *Gesang aus rhythmisch gereihten Kratztönen, unterbrochen von einzelnen pfeifenden Lauten.*

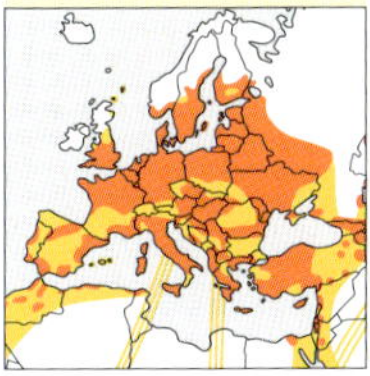

Drosselrohrsänger

Acrocephalus arundinaceus (Zweigsänger)
L 19–20 cm SpW 25–29 cm Langstreckenzieher

Altvogel am Nest

***Vorkommen** Bewohnt Schilfbestände und bevorzugt dabei die wasserseitigen Bereiche.*

> **Brutzeit Mai–August**
> **4–6 grünlich weiße, dunkel gefleckte Eier**
> **1–2 Bruten im Jahr**

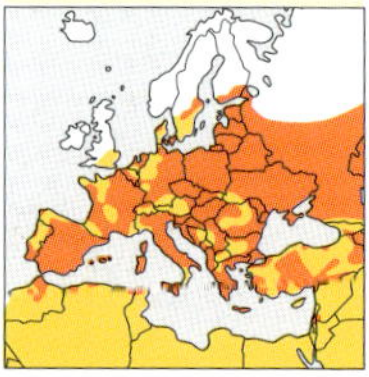

Der Drosselsänger ist der mit Abstand größte Rohrsänger. Das Männchen beteiligt sich weder am Nestbau noch am Bebrüten der Eier. Dadurch gelingt es ihm mitunter, zwei oder mehrere Weibchen in seinem Revier zu halten und sich gegen Konkurrenten zu behaupten. Beim ersten Weibchen hilft das Männchen beim Füttern der Jungen mit, das zweite muss mit weniger Unterstützung auskommen.

Jungvogel

***Stimme** Singt rhythmisch „karre-karre-kiet-kiet", deutlich lauter und langsamer als der Teichrohrsänger (S. 43).*

Buschspötter

Hippolais caligata (Zweigsänger)
L 12 cm SpW 18–21 cm Langstreckenzieher

***Vorkommen** Lebt in Gebüschen im Bereich feuchter Wiesen oder an Gewässerufern.*

> **Brutzeit Mai–August**
> **4–6 rosafarbene, dunkel gefleckte Eier**
> **1 Brut im Jahr**

Nicht nur die Statur des Buschspötters, sondern auch sein Verhalten bei der Nahrungssuche erinnert sehr an einen Laubsänger. Er klettert geschickt durch das Geäst von Gebüschen, hüpft mitunter aber auch am Boden umher. Im Herbst zieht er nach Südosten in sein Winterquartier in Indien.

***Stimme** Gesang aus schneller Abfolge melodischer und rauer Töne; ruft schnalzend „tzett".*

Blassspötter

Hippolais pallida (Zweigsänger)

L 12–13 cm SpW 18–21 cm Langstreckenzieher

Meist recht verborgen sammelt der Blassspötter Insekten von den Blättern. Dabei klettert er geschickt im Geäst umher und schlägt häufig den Schwanz nach unten. Bereits im August zieht er in Richtung seines ostafrikanischen Winterquartiers ab. In Südspanien und Nordwestafrika brütet der sehr ähnliche Isabellspötter *(H. opaca)*.

Vorkommen *Bewohnt dicht belaubte Baum- und Gebüschgruppen; auch in Obstgärten, Parks und Kiefernwäldern.*

> ***Brutzeit Mai–August***
> ***3–4 hellgraue, schwarz gepunktete Eier***
> ***1 Brut im Jahr***

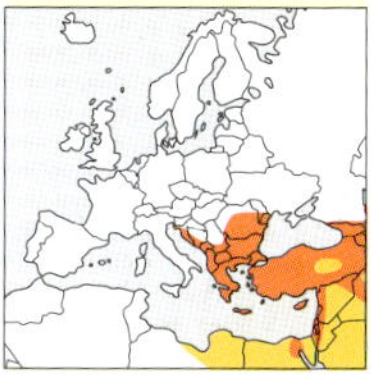

Stimme *Schneller, schwatzender Gesang aus kratzenden und flötenden Tönen.*

Olivenspötter

Hippolais olivetorum (Zweigsänger)

L 16–18 cm SpW 24–26 cm Langstreckenzieher

Wie seine kleineren Verwandten schlägt der größte Spötter häufig den Schwanz nach unten. Bei Gefahr oder Erregung sträubt er das Kopfgefieder. Wegen seiner versteckten Lebensweise ist über ihn wenig bekannt. Man weiß nur, dass er beim Brüten lockere Gruppen bilden kann. Sein Winterquartier reicht von Kenia bis Südafrika.

Vorkommen *Lebt in offenen Wäldern, Eichenbeständen der Macchie und Olivenhainen.*

> ***Brutzeit Mai–August***
> ***3–4 rosafarbene, schwarz gepunktete Eier***
> ***1 Brut im Jahr***

Stimme *Rohrsänger-ähnlich (S. 41–44) schwatzender Gesang aus rauen und harten Tönen.*

Gelbspötter

Hippolais icterina (Zweigsänger)

L 13 cm SpW 21–24 cm Langstreckenzieher

Vorkommen *Lebt in feuchten Wäldern, aber auch in lockeren Baumbeständen wie Feldgehölzen, Parks und großen Gärten.*

> ***Brutzeit Mai–August***
> ***4–5 rosafarbene, schwarz gepunktete Eier***
> ***1 Brut im Jahr***

Im Aussehen den Laubsängern (S. 54/55) ähnlich lebt der Gelbspötter deutlich heimlicher als diese. Denn er fängt Insekten nicht im Flug, sondern liest sie von Zweigen und Blättern ab. In der Regel wird man durch lauten Gesang und ebenso laute Rufe auf ihn aufmerksam. Bereits im Juli brechen die ersten Gelbspötter in Richtung des in der Südhälfte Afrikas gelegenen Winterquartiers auf.

Stimme *Schneller Gesang mit kratzenden und quäkenden Tönen, darunter häufig wiederholt „Doktor Knie".*

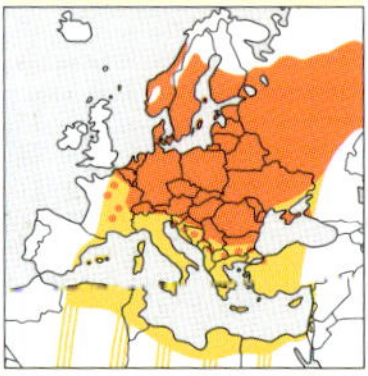

Orpheusspötter

Hippolais polyglotta (Zweigsänger)

L 13 cm SpW 18–20 cm Langstreckenzieher

Vorkommen *Bewohnt Baumgruppen und Gebüsche in trockener Lage.*

> ***Brutzeit Mai–August***
> ***4–5 rosafarbene, dunkel gepunktete Eier***
> ***1 Brut im Jahr***

Der Orpheusspötter ist der südwesteuropäische Stellvertreter des Gelbspötters. In den letzten Jahrzehnten hat er sein Brutgebiet leicht nach Norden ausgedehnt. Stellenweise bewohnen nun beide Arten dasselbe Gebiet, doch bevorzugt der Orpheusspötter trockenere Lebensräume. Zu Mischbruten zwischen beiden Arten kommt es nur selten.

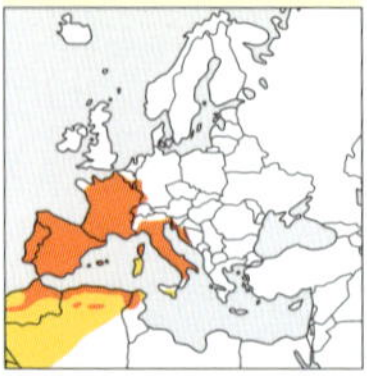

Stimme *Gesang ähnlich wie beim Gelbspötter, aber leiser und schneller sowie ohne „Doktor-Knie"-Laut.*

Mönchsgrasmücke

Sylvia atricapilla (Grasmücken)

L 13 cm SpW 20–23 cm Kurz-/Langstreckenzieher

Das Zugverhalten der Mönchsgrasmücke zeigt große regionale Unterschiede. Während südeuropäische Brutvögel gar nicht oder nur über kurze Strecken ziehen, überwintern mitteleuropäische Mönchsgrasmücken am Mittelmeer. Überholt werden sie von ihren nordeuropäischen Artgenossen, deren Winterquartier südlich der Sahara in Afrika liegt. Bedingt durch Winterfütterung überwintern neuerdings aber viele mitteleuropäische Mönchsgrasmücken in England.

ernährt sich gerne von Früchten

Vorkommen *Lebt in Baumbeständen verschiedenster Art, von dichten Wäldern bis hin zu Gärten und Parks.*

> **Brutzeit April–August**
> **3–6 bräunliche, dunkel gefleckte Eier**
> **1 Brut im Jahr**

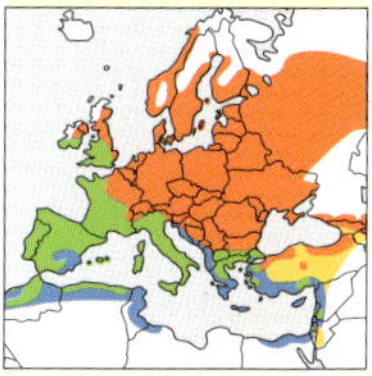

47

Stimme *Gesang beginnt schwatzend, wird allmählich lauter und endet mit klaren Flötentönen; ruft hart „tack".*

Schon gewusst?

Obwohl sie zur Brutzeit fast nur Insekten und deren Larven frisst, schwenkt die Mönchsgrasmücke im Sommer schnell auf Früchte um. Feigen und Holunderbeeren, aber auch Obst sind die bevorzugte Nahrung, um Energiereserven für den Zug anzulegen.

Gartengrasmücke

Sylvia borin (Grasmücken)

L 14 cm SpW 20–24 cm Langstreckenzieher

auch manche Gartengrasmücke zieht unfreiwillig Kuckucksjunge auf

Vorkommen *Bewohnt Feldgehölze und Gebüsche, in Wäldern nur in Lichtungen und an Waldrändern.*

> ***Brutzeit April–August***
> ***4–5 weißliche, grau gefleckte Eier***
> ***1–2 Bruten im Jahr***

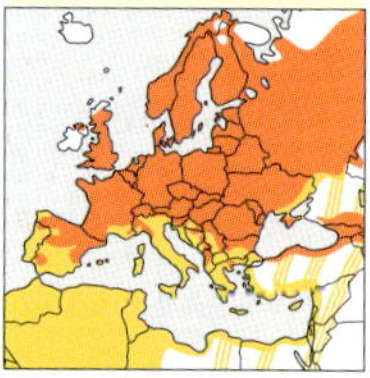

Wäre da nicht ihr lauter Gesang, die Gartengrasmücke bliebe fast unbemerkt. Im Herbst ist sie eigentlich noch unauffäliger, dabei frisst sie sich mit Hilfe verschiedener Beeren unaufhörlich Fettreserven an. Auf dem Weg von Nordeuropa nach Süden nimmt sie stetig an Gewicht zu, nach dem letztem „Auftanken" in Nordafrika überquert sie in einem Flug die Sahara und gelangt schließlich bis in den Südteil Afrikas.

Stimme *Eintönig anmutender, schwatzender Gesang mit längeren Strophen als bei der Mönchsgrasmücke (S. 47) und ohne Flötentöne.*

Sperbergrasmücke

Sylvia nisoria (Grasmücken)

L 15 cm SpW 23–27 cm Langstreckenzieher

Vorkommen *Brütet bevorzugt in Hecken und großen Gebüschgruppen mit einzelnen Bäumen.*

> ***Brutzeit Mai–August***
> ***4–5 graue, oliv gefleckte Eier***
> ***1 Brut im Jahr***

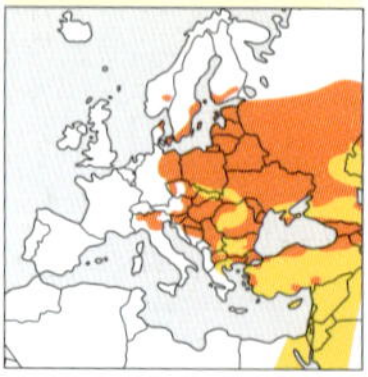

Die Sperbergrasmücke brütet gerne in unmittelbarer Nachbarschaft des Neuntöters. Offenbar versucht sie auf diese Weise vom Warn- und Abwehrverhalten dieses kräftigen Vogels zu profitieren, denn durch Räuber gehen immer wieder Bruten verloren. Tatsächlich brüten diejenigen Sperbergrasmücken am erfolgreichsten, die sich nahe bei Neuntötern ansiedeln.

Stimme *Ratternder Warnruf; Gesang im Vergleich zur Gartengrasmücke kürzer, klarer und härter.*

Dorngrasmücke

Sylvia communis (Grasmücken)

L 14 cm SpW 19–23 cm Langstreckenzieher

Selbst für die wärmeliebende Dorngrasmücke wurde es in der Sahelzone am Südrand der Sahara zu trocken. Die dort zeitweise schlechten Bedingungen bei der Überwinterung führten zu starker Bestandsabnahme. Auch das Abholzen von Hecken und Büschen in der modernen Agrarlandschaft hat sich ungünstig auf den Bestand ausgewirkt. In Spanien und Italien brütet die ähnlich gefärbte, aber deutlich zierlichere Brillengrasmücke *(S. conspicillata)*, die niedriges Gestrüpp in Halbwüsten bewohnt.

Brillengrasmücke

Vorkommen *Brütet in offener Landschaft mit Büschen oder Hecken; seltener als andere Grasmücken in Gärten.*

- ***Brutzeit April–August***
- ***3–6 grünliche oder bräunliche, dunkel gefleckte Eier***
- ***1–2 Bruten im Jahr***

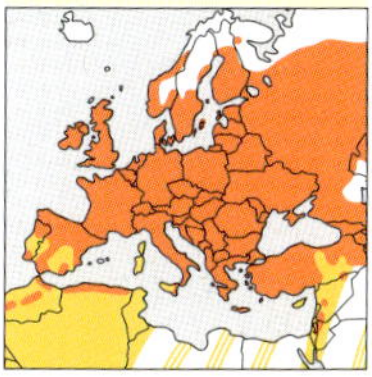

Stimme *Singt lautes, raues „drida-drida-drida", oft umgeben von leisem, schwatzendem Gesang. Viele Rufe (u.a. „teck").*

Beobachtungstipp

In buschigen Gebieten ist der typische Gesang kaum zu überhören. Meist entdeckt man das singende Männchen auf der Spitze eines Busches. Häufig ist auch der zunächst aufsteigende, dann umhertorkelnde Singflug zu beobachten.

Klappergrasmücke

Sylvia curruca (Grasmücken)

L 13 cm SpW 17–20 cm Langstreckenzieher

***Vorkommen** Bewohnt Waldränder, Hecken in offener Landschaft, Parks und Gärten.*

- **Brutzeit April–August**
- **3–7 weißliche, grau gefleckte Eier**
- **1 Brut im Jahr**

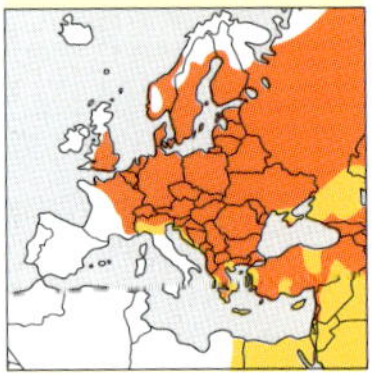

Von den Grasmücken kommt die Klappergrasmücke am häufigsten in Siedlungen vor. Dort bemerkt man sie aber fast nur durch ihren lauten Gesang, denn bei der Nahrungssuche bleibt sie im dichten Gebüsch verborgen. Im Herbst schlägt sie eine südöstliche Zugrichtung ein, die sie in ihr Winterquartier führt, das zwischen Sudan und Nigeria liegt.

***Stimme** Beim Gesang folgt leisem, kaum hörbarem Gezwitscher ein lautes, leicht abfallendes „Klappern".*

Orpheusgrasmücke

Sylvia hortensis (Grasmücken)

L 15 cm SpW 20–25 cm Mittelstreckenzieher

***Vorkommen** Lebt in aufgelockerten Busch- und Baumbeständen an sonnigen Hängen.*

- **Brutzeit April–Juli**
- **3–5 weiße, dunkel gepunktete Eier**
- **1 Brut im Jahr**

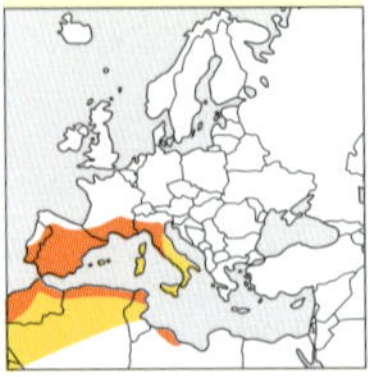

Die Orpheusgrasmücke brütet häufig im selben Busch wie der Rotkopfwürger (S. 82). Gegenseitig profitieren sie von der Feinderkennung: Der Würger erblickt Feinde in offenem Gelände, während die Grasmücke innerhalb des Gebüschs wachsam ist. Auf dem Balkan wird die Art von der graueren Nachtigallengrasmücke *(S. crassirostris)* vertreten.

Nachtigallengrasmücke

***Stimme** Gesang aus harten und knirschenden Tönen mit vielen Wiederholungen.*

Provencegrasmücke

Sylvia undata (Grasmücken)

L 12 cm SpW 13–18 cm Standvogel/Kurzstreckenzieher

Nur ihr Gesang verrät die Provencegrasmücke, die kaum sichtbar durch dichtes Gestrüpp schlüpft. Zwei ähnliche Arten bewohnen die Inseln des westlichen Mittelmeeres: auf Korsika und Sardinien die Sardengrasmücke *(S. sarda)*, auf den Balearen die Balearengrasmücke *(S. balearica)* mit etwas hellerem Bauch.

Vorkommen *Bewohnt dichtes, niedriges Gestrüpp, Heide und lichte Wälder.*

> ***Brutzeit März–August***
> ***3–5 weiße, braun gefleckte Eier***
> ***1–2 Bruten im Jahr***

Stimme *Ruft „tschörr-tit"; schneller, aber unmelodisch wirkender Gesang aus kratzenden Tönen.*

Weißbart-Grasmücke

Sylvia cantillans (Grasmücken)

L 12 cm SpW 15–19 cm Mittelstreckenzieher

Die Weißbart-Grasmücke hält sich meist im oberen Bereich von Büschen auf. Dort sucht sie nach Insekten und im Herbst auch nach Beeren. Auf dem Zug aus den südlich der Sahara gelegenen Winterquartieren fliegen besonders die Männchen manchmal über das mediterrane Brutgebiet hinaus. Jedes Jahr tauchen deshalb einzelne Vögel an der Nordsee auf, z. B. auf Helgoland.

Vorkommen *Lebt sowohl in dichten Buschlandschaften als auch in lichten Eichenwäldern.*

> ***Brutzeit April–August***
> ***3–5 weiße, bräunlich gefleckte Eier***
> ***1–2 Bruten im Jahr***

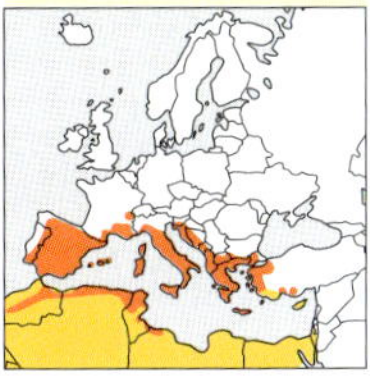

Stimme *Gesang schnelles, kratzendes Gezwitscher; ruft hart „teck".*

Samtkopf-Grasmücke

Sylvia melanocephala (Grasmücken)

L 14 cm SpW 15–18 cm Standvogel/Kurzstreckenzieher

Vorkommen *Bewohnt dichtes Gebüsch und lichte Eichenwälder; auch in Olivenhainen.*

- ***Brutzeit März–August***
- ***3–5 weißliche, dunkel gefleckte Eier***
- ***2–3 Bruten im Jahr***

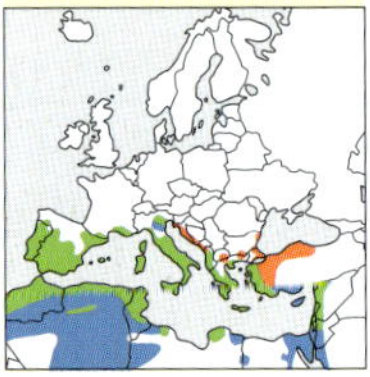

52

Stimme *Schneller, kratzender Gesang mit längeren Strophen als die Weißbart-Grasmücke; gereihte, ratternde Rufe.*

In vielen Bereichen des Mittelmeerraums ist die Samtkopf-Grasmücke sehr häufig. Fast überall kann man sie aus Gebüschen rufen hören. Zu sehen ist sie dagegen fast nur beim Singflug oder wenn sie flach über dem Boden fliegend ihren Standort wechselt. Verborgen inmitten des Gebüsches bauen Männchen und Weibchen gemeinsam nur knapp über dem Boden ein Nest. In Griechenland und der Türkei brütet zusätzlich die ähnliche, aber dennoch unverwechselbare Maskengrasmücke *(S. rueppelli)*.

Schon gewusst?

Die Samtkopf-Grasmücke ernährt sich nicht nur von Insekten und Früchten, sondern besonders im Frühjahr auch von Nektar. Gerne besucht sie blühende Mandelbäume und hängt kopfüber unter den Blüten, um den Nektar herauszusaugen.

Fitis

Phylloscopus trochilus (Laubsänger)
L 11 cm SpW 17–22 cm Langstreckenzieher

Fitis-Männchen singen schon auf dem Durchzug. Sie verbreiten im Frühjahr vielerorts das Flair skandinavischer Birkenwälder, in denen diese Art der stimmgewaltigste Vogel ist. Der Vogel wandert erstaunlich weit; nordskandinavische und osteuropäische Brutvögel ziehen bis nach Südafrika, mittel- und westeuropäische immerhin bis West- und Zentralafrika.

Vorkommen *Lebt in lichten Wäldern und in offener Landschaft mit Baumgruppen.*

> **Brutzeit Mai–August**
> **4–8 weißliche, rotbraun gepunktete Eier**
> **1 Brut im Jahr**

Stimme *Melancholischer, in Tonhöhe fallender Gesang mit Überschlag am Ende („Buchfink in Moll"); ruft zweisilbig aufsteigend „hü-iht".*

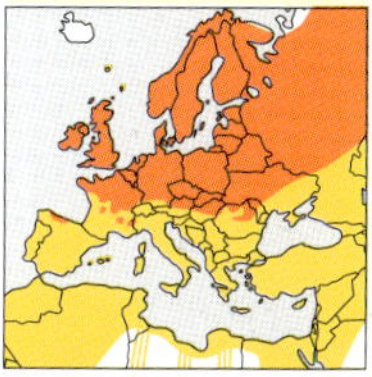

Zilpzalp

Phylloscopus collybita (Laubsänger)
L 10–11 cm SpW 15–21 cm Kurz-/Mittelstreckenzieher

Anders als der ähnliche Fitis überwintert der Zilpzalp im Mittelmeerraum. Ebenso wie dieser baut er sein Nest am Boden, auch wenn man ihn bei der Nahrungssuche eher in höheren Bereichen von Büschen und Bäumen sieht. In Spanien brütet der Iberienzilpzalp *(P. ibericus)*, der nur am Gesang aus drei wiederholten Elementen zu erkennen ist.

Vorkommen *Brütet in Wäldern, Parks und Gärten, bevorzugt in aufgelichteten Bereichen.*

> **Brutzeit April–August**
> **4–6 weiße, dunkelbraun gefleckte Eier**
> **2 Bruten im Jahr**

Stimme *Singt unverkennbar monoton „zilp-zalp-zilp-zalp-..."; ruft leicht aufsteigend, aber eher einsilbig „huit".*

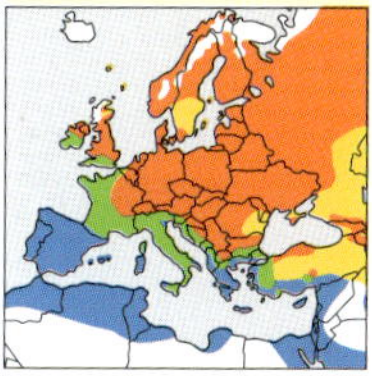

Waldlaubsänger

Phylloscopus sibilatrix (Laubsänger)

L 12 cm SpW 20–24 cm Langstreckenzieher

Altvogel am Nest

Vorkommen *Brütet in hochstämmigen Laub- und Mischwäldern.*

- ***Brutzeit April–Juli***
- ***5–8 weiße, dunkelbraun gepunktete Eier***
- ***1 Brut im Jahr***

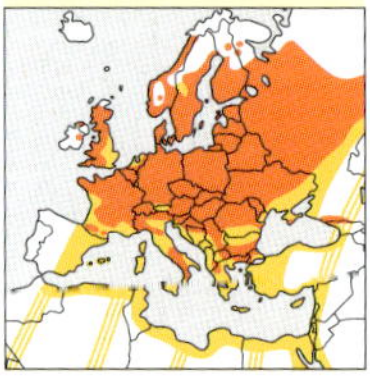

Nur wenige Wochen lang erklingt von Ende April an der charakteristische Gesang in Wäldern. Während der Jungenaufzucht verschwinden die Altvögel zur Nahrungssuche im Kronendach des Waldes und sind nur noch zu sehen, wenn sie ihren Nachwuchs am Waldboden füttern. Zum Überwintern sucht der Waldlaubsänger Regenwälder und Feuchtsavannen in Zentralafrika auf.

Stimme *Zwei Gesänge: schwirrend „sip-sip-sip-sip-sirrrrr" oder weich flötend und abfallend „dü-dü-dü-dü-dü".*

Berglaubsänger

Phylloscopus bonelli (Laubsänger)

L 11 cm SpW 16–18 cm Langstreckenzieher

Balkanlaubsänger

Vorkommen *Brütet in lichten Wäldern an sonnigen Hängen von Mittel- und Hochgebirgen.*

- ***Brutzeit April–Juli***
- ***3–7 weiße Eier mit dunkelbrauner Sprenkelung***
- ***1 Brut im Jahr***

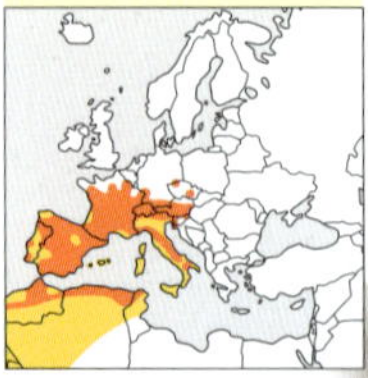

Der Berglaubsänger ersetzt den Waldlaubsänger in Bergwäldern und brütet wie dieser am Boden. Anders als viele andere Singvögel überquert er auf dem Frühjahrszug, südlich der Sahara startend, nicht das Mittelmeer, sondern fliegt der Küstenlinie folgend einen Bogen. Auf dem Balkan und in der Türkei vertritt ihn der sehr ähnliche Balkanlaubsänger *(P. orientalis)*.

Stimme *Gesang ähnlich Waldlaubsänger, aber Schwirren langsamer und ohne Eingangstöne; ruft zweisilbig „hüid".*

Grünlaubsänger

Phylloscopus trochiloides (Laubsänger)
L 10 cm SpW 15–21 cm Langstreckenzieher

Seit über 100 Jahren stößt der über fast ganz Sibirien verbreitete Grünlaubsänger immer wieder nach Westen vor, konnte sich aber nur in Finnland und im Baltikum als Brutvogel etablieren. Das Winterquartier befindet sich in Indien. Brutvogel in Nordskandinavien ist der Wanderlaubsänger *(P. borealis)*, der von dort aus 13 000 km bis nach Südostasien zieht.

Vorkommen *Bewohnt in Wäldern besonders Bereiche an Lichtungen und Waldrändern; gerne an steilen Hängen.*

> ***Brutzeit Juni–August***
> ***3–7 weiße Eier***
> ***1 Brut im Jahr***

Stimme *Ruft ähnlich Bachstelze (S. 29) zweisilbig „tsi-je"; Gesang Reihe hastig schlagender Töne, zum Ende hin weicher.*

Gelbbrauen-Laubsänger

Phylloscopus inornatus (Laubsänger)
L 10 cm SpW 15–20 cm Langstreckenzieher

Zahlreich brütet der Gelbbrauen-Laubsänger in sibirischen Wäldern. Er überwintert in den Tropen Südostasiens. In jedem Herbst tauchen mehrere hundert Vögel in Europa auf, die eine falsche Richtung eingeschlagen haben. In viel kleinerer Zahl erscheint alljährlich der stark gestreifte Goldhähnchen-Laubsänger *(P. proregulus)* in Europa, der ebenfalls aus Sibirien stammt.

Vorkommen *Brütet in verschiedenartigen Wäldern; auf dem Zug auch in Gebüschen.*

> ***Brutzeit Juni–August***
> ***4–6 weiße, rotbraun gepunktete Eier***
> ***1 Brut im Jahr***

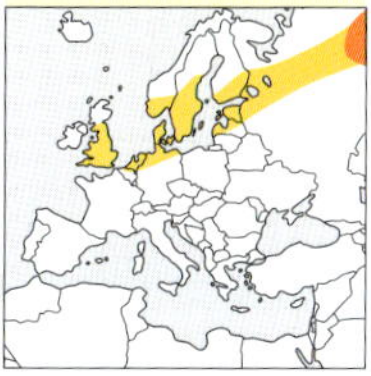

Stimme *Der zweisilbige Ruf („tsuii") erinnert an Tannenmeise (S. 74); Gesang aus sehr hohem Gezwitscher.*

Wintergoldhähnchen

Regulus regulus (Goldhähnchen)

L 9 cm SpW 13–15 cm Kurzstreckenzieher

***Vorkommen** Lebt in Nadelwäldern, aber auch in Parks und Gärten mit Nadelbäumen; auf dem Zug auch in Laubbäumen und Büschen.*

> **Brutzeit März–August**
> **7–11 weißliche, hellbraun gefleckte Eier**
> **2 Bruten im Jahr**

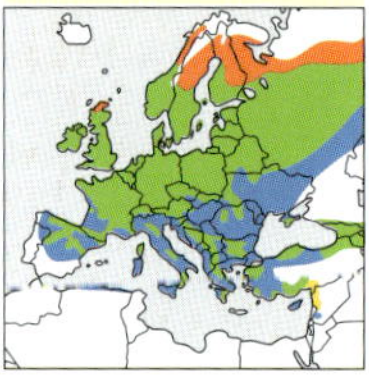

Mit einem Gewicht von nur etwa 5 g ist das Wintergoldhähnchen der leichteste Vogel Europas. Dennoch scheut es sich nicht, auf dem Zug windige Meeresgebiete zu überqueren. Eigentlich hält es sich aber lieber im Geäst von Nadelbäumen auf, wo es unermüdlich zwischen den Zweigen umherschlüpft und pausenlos kleine Insekten und Spinnen aufpickt.

***Stimme** Rhythmischer, wispernder Gesang in sehr hoher Tonlage, zum Ende hin ansteigend; ruft scharf „srrie".*

Sommergoldhähnchen

Regulus ignicapillus (Goldhähnchen)

L 9 cm SpW 13–16 cm Kurzstreckenzieher

***Vorkommen** Bewohnt Nadel- und Mischwälder, in Südwesteuropa auch reine Laubwälder; auch in Parks mit Nadelbäumen.*

> **Brutzeit April–August**
> **7–10 rötliche, dunkelbraun gepunktete Eier**
> **1–2 Bruten im Jahr**

Das Sommergoldhähnchen ist insgesamt weniger an Nadelbäume gebunden als das Wintergoldhähnchen, bevorzugt diese aber als Neststandort. Es befestigt das kugelförmige Nest an der Unterseite eines Zweiges und polstert es innen mit bis zu 800 Federchen aus. Nur so bleiben die dünnschaligen, nur 0,6 g wiegenden Eier beim Brüten unbeschädigt.

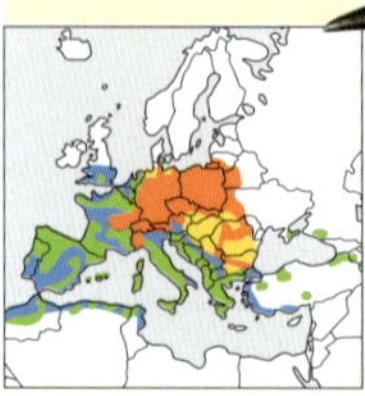

***Stimme** Ansteigender Gesang in hoher Tonlage, einförmiger als beim Wintergoldhähnchen.*

Grauschnäpper

Muscicapa striata (Schnäpper)

L 15 cm   SpW 23–25 cm   Langstreckenzieher

Als Halbhöhlenbrüter stehen dem Grauschnäpper allerlei Nistmöglichkeiten zur Verfügung. Er brütet nicht nur in Baumhöhlen, sondern auch in Mauernischen oder gar in Schwalbennestern. Allerdings sind diese Nester für räuberische Tiere recht leicht zugänglich. Brutverluste treten außerdem bei kaltem, regnerischem Wetter auf, wenn die Altvögel nicht genug Nahrung für ihren Nachwuchs finden. Obwohl sie erst im Mai zurückkehren, machen sich einige Grauschnäpper bereits im Juli wieder auf den Weg zurück nach Zentral- und Südafrika.

Vorkommen *Lebt in Randbereichen und Lichtungen von Wäldern, in Baumgruppen und in baumbestandenen Siedlungen.*

- ***Brutzeit Mai–August***
- ***3–5 bräunliche, rotbraun gefleckte Eier***
- ***1–2 Bruten im Jahr***

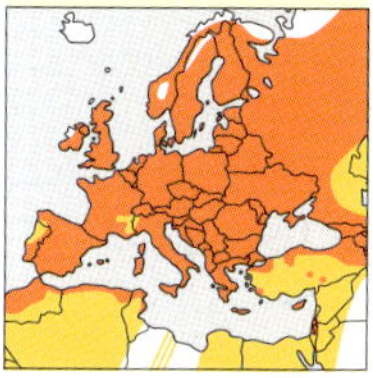

Stimme *Ruft unauffällig „ziet" und warnend „zie-tek-tek"; Gesang aus kurzer Folge unauffälliger Laute.*

Beobachtungstipp

Als typischer Ansitzjäger hält der Grauschnäpper oft von freistehenden Ästen Ausschau nach fliegenden Insekten. Diesen jagt er in wendigem Flug nach. Bei genauem Hinhören kann man das Zusammenklappen des Schnabels beim Fang hören.

Zwergschnäpper

Ficedula parva (Schnäpper)

L 11 cm SpW 19–21 cm Langstreckenzieher

Vorkommen *Lebt in Laub- und Mischwäldern mit großen, alten Bäumen; auf dem Zug auch in Büschen und Gärten.*

- **Brutzeit Mai–August**
- **4–7 bläuliche, rotbraun gezeichnete Eier**
- **1 Brut im Jahr**

Der Zwergschnäpper gehört zu den wenigen europäischen Brutvögeln, die von Indien bis Südostasien überwintern. An den Westrand seines Verbreitungsgebietes kehrt er erst im Mai zurück, aber schon im August sind die Brutgebiete wieder geräumt. Bei der Nahrungssuche verbleibt er im Kronenbereich hoher Bäume; sein Nest baut er in Baumhöhlen.

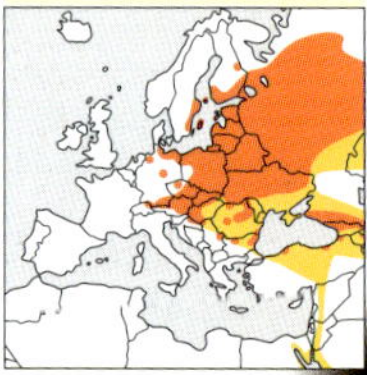

Stimme *Etwas abgehackt wirkender Gesang aus Einzeltönen und kürzeren Elementen; schnarrende Rufe.*

Halsbandschnäpper

Ficedula albicollis (Schnäpper)

L 13 cm SpW 22–24 cm Langstreckenzieher

Vorkommen *Lebt in Laubwäldern, Obstgärten und Feldgehölzen mit toten Bäumen.*

- **Brutzeit April–Juli**
- **4–7 blassblaue Eier**
- **1 Brut im Jahr**

Der Halsbandschnäpper ist auf Ost- und Südosteuropa beschränkt. Er hat in seinem Verbreitungsgebiet aber zwei Vorposten: einige Gebiete in Süddeutschland/Ostfrankreich, aber auch die schwedischen Inseln Öland und Gotland. Im Konkurrenzkampf um Bruthöhlen ist die Art den Trauerschnäpper überlegen.

Stimme *Singt leiser und langsamer als Trauerschnäpper, oft mit langgezogenem „iip“; Letzteres auch als Ruf.*

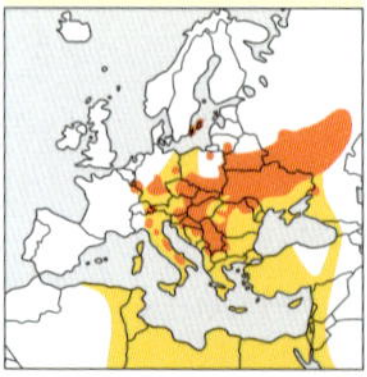

Trauerschnäpper

Ficedula hypoleuca (Schnäpper)

L 13 cm SpW 22–24 cm Langstreckenzieher

Das Männchen des Trauerschnäppers besetzt oft zwei Brutreviere mit jeweils einem Weibchen. Es muss sich dann um beide Bruten kümmern und zwei Reviere gegen Artgenossen und andere Singvögel verteidigen. In der Konkurrenz um Nisthöhlen ist der Trauerschnäpper der Kohlmeise (S. 76) unterlegen. Bei der Rückkehr aus Afrika im April sind viele geeignete Höhlen bereits von dieser besetzt. Auf dem Balkan vertritt der sehr ähnliche Halbringschnäpper *(F. semitorquata)* sowohl Trauer- als auch Halsbandschnäpper.

Vorkommen *Brütet in Wäldern, Parks und Gärten mit ausreichendem Angebot an Baumhöhlen (oder Nistkästen).*

> **Brutzeit Mai–Juli**
> **4–8 blassblaue Eier**
> **1 Brut im Jahr**

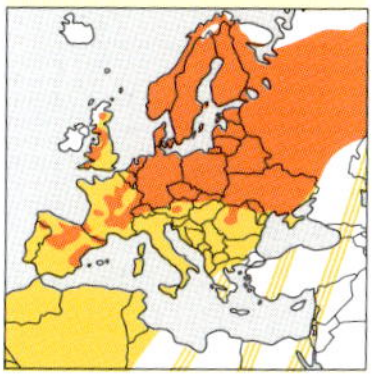

Stimme *Gesang beginnt mit lautem Auf und Ab („wuti-wuti"), dem ein leiseres und variables Zwitschern folgt.*

Schon gewusst?

Die alljährliche Rückkehr in dasselbe Brutrevier ist für sehr viele Singvogelarten nachgewiesen, so auch für den Trauerschnäpper. Dieser hat aber im Gegensatz zu den anderen Arten auch feste Winterreviere in Westafrika, die er Jahr für Jahr wieder besucht.

Rotkehlchen

Erithacus rubecula (Schnäpper)

L 14 cm SpW 20–22 cm Standvogel/Kurzstreckenzieher

Vorkommen *Bewohnt Busch- und Baumbestände aller Art, von dichten Wäldern bis zu Parks und Gärten.*

- > ***Brutzeit April–August***
- > ***4–6 gelbliche, braun gepunktete Eier***
- > ***2 Bruten im Jahr***

Zum Singen setzt sich das Rotkehlchen leicht erhöht auf einen Ast, sonst bewohnt es fast ausschließlich den Boden. Dort sucht es nach Kleintieren, von der Blattlaus bis zum Regenwurm. Auch das Nest baut das Weibchen am Boden, bevorzugt unter Baumwurzeln oder Grasbüscheln. Das Brüten übernimmt allein das Weibchen, beim Füttern der Jungen wird es aber vom Männchen unterstützt. Mitunter beginnt das Weibchen schon sehr zeitig mit der Zweitbrut, so dass das Männchen die Jungen der ersten Brut zuletzt alleine betreuen muss.

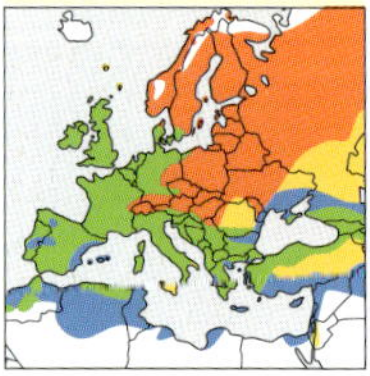

Altvogel am Nest

Stimme *In der Tonhöhe abfallender, perlender Gesang; ruft scharf „tick" (oft in schneller Reihe).*

Schon gewusst?

Das Rotkehlchen, das im Garten brütet, ist in der Regel ein anderes als das, welches im Winter ans Futterhaus kommt. Denn mitteleuropäische Vögel fliegen zum Überwintern in den Mittelmeerraum, während von Norden her skandinavische Brutvögel nachrücken.

Blaukehlchen

Luscinia svecica (Schnäpper)

L 13–15 cm SpW 20–22 cm Mittel-/Langstreckenzieher

Die verschiedenen Unterarten des Blaukehlchens unterscheiden sich in der Farbe ihres „Sterns". Sie ziehen im Herbst in verschiedene Richtungen. Rotsternige Vögel, die von Skandinavien über Sibirien bis Alaska brüten, überwintern vor allem in Indien und Südostasien, die weißsternigen Artgenossen aus Mittel- und Südeuropa verbringen den Winter dagegen in der afrikanischen Savanne. Überall verhält sich das Blaukehlchen jedoch sehr heimlich und präsentiert seine prächtig blaue Brust nur beim Singen.

Vorkommen *Lebt in nassen, buschigen Bereichen mit Schilf; in Skandinavien in Tundra, Moor und Heide.*

> **Brutzeit April–August**
> **5–7 olivgrüne Eier**
> **1–2 Bruten im Jahr**

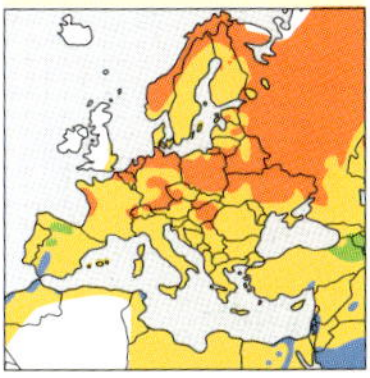

♂ Nordeuropa, Alpen, Karpaten

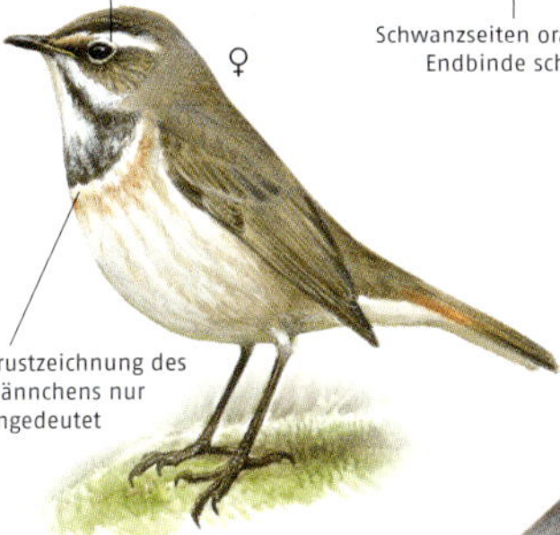

♂ Mittel- und Südeuropa

Stimme *Schneller werdender Gesang aus flötenden Tönen, durchsetzt mit Imitationen anderer Vogelstimmen.*

Schon gewusst?

Nach langer Talfahrt haben sich die Brutbestände des weißsternigen Blaukehlchens wieder erholt. Es ist in Mitteleuropa in vielen buschigen Schilfgebieten wieder anzutreffen. Die rotsternige Unterart hat die Alpen erst jüngst besiedelt.

Nachtigall

Luscinia megarhynchos (Schnäpper)

L 16–17 cm SpW 23–26 cm Langstreckenzieher

Vorkommen *Bewohnt dichtes Gebüsch, bevorzugt an feuchten Standorten und in der Nähe von Gewässern.*

> ***Brutzeit Mai–Juli***
> ***4–6 gelbliche bis braune Eier***
> ***1–2 Bruten im Jahr***

Neben dem lauten Gesang ist Heimlichkeit ein typisches Merkmal der Art. Selbst wenn man unmittelbar vor einem Busch mit singender Nachtigall steht, bekommt man den Vogel kaum zu Gesicht. Bei der Nahrungssuche bleibt die Nachtigall innerhalb des Gebüschs meist am Boden. Den Winter verbringt sie in einem breiten Gürtel von West- bis Ostafrika.

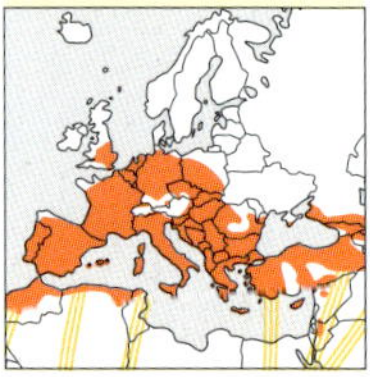

Stimme *Lauter, überwiegend nächtlicher Gesang mit kräftigem „Schlagen" und pfeifendem „Schluchzen".*

Sprosser

Luscinia luscinia (Schnäpper)

L 16–17 cm SpW 24–26 cm Langstreckenzieher

Vorkommen *Bevorzugt feuchte bis nasse Wälder und Gebüsche, aber auch in Feldgehölzen, Parks und Gärten.*

> ***Brutzeit Mai–Juli***
> ***4–6 gelbliche bis braune Eier***
> ***1 Brut im Jahr***

Der Sprosser vertritt die Nachtigall in Ost- und Nordeuropa. Er überwintert in Ostafrika. Nicht nur in Gefiederfärbung und heimlichem Verhalten, sondern auch im Gesang ist er seiner Schwesterart so ähnlich, dass die beiden nur mit etwas Erfahrung auseinander zu halten sind. In einem schmalen Überschneidungsbereich kommt es mitunter zu gemischten Bruten.

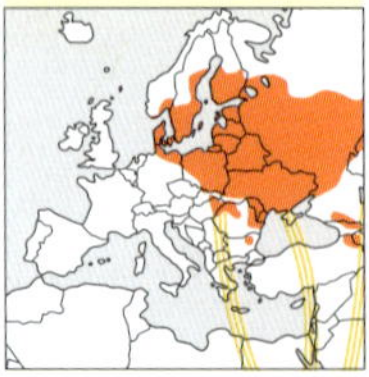

Stimme *Gesang langsamer und abgehackter als bei Nachtigall, mit ratternden Phrasen, aber ohne „Schluchzen".*

Heckensänger

Cercotrichas galactotes (Schnäpper)
L 15 cm SpW 22–27 cm Mittelstreckenzieher

Charakteristisch für den Heckensänger ist sein langer Schwanz. Dieser ist unaufhörlich in Bewegung und wird immer wieder steil aufgestellt. Auf der Suche nach Insekten und Würmern hüpft der Vogel entweder am Boden umher oder hält von erhöhten Plätzen aus Ausschau nach Beute, die er dann im Flug fängt. Der Heckensänger liebt es warm und zieht im Herbst über die Sahara hinweg nach Süden.

Stimme *Singt im Flug oder von Büschen aus kurze Strophen aus Trillern und Flötentönen; ruft hart „teck teck".*

Vorkommen *Bewohnt Baum- und Buschbestände in trockener Landschaft.*

> ***Brutzeit Mai–August***
> ***4–5 weißliche Eier mit brauner Fleckung***
> ***2 Bruten im Jahr***

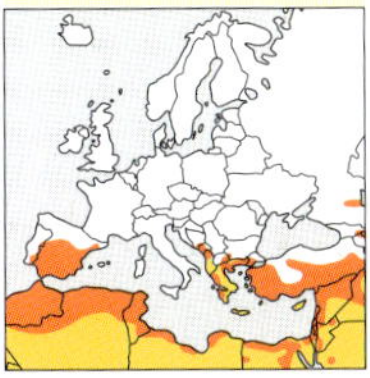

Blauschwanz

Tarsiger cyanurus (Schnäpper)
L 13–15 cm SpW 21–24 cm Langstreckenzieher

Nur wenige Brutpaare dringen aus ihrem asiatischen Brutgebiet nach Nordrussland und Ostfinnland vor. Im Herbst treten sie dann einen weiten Zug nach Indien oder gar Indochina an. Obwohl er eigentlich wenig scheu ist, bekommt man den prächtigen Vogel nur schwer zu Gesicht, da er sich meist versteckt im Geäst des Unterholzes aufhält.

Stimme *Singt kurze Strophen aus lauten, klaren Tönen; ruft gereiht „tiit tiit tiit".*

Vorkommen *Brütet in feuchten Nadelwäldern der Taiga; auf dem Zug und im Winter auch in Gebüschen und Gärten.*

> ***Brutzeit Mai–August***
> ***5–7 weiße, höchstens schwach gefleckte Eier***
> ***1–2 Bruten im Jahr***

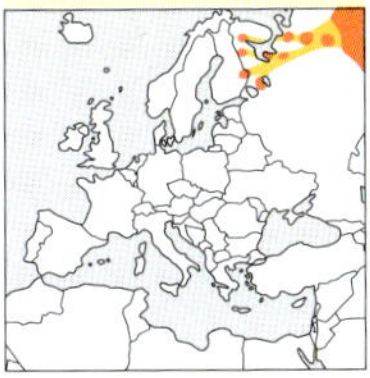

Hausrotschwanz

Phoenicurus ochruros (Schnäpper)

L 14–15 cm   SpW 23–27 cm   Kurz-/Mittelstreckenzieher

Vorkommen *Lebte ursprünglich in Felslandschaft, heute verbreitet in Dörfern, Städten und selbst Industriegebieten.*

> ***Brutzeit April–September***
> ***4–6 rein weiße Eier***
> ***1–3 Bruten im Jahr***

Seit dem 19. Jahrhundert ist der Hausrotschwanz in die künstlichen „Felslandschaften" menschlicher Siedlungen eingewandert. Anstelle von Felsspalten nutzt er dort verschiedenste Öffnungen und Nischen an Gebäuden, um sein Nest zu bauen. Bei der Jagd nach Insekten hält er von erhöhten Plätzen Ausschau, welche er dann aufpickt oder aus der Luft zu schnappt. Typisch für den Hausrotschwanz ist ein ständiges Schwanzzittern, oft verbunden mit einem Knicksen der Beine.

♀ und 1 Jahr alte ♂

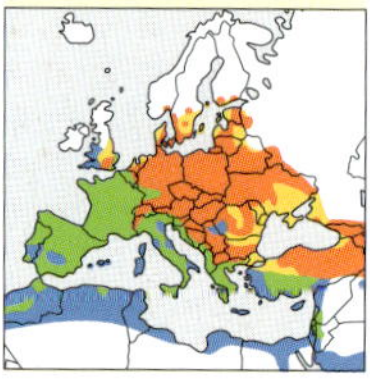

flügger Jungvogel

♂ mind. 2 Jahre alt

Beobachtungstipp

Man muss schon Frühaufsteher sein, um zu erleben, wie der Hausrotschwanz seinen Gesang anstimmt. In Siedlungen ist er morgens in der Regel der erste Sänger – noch vor Einsetzen der Dämmerung.

Stimme *Singt von Dächern aus eine helle Tonreihe, gefolgt von gepresstem Fauchen und weiteren hellen Tönen.*

Gartenrotschwanz

Phoenicurus phoenicurus (Schnäpper)
L 14 cm   SpW 21–25 cm   Langstreckenzieher

Der Gartenrotschwanz brütet bevorzugt in Baumhöhlen. Die Brutbestände sind in ganz Europa sehr stark zurückgegangen. Verluste von Altholzbeständen mit reichem Höhlenangebot konnten nur teilweise durch aufgehängte Nistkästen ausgeglichen werden. Zusätzlich trugen Dürreperioden im afrikanischen Überwinterungsgebiet sowie der dort starke Einsatz von Insektengiften zum Rückgang bei. Die Nahrungssuche betreibt der Gartenrotschwanz von Sitzwarten aus, bleibt dabei aber in der Nähe von Büschen und Bäumen.

Vorkommen *Bewohnt lichte Wälder, Parks, Gärten und andere halboffene Landschaften, die Bäume mit Nisthöhlen bieten.*

- > ***Brutzeit April–August***
- > ***5–7 grünlich blaue Eier***
- > ***1–2 Bruten im Jahr***

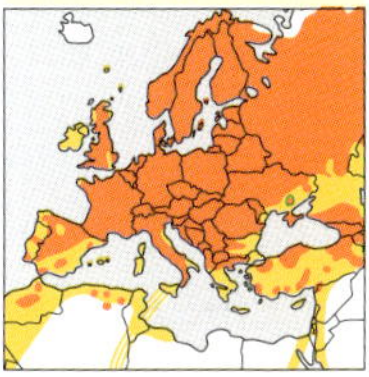

Stimme *Gesang beginnt mit einem hohen und zwei tiefen Tönen („di-dada"), gefolgt von schwatzenden Lauten.*

Schon gewusst?

Garten- und Hausrotschwanz (S. 64) sind sich nicht nur ähnlich, sondern auch sehr nah verwandt. Gelegentlich kommt es zu gemischten Bruten, aus denen Vögel hervorgehen, die die Gesänge beider Arten beherrschen.

Braunkehlchen

Saxicola rubetra (Schnäpper)
L 12–14 cm SpW 21–24 cm Langstreckenzieher

Das Braunkehlchen ist in geeigneten Lebensräumen leicht zu entdecken. Es sitzt meist auf einem Zaunpfahl oder einer hohen Staude. Von dort hält es Ausschau nach Insekten oder singt. Fehlen solche Sitzwarten in der ausgeräumten Agrarlandschaft oder werden Wiesen sehr früh gemäht, bleibt das Braunkehlchen fern.

***Vorkommen** Brütet in feuchten Wiesen, Weiden und Brachflächen; auf dem Zug auch in anderen offenen Lebensräumen.*

- ***Brutzeit Mai–August***
- ***5–7 grünlich blaue Eier***
- ***1 Brut im Jahr***

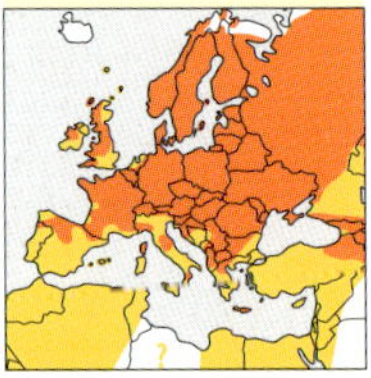

***Stimme** Kurze Gesangsstrophen aus flötenden und kratzig klingenden Tönen; schnalzende Warnrufe.*

Schwarzkehlchen

Saxicola rubicola (Schnäpper)
L 13 cm SpW 18–21 cm Standvogel/Kurzstreckenzieher

Das Schwarzkehlchen ist dem Braunkehlchen in der Jagdweise recht ähnlich, zeigt aber ein anderes Zugverhalten. Es zieht nicht nach Afrika, sondern in den Mittelmeerraum; die Aufenthalte im Brutgebiet sind deutlich länger (März–Oktober). Von Russland bis Ostasien wird die Art vom sehr ähnlichen Pallasschwarzkehlchen (*S. maurus*) vertreten.

***Vorkommen** Bewohnt offene, vorzugsweise trockene Lebensräume mit Büschen, aber auch Moore.*

- ***Brutzeit März–August***
- ***4–6 grünlich blaue, schwach gezeichnete Eier***
- ***2–3 Bruten im Jahr***

Pallasschwarzkehlchen

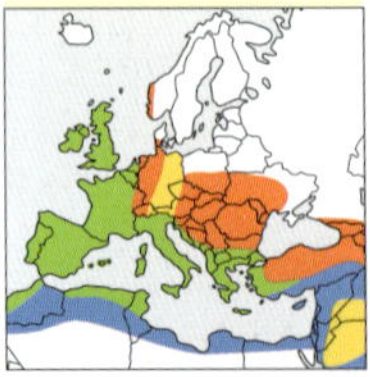

***Stimme** Der kurze Gesang besteht aus pfeifenden und gequetschten Tönen.*

Steinschmätzer

Oenanthe oenanthe (Schnäpper)
L 15–17 cm   SpW 26–32 cm   Langstreckenzieher

Mit seinem im Flug aufblitzenden weißen Schwanz ist der Steinschmätzer eine auffällige Erscheinung in der offenen Landschaft. Er hüpft viel am Boden umher, hält immer wieder inne, um nach Insekten Ausschau zu halten und verfolgt sie laufend oder im kurzen Flug. Er brütet bevorzugt in Höhlungen unter Steinen, aber auch in Kaninchenbauen. Von Bulgarien und der südlichen Ukraine ostwärts brütet der blassere Isabellsteinschmätzer (*O. isabellinus*) in Erdhöhlen.

Vorkommen *Brütet in offenem, kargem Gelände (auch Gebirge und Tundra). Auf dem Zug auf Äckern, Wiesen und Stränden.*

> ***Brutzeit April–August***
> ***4–6 hellblaue Eier***
> ***1–2 Bruten im Jahr***

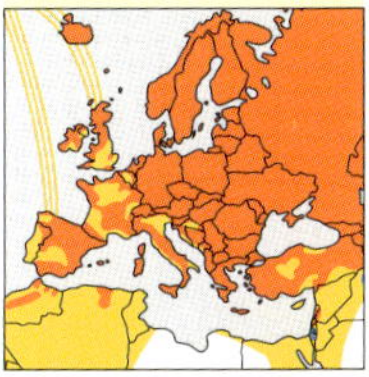

Stimme *Von Felsbrocken aus wird der leise Zwitschergesang mit knirschenden Tönen vorgetragen; ruft „tack".*

Isabellsteinschmätzer

Schon gewusst?

Unter den Singvögeln ist der Steinschmätzer der Rekordhalter in der Kategorie Zugstrecke. Vom afrikanischen Winterquartier aus zieht er einerseits nach Europa, Nordasien und Alaska, andererseits auch über den Atlantik nach Kanada und Grönland.

Maurensteinschmätzer

Oenanthe hispanica (Schnäpper)

L 15 cm SpW 25–27 cm Langstreckenzieher

Vorkommen *Lebt in schütter bewachsenem Buschland sowie auf kargem Ackerland und Brachflächen.*

> **Brutzeit April–Juli**
> **4–5 weißliche, fein gesprenkelte Eier**
> **2 Bruten im Jahr**

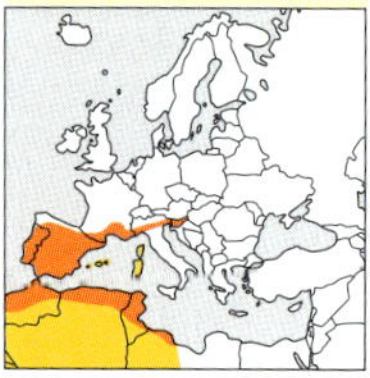

Sein verhältnismäßig geringes Körpergewicht nutzt der Maurensteinschmätzer aus. Er späht auch von recht dünnen Pflanzenhalmen aus nach Insekten und Spinnen. Die Ansitzjagd spielt deshalb bei ihm eine größere Rolle als beim schwereren Steinschmätzer (S. 67). Von Südostitalien und dem Balkan ostwärts brütet der ihm sehr ähnliche Balkansteinschmätzer *(O. melanoleuca)*. Bis vor kurzem wurden Mauren- und Balkansteinschmätzer zu einer Art zusammengefasst, dem Mittelmeer-Steinschmätzer.

Variation der Kopfzeichnung

Balkansteinschmätzer

Stimme *Kurze Gesangsstrophen aus hart bis klirrend klingenden Tönen.*

Schon gewusst?

Männliche Mauren- und Balkansteinschmätzer kommen jeweils in zwei Gefiedervarianten vor: Entweder sind nur die Kopfseiten schwarz (ähnlich wie beim Steinschmätzer), oder die Schwarzfärbung dehnt sich auch auf die Kehle aus.

Trauersteinschmätzer

Oenanthe leucura (Schnäpper)
L 18 cm   SpW 26–29 cm   Standvogel

Im Gegensatz zu den anderen europäischen Steinschmätzerarten (S. 67–69) ist der Trauersteinschmätzer Standvogel. Er wandert im Winter lediglich aus höheren Gebirgslagen in tiefere Gebiete der Umgebung ab. In Felshöhlungen oder Mauernischen baut er sein Nest, daneben errichtet er eine Plattform aus Hunderten kleiner Steine.

Vorkommen *Bewohnt trockene, felsige Lebensräume wie Klippen, Schluchten und Halbwüsten, aber auch Siedlungen.*

> **Brutzeit März–Juli**
> **3–5 bläuliche, braun gefleckte Eier**
> **1–2 Bruten im Jahr**

Stimme *Kratziger Gesang mit einzelnen klaren Flötentönen, der von Felsspitzen oder Hausdächern aus vorgetragen wird.*

Nonnensteinschmätzer

Oenanthe pleschanka (Schnäpper)
L 15–16 cm   SpW 26–28 cm   Langstreckenzieher

Nonnensteinschmätzer siedeln dicht beieinander. Jedes Paar hat jedoch sein eigenes Brutrevier, dessen Grenzen das Männchen mit seinem Gesang, von Felsen oder Baumspitzen aus, akustisch markiert. Auf dem Zug nach Ostafrika ist die Art geselliger; es wurden Trupps von bis zu 40 Vögeln beobachtet.

Stimme *Kurze, kratzig klingende Gesangsstrophen; pfeifende und schmatzende Rufe.*

Vorkommen *Lebt in hügeliger Steppenlandschaft mit einzelnen Felsbrocken; im Winter auch in buschigem Grasland.*

> **Brutzeit Mai–Juli**
> **4–6 blassblaue Eier mit rötlicher Fleckung**
> **1 Brut im Jahr**

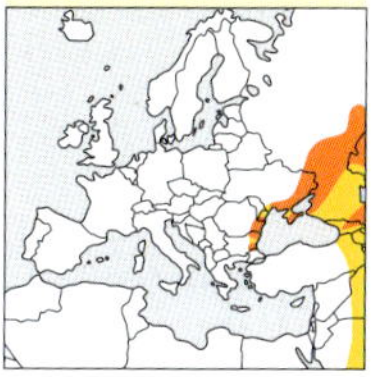

Blaumerle

Monticola solitarius (Schnäpper)
L 20–23 cm   SpW 33–37 cm   Standvogel

Vorkommen *Bewohnt sonnige, felsige Hänge, Schluchten und Felsküsten; brütet auch in Ruinen.*

> ***Brutzeit April–Juli***
> ***4–5 hellblaue Eier, manchmal gefleckt***
> ***2 Bruten im Jahr***

Von weitem erscheint das Gefieder der Blaumerle fast einfarbig dunkel. Zusammen mit dem ähnlichen Gesang wirkt sie daher wie eine „Amselausgabe" für felsiges Gelände. Dort brütet der scheue Vogel in Höhlungen verschiedenster Art. Abgesehen vom Brutgeschäft ist die Blaumerle ein Einzelgänger, der gut versteckt den Boden nach Kleintieren und Beeren absucht.

Stimme *Melodisch flötender Gesang, der sehr an eine Amsel erinnert.*

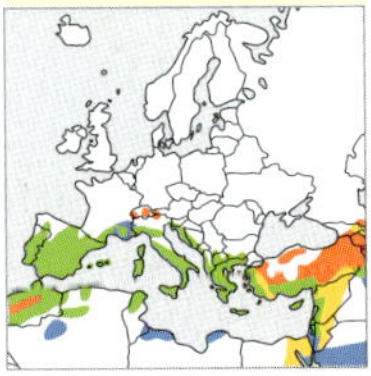

Steinrötel

Monticola saxatilis (Schnäpper)
L 16–19 cm   SpW 33–37 cm   Langstreckenzieher

Vorkommen *Lebt in felsigen Bereichen von Hochgebirgen mit kurzem Gras und einzelnen Sträuchern.*

> ***Brutzeit Mai–August***
> ***4–5 bläuliche, schwach gesprenkelte Eier***
> ***1–2 Bruten im Jahr***

In seiner Lebensweise ähnelt der Steinrötel der Blaumerle sehr. Doch hält er sich zur Brutzeit zumeist im Gebirge auf, wo er kaum unterhalb von 1.500 m anzutreffen ist. Sein Brutrevier grenzt er mit eindrucksvollen Singflügen ab. Anders als die Blaumerle zieht er im Herbst ins tropische Afrika und überwintert dort in wenig bewachsenen Bereichen der Savanne.

Stimme *Flötender, teilweise rauer Gesang mit Trillern, oft im Flug vorgetragen.*

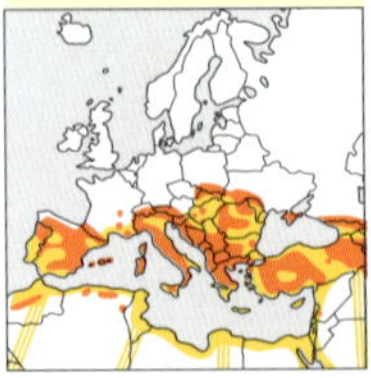

Bartmeise

Panurus biarmicus (Bartmeisen)

L 13 cm   SpW 16–18 cm   Standvogel/Kurzstreckenzieher

Vorkommen *Lebt in Schilfbeständen an Gewässern verschiedener Art.*

- > ***Brutzeit März–August***
- > ***4–6 bräunliche, dunkel gefleckte Eier***
- > ***2–3 Bruten im Jahr***

Die Bartmeise mag es gerne gesellig: Im Herbst und Winter lebt sie in Trupps, selbst beim Brüten bildet sie oft lockere Kolonien. Kurz vor der Eiablage bewacht das Männchen sein Weibchen auf Schritt und Tritt, um Befruchtungen durch andere Männchen zu vermeiden. Ganz verhindern lässt sich dies im unübersichtlichen Schilf aber nicht, so dass Fremdvaterschaften in vielen Bruten vorkommen. Im Sommer besteht die Nahrung aus Insekten, im Winter zumeist aus Schilfsamen. Mit Hilfe von verschluckten Steinchen werden diese im Magen zerkleinert.

Schilfsamen sind eine wichtige Winternahrung

Schon gewusst?

Schon im Alter von wenigen Wochen können sich Bartmeisen-Paare zu einer „Dauerehe" zusammenfinden, die ihr ganzes Leben lang hält. Gelegentlich verpaaren sich auf diese Weise auch Halbgeschwister, die aus unterschiedlichen Bruten ihrer Eltern stammen.

Stimme *Ruft auffällig nasal „pjing"; Gesang aus drei rufähnlichen Lauten, aber leise und unauffällig.*

Schwanzmeise

Aegithalos caudatus (Schwanzmeisen)

L 14 cm   SpW 16–19 cm   Standvogel/Kurzstreckenzieher

baut kugelförmiges Nest

Vorkommen Lebt in Laub- und Mischwäldern, Parks und Gärten.

- ***Brutzeit März–Juni***
- ***8–12 weißliche, rötlich gepunktete Eier***
- ***1 Brut im Jahr***

Die Schwanzmeise turnt meist in Trupps durch das Geäst von Büschen und Bäumen. Im Winter finden sich in der Regel 10–20 Vögel zusammen, die ein gemeinsames Nahrungsrevier gegen benachbarte Trupps verteidigen. Gebrütet wird zwar paarweise, doch helfen Altvögel mit erfolglosen Bruten anderen Paaren bei der Aufzucht der Jungvögel.

***Stimme** Häufig wiederholte hohe „zie"-Rufe sowie ein scharfes „zerrr"; Gesang leise.*

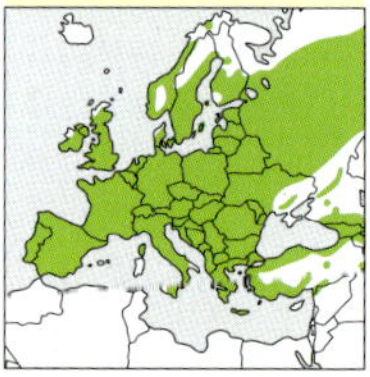

Mitteleuropa

Beutelmeise

Nest

Remiz pendulinus (Beutelmeisen)

L 11 cm   SpW 16–17 cm   Standvogel/Mittelstreckenzieher

Vorkommen Brütet in lockeren Baumbeständen, meist an Gewässerufern. Außerhalb der Brutzeit meist im Schilf.

- ***Brutzeit April–August***
- ***6–8 weiße Eier***
- ***1–2 Bruten im Jahr***

An herabhängenden Ästen baut das Männchen ein beutelförmiges Nest aus wolligen Pflanzenteilen, Haaren und Fasern. Bei der Fertigstellung beteiligt sich oft auch das Weibchen. Die Jungenaufzucht übernimmt meist nur ein Elternteil, während das andere oft mit einem dritten Altvogel eine zweite Brut beginnt.

***Stimme** Sehr hoher, abfallender Ruf („psiieeh"), etwas dünner und langgezogener als bei der Rohrammer (S. 109).*

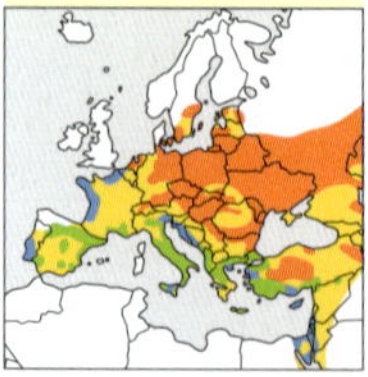

Sumpfmeise

Parus palustris (Meisen)
L 12 cm SpW 18–19 cm Standvogel

Flügger Jungvogel

Die Sumpfmeise sucht sich Baumhöhlen mit engem Einflugloch oder kleiner Nestfläche. Damit versucht sie der Konkurrenz mit anderen Meisenarten zu entgehen, doch ist in solchen engen Höhlen oft nicht Platz für ein vollständiges Gelege. Vor Räubern ist die Sumpfmeise dennoch nicht sicher, denn ein Teil der Eier und Jungvögel wird von Buntspechten, Katzen oder Mardern erbeutet.

Vorkommen *Brütet in Laub- und Mischwäldern; im Winter auch in Gärten.*

- **Brutzeit April–Juli**
- **4–12 weißliche, rotbraun gefleckte Eier**
- **1 Brut im Jahr**

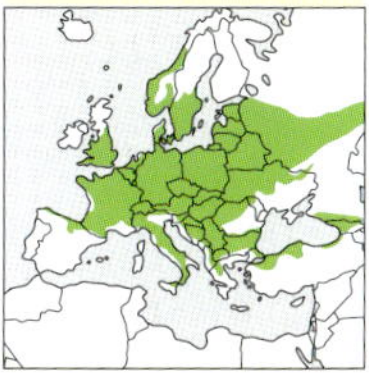

Stimme *Zeternde Rufe; Gesang monotone Tonreihe („tjä-tjä-tjä-tjä-…").*

Weidenmeise

Parus montanus (Meisen)
L 12 cm SpW 17–20 cm Standvogel

Skandinavien

Im zeitigen Frühjahr sucht die Weidenmeise nach einem morschen Baum. Mit dem kleinen, aber kräftigen Schnabel hackt sie dann in ein- bis zweiwöchiger Arbeit eine Bruthöhle in das faulende Holz. Während das Weibchen brütet, wird es hin und wieder vom Männchen gefüttert. Bei gutem Angebot an Pflanzensamen versteckt die Weidenmeise in Spalten der Baumrinde Vorräte für „schlechte Zeiten".

Mittel- und Westeuropa

Vorkommen *Lebt in Wäldern, bevorzugt in Nadel- und Mischwäldern im Gebirge sowie in Auwäldern.*

- **Brutzeit April–Juli**
- **5–10 weißliche, rotbraun gefleckte Eier**
- **1 Brut im Jahr**

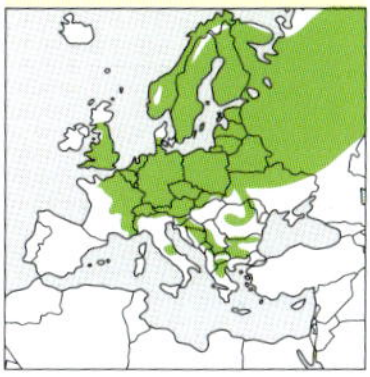

Stimme *Rufe ähnlich wie Sumpfmeise, aber behäbiger (breit „däää-däää-däää"); Gesang aus einer Reihe abfallender Pfeiftöne.*

Tannenmeise

Parus ater (Meisen)

L 11 cm   SpW 17–21 cm   Standvogel/Kurzstreckenzieher

besucht Winterfütterungen

Vorkommen *Lebt in Nadelwäldern, aber auch in Gärten und Parks mit Nadelbäumen.*

> **Brutzeit März–August**
> **5–12 weißliche, rostbraun gefleckte Eier**
> **1–2 Bruten im Jahr**

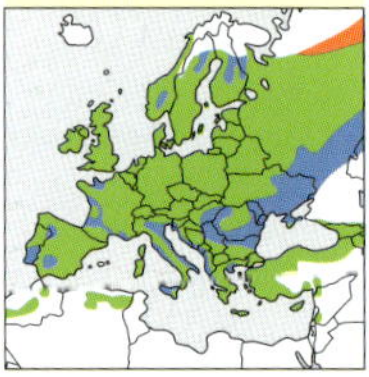

Meist brütet die Tannenmeise in Baumhöhlen. Sind diese knapp, nimmt sie auch mit Erdlöchern in Böschungen oder sogar Mauernischen vorlieb. Außerhalb der Brutzeit lebt sie in Trupps, oft zusammen mit anderen Meisen, Kleibern und Baumläufern. Sind in Sibirien Fichtensamen rar, dann wandern die dortigen Tannenmeisen im Herbst scharenweise nach Europa.

Stimme *Singt monoton „wize-wize-wize-…"; ruft nasal und gedehnt „tsui".*

Trauermeise

Parus lugubris (Meisen)

L 13–14 cm   SpW 21–23 cm   Standvogel

Lapplandmeise

Vorkommen *Bewohnt lichte Bergwälder und felsige Hänge mit Büschen und Bäumen.*

> **Brutzeit März–August**
> **5–10 weiße, rötlich gefleckte Eier**
> **1–2 Bruten im Jahr**

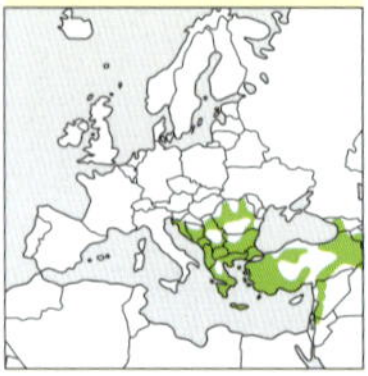

In ihrem bergigen Lebensraum baut die Trauermeise ihr Nest entweder in Baumhöhlen oder in kleinen Felsspalten. Auf der Suche nach Insekten und Samen hält sie sich häufig am Boden auf, fliegt zum Fressen der Beute aber stets auf einen Ast – offenbar um vor Schlangen sicher zu sein. In der Taiga Nordskandinaviens lebt eine ähnliche Art, die Lapplandmeise (*P. cinctus*).

Stimme *Gesang aus monotoner Reihe rauer Töne; verschiedene Rufe ähnlich Kohl- und Blaumeise (S. 76, 75).*

Blaumeise

Parus caeruleus (Meisen)

L 12 cm SpW 18–20 cm Standvogel/Kurzstreckenzieher

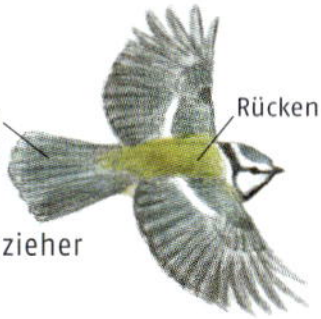

Die Blaumeise füttert zur Brutzeit ihren Nachwuchs mit Insekten. Als Nahrung treten im Winter Pflanzensamen in den Vordergrund, die sie mit kräftigen Schnabelhieben öffnet. Auf Insektennahrung muss sie aber auch im Winter nicht verzichten, denn mit dem Schnabel kann sie in Schilfhalmen verborgene Insekten heraushacken.

Jungvogel

Vorkommen *Brütet in verschiedenartigen Wäldern, Parks und Gärten; im Winter gerne im Schilf.*

> **Brutzeit März–August**
> **6–14 weiße Eier mit rotbrauner Fleckung**
> **1–2 Bruten im Jahr**

Stimme *Gesang aus langem, mit 2–3 hohen Tönen eingeleitetem Triller; zeternde Rufe („zerrrrrr").*

brütet gerne in Nistkästen

Haubenmeise

Parus cristatus (Meisen)

L 12 cm SpW 17–20 cm Standvogel

Nest

Brutpaare der Haubenmeise bleiben ihr Leben lang zusammen. Sie bewohnen ihr Revier auch im Winter, mitunter in gemischten Trupps mit anderen Meisenarten. Junge Vögel verpaaren sich bevorzugt mit bereits verwitweten Altvögeln. Zum Brüten benutzen sie meist selbst in morsches Holz gezimmerte Höhlen, aber auch Spechthöhlen oder Nistkästen.

Vorkommen *Lebt in Nadelwäldern sowie in Parks und großen Gärten mit Nadelbäumen.*

> **Brutzeit März–Juli**
> **4–8 weiße, rostrot gefleckte Eier**
> **1–2 Bruten im Jahr**

Stimme *Gesang aus hohen Lauten und tieferen Trillern („si-si-dürrr-dürrr-…), die jeweils auch als Rufe vorkommen.*

Kohlmeise

Parus major (Meisen)

L 14 cm SpW 23–25 cm Standvogel/Kurzstreckenzieher

***Vorkommen** Bewohnt alle Lebensräume mit Bäumen von dichten Wäldern bis hin zu Innenstädten.*

- ***Brutzeit März–August***
- ***6–12 weißliche, rotbraun gepunktete Eier***
- ***1–2 Bruten im Jahr***

Die Kohlmeise ist ein äußerst vielseitiger und zudem konkurrenzfähiger Vogel. Ihre Überlegenheit zeigt sie zum einen beim Wettbewerb um Nisthöhlen, wo sie anderen Meisen und sonstigen Höhlenbrütern überlegen ist. Zum anderen nimmt sie auch im Verband mit Meisen, Baumläufern und Goldhähnchen, mit denen sie im Winter gerne gemeinsam umherstreift, eine Spitzenposition in der „Hackordnung“ ein. Im Durchschnitt wird eine Kohlmeise zweieinhalb Jahre alt, der älteste bekannte Vogel erreichte das stolze Altern von 15 Jahren.

Beobachtungstipp

Kaum ein Vogel lässt sich im eigenen Garten so gut beobachten wie die Kohlmeise. Gerne brütet sie in Nistkästen. Im Winter ist sie regelmäßiger Gast am Futterhaus, wo ihre Fertigkeit bei der Bearbeitung von Sonnenblumenkernen zu bewundern ist.

***Stimme** Viele verschiedene, teils laute, teils schnurrende Rufe; Gesang variabel, oft „zi-zi-bäh-zi-zi-bäh“.*

Kleiber

Sitta europaea (Kleiber)

L 14 cm SpW 23–27 cm Standvogel

Der Kleiber brütet in Baumhöhlen, die er im Gegensatz zu Spechten nicht selbst zimmert. Er nutzt aber gerne vorhandene Spechthöhlen. Ist das Einflugloch zu groß, wird es mit Lehm teilweise zugeklebt; daher der Name „Kleiber". Ist ihm eine Baumhöhle zu klein, erweitert er sie mit kräftigen Schnabelhieben. Ganzjährig legt der Kleiber Vorräte an: Im Sommer versteckt er Insekten, sonst eher Nüsse und andere Baumfrüchte in Rindenspalten. Mitunter vergräbt er sogar Beute im Boden.

Vorkommen *Lebt in Laub- und Mischwäldern, Parks und Gärten mit alten oder großen Bäumen.*

> ***Brutzeit März–Juni***
> ***5–9 weißliche, braun gefleckte Eier***
> ***1 Brut im Jahr***

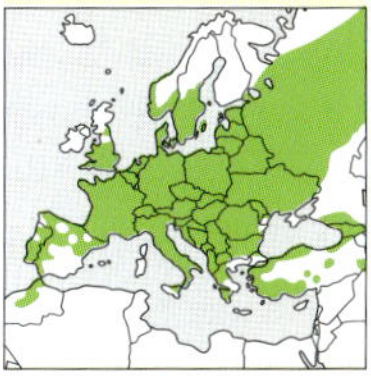

77

Stimme *Ruft viel und laut, oft gereiht „tjüktjük-tjüktjük"; Gesang aus Rufen und eingestreuten pfeifenden Elementen.*

Beobachtungstipp

Der Kleiber ist der einzige Vogel, der mit dem Kopf nach unten an Baumstämmen hinunter klettern kann. Seinen volkstümlichen Namen „Spechtmeise" erhielt er aber auch deshalb, weil er ähnlich einem Specht mit seinem kräftigen Schnabel Insekten aus morschem Holz herausarbeitet.

Felsenkleiber

Sitta neumayer (Kleiber)

L 14–15 cm SpW 23–25 cm Standvogel

Vorkommen *Bewohnt felsige Landschaften mit vereinzelten Büschen und Bäumen.*

- **Brutzeit April–Juli**
- **8–10 weiße, rotbraun gefleckte Eier**
- **1–2 Bruten im Jahr**

Zum Brüten sucht sich der Felsenkleiber eine Felsspalte oder Mauernische, die er mit Lehm fast völlig zumauert. Nur ein Einflugloch mit bis zu 10 cm langem Eingangstunnel bleibt offen. Ausschließlich in Kiefernwäldern der Insel Korsika lebt der kleine Korsenkleiber *(S. whiteheadi)*, der mit nur 2000 Paaren einer der seltensten Vögel Europas ist.

Fütterung am Nest

Stimme *Gesang aus Reihe langer, klarer Pfeiftöne, die in der Tonhöhe allmählich abfallen.*

Mauerläufer

Tichodroma muraria (Mauerläufer)

L 17 cm SpW 27–32 cm Standvogel/Kurzstreckenzieher

Vorkommen *Bewohnt steile, felsige Bereiche im Hochgebirge; im Winter auch in Steinbrüchen und an Gebäuden im Tiefland.*

- **Brutzeit Mai–August**
- **3–5 weiße, rotbraun gesprenkelte Eier**
- **1 Brut im Jahr**

Der Mauerläufer klettert geschickt an steilen Felswänden umher, um mit dem langen Schnabel Insekten aus Ritzen im Gestein herauszupicken. Dabei zuckt er nahezu ununterbrochen mit den Flügeln. Gelegentlich verfolgt er auch Schmetterlinge im Flug. In Felsspalten oder -löchern baut er aus Moos, Flechten und Grashalmen ein Nest, in dem das Weibchen allein die Eier ausbrütet.

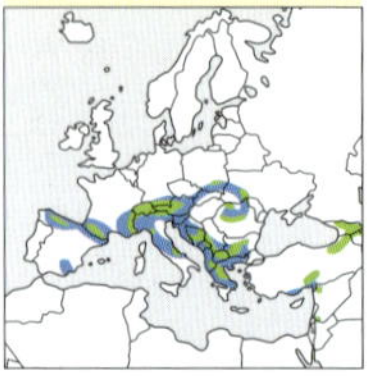

Stimme *Gesang aus gereihten, auf- und absteigenden Pfeiftönen.*

Gartenbaumläufer

Certhia brachydactyla (Baumläufer)

L 13 cm SpW 17–20 cm Standvogel

enge Schlafgemeinschaft

Die beiden Baumläuferarten haben ein sehr ähnliches Gefieder und sind am besten an der Stimme zu erkennen. Mit seiner eher kurzen Hinterkralle klettert der Gartenbaumläufer bevorzugt an Baumstämmen mit gefurchter Rinde. Nachts kuscheln sich Baumläufer gerne in Gruppen eng aneinander, um beim Schlafen keine Wärme zu verlieren.

Vorkommen *Lebt in Laub- und Mischwäldern, Feldgehölzen, Parks und Gärten und besiedelt dabei auch Grünzonen der Städte.*

> ***Brutzeit März–Juli***
> ***5–6 weiße, rotbraun gefleckte Eier***
> ***1–2 Bruten im Jahr***

Stimme *Ruft scharf „tüt"; singt laut und durchdringend „tü-ti-tilüit".*

Waldbaumläufer

Certhia familiaris (Baumläufer)

L 13 cm SpW 18–21 cm Standvogel/Kurzstreckenzieher

Baumläufer klettern mit ruckartigen Bewegungen an Baumstämmen hinauf und picken dabei Insekten aus der Borke. Mit langer Hinterkralle erklimmt der Waldbaumläufer auch glatte Stämme. Oben angekommen, fliegt der Baumläufer zum Fuß des nächsten Stammes und beginnt von neuem. Auf diese Weise schafft er bis zu 3 km Kletterstrecke am Tag.

Vorkommen *Lebt in Laub-, Misch- und Nadelwäldern; auch in Parks, aber nur selten im Bereich von Siedlungen.*

> ***Brutzeit März–August***
> ***5–6 weiße, rotbraun gefleckte Eier***
> ***1–2 Bruten im Jahr***

Stimme *Dünner, an Blaumeise erinnernder Gesang („si-si-drrrr-si-drrrrrr"); Rufe ähnlich Goldhähnchen (hoch „srri").*

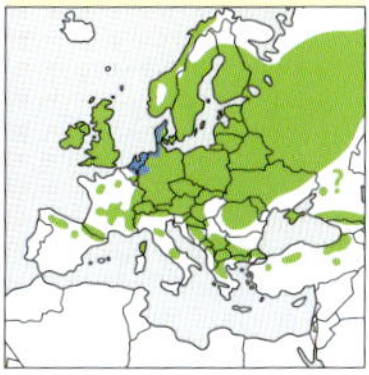

Neuntöter

Lanius collurio (Würger)

L 17 cm SpW 24–27 cm Langstreckenzieher

***Vorkommen** Brütet in Hecken und Gebüschen der offenen Kulturlandschaft.*

> ***Brutzeit Mai–August***
> ***4–7 grünliche oder rötliche, dunkel gefleckte Eier***
> ***1 Brut im Jahr***

Das Nest des Neuntöters besteht aus Zweigen, Halmen und Moos. Er baut es bevorzugt gut geschützt mitten in einen dornigen Busch. Diesen nutzt er zugleich als Vorratslager, denn im Überschuss erbeutete Insekten wie Käfer und Heuschrecken, aber auch Mäuse spießt er zum späteren Verzehr auf die Dornen. Nach seiner Beute hält er von Buschspitzen oder anderen erhöhten Warten Ausschau. Während er Insekten häufig im Flug fängt, kann er Mäuse und andere Bodentiere ähnlich wie ein Greifvogel schlagen.

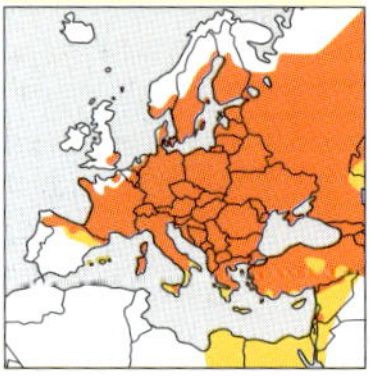

Schon gewusst?

Der Neuntöter überwintert in der Südhälfte Afrikas bis zur Südspitze des Kontinents. Er vollführt einen „Schleifenzug": Im Herbst geht es quer durch Afrika nach Süden, im Frühjahr auf östlicher gelegener Route über Ostafrika und Arabien zurück.

***Stimme** Ruft heiser „dschääh" oder „teck" (auch gereiht); leise schwatzender Gesang.*

Raubwürger

Lanius excubitor (Würger)

L 24–25 cm SpW 30–34 cm Standvogel/Mittelstreckenzieher

In Nordeuropa ist der Raubwürger ein Zugvogel; die Paare finden sich zu jeder Brutperiode neu. Unter den mitteleuropäischen Standvögeln herrscht dagegen meist lebenslange Partnertreue, auch wenn Männchen und Weibchen im Winter getrennte Nahrungsreviere besetzen. In trockener Gebüschlandschaft, Steppen und Halbwüsten von Südwesteuropa und Nordafrika sind etwas dunkler befiederte Formen beheimatet, die heute als eigene Art mit dem Namen Mittelmeer-Raubwürger (*L. meridionalis*) betrachtet werden.

Vorkommen *Bewohnt verschiedenartige offene Landschaft mit Hecken, Büschen und einzelnen Bäumen.*

> ***Brutzeit April–Juli***
> ***4–7 weißliche, braun gefleckte Eier***
> ***1 Brut im Jahr***

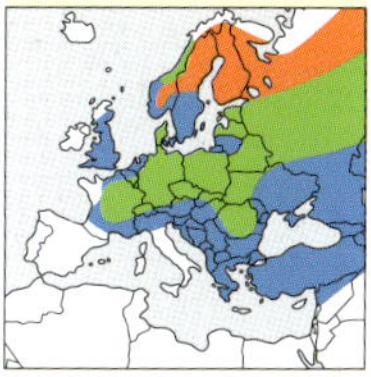

Mittelmeer-Raubwürger

Jungvogel

Schon gewusst?

Der Raubwürger ist der „Greifvogel“ unter den Singvögeln. Mit seinem Hakenschnabel erbeutet er nicht nur Insekten, sondern auch Mäuse und sogar kleine Vögel. Im Sommer wie im Winter spießt er seine Beute als Vorrat auf Dornen auf.

Stimme *Verschiedene nasale oder harte Rufe, auch ähnlich Trillerpfeife; kurzer, metallisch klingender Gesang.*

Schwarzstirnwürger

Lanius minor (Würger)

L 20 cm SpW 32–34 cm Langstreckenzieher

Im heutigen Verbreitungsgebiet kann man den Schwarzstirnwürger stellenweise noch häufig sehen. Von Leitungsdrähten aus erbeutet er in kurzen Jagdflügen Käfer oder Mäuse. In Mitteleuropa ist er seit Jahrzehnten ausgestorben, bedingt durch ein feuchter gewordenes Klima und durch die Zerstörung seiner Lebensräume.

Vorkommen *Lebt in offener, trockener Landschaft mit einzelnen Büschen oder Bäumen.*

- ***Brutzeit Mai–August***
- ***4–7 grünliche, braun gefleckte Eier***
- ***1 Brut im Jahr***

Jungvogel

Stimme *Ruft quäkend „gwät"; leiser, schwatzender Gesang.*

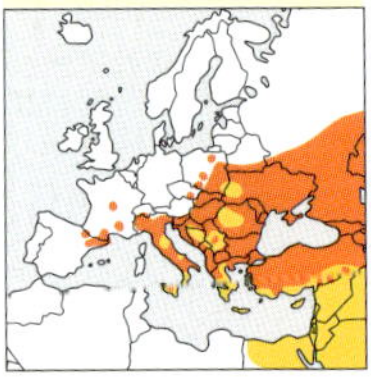

Rotkopfwürger

Lanius senator (Würger)

L 18 cm SpW 26–28 cm Langstreckenzieher

Beim Rotkopfwürger singen Männchen und Weibchen im Duett. Dies festigt den Paarzusammenhalt und dient zugleich der Revierabgrenzung gegenüber benachbarten Paaren. Er jagt Insekten, legt aber keine Vorräte an. In offenen Wäldern Südosteuropas brütet der Maskenwürger *(L. nubicus)*.

Vorkommen *Bewohnt trockene, sonnige Lebensräume mit Büschen oder einzelnen Bäumen; auch in Obstgärten.*

- ***Brutzeit April–August***
- ***5–6 grünliche Eier mit braunen Flecken***
- ***1–2 Bruten im Jahr***

Jungvogel

Maskenwürger ♂

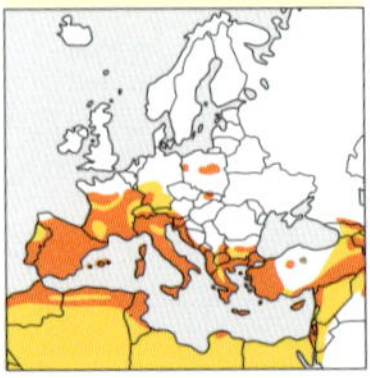

Stimme *Schwatzender Gesang mit Imitationen anderer Vogelstimmen; verschiedene gereihte Rufe.*

Elster

Pica pica (Krähen)

L 44–46 cm SpW 52–60 cm Standvogel

Der eigentliche Lebensraum der Elster, eine abwechslungsreiche, halboffene Landschaft, verschwand vielerorts. So wanderte die Elster als Brutvogel in Dörfer und Städte ein. Dort ist sie bei der Suche nach Insekten, Regenwürmern und Aas auf offenen Flächen gut zu beobachten. Gelegentlich raubt sie auch Eier und Jungvögel. Ganz zu Unrecht wurde ihr deshalb ein negatives Image zuteil, denn die Bestände anderer Arten schädigt sie nicht. In Wäldern der Iberischen Halbinsel lebt die kleinere Blauelster *(Cyanopica cyana)*.

Vorkommen *Bewohnt halboffene Landschaft mit Büschen und Bäumen, Siedlungen und Parkanlagen.*

> ***Brutzeit März–August***
> ***5–7 grünliche, dunkelbraun gefleckte Eier***
> ***1 Brut im Jahr***

Blauelster

kugelförmiges Nest

Stimme *Häufig laute, schackernde Rufe, aber auch verschiedene andere Laute.*

Beobachtungstipp

Im Frühjahr lässt sich in noch unbelaubten Bäumen gut beobachten, wie die Elster hoch im Baum aus Zweigen und kleinen Ästen ihr kugelförmiges Nest baut. Mitunter wechselt sie vor Brutbeginn den Neststandort und nimmt das Nistmaterial mit.

Eichelhäher

Garrulus glandarius (Krähen)
L 34–35 cm SpW 52–58 cm Standvogel/Kurzstreckenzieher

Vorkommen *Lebt in Wäldern, Parks und Gärten.*

- ***Brutzeit März–August***
- ***4–6 grünliche, dunkelbraun gefleckte Eier***
- ***1 Brut im Jahr***

Der Eichelhäher frisst auch Insekten und andere kleine Tiere, doch spielen Samen und Früchte eine weitaus größere Rolle bei der Ernährung. Im Herbst sammelt er tausende von Eicheln und vergräbt sie als Vorrat für Winter und Frühjahr im Boden. Besonders in Nordeuropa verlassen Eichelhäher bei Nahrungsmangel ihre Heimat und kommen in Scharen nach Mitteleuropa.

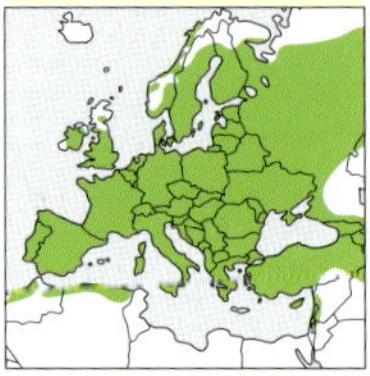

Stimme *Warnt mit rätschenden Rufen; neben vielen anderen Lauten auch Nachahmung des Mäusebussards.*

Tannenhäher

Nucifraga caryocatactes (Krähen)
L 32–33 cm SpW 52–58 cm Standvogel

Vorkommen *Brütet in Nadel- und Mischwäldern; bei der Nahrungssuche auch in Gärten.*

- ***Brutzeit März–August***
- ***3–4 grünliche, olivbraun gefleckte Eier***
- ***1 Brut im Jahr***

Der Tannenhäher ernährt sich von Nadelbaumsamen und Nüssen. Zu deren Reifezeit legt er bis zu 6000 Verstecke mit bis zu 100 000 Samen an, von denen er den Rest des Jahres zehrt. Nicht wiedergefundene Samen tragen zur Ausbreitung der entsprechenden Baumarten bei. Der kleinere Unglückshäher *(Perisoreus infaustus)* bewohnt Nadelwälder in Nordeuropa.

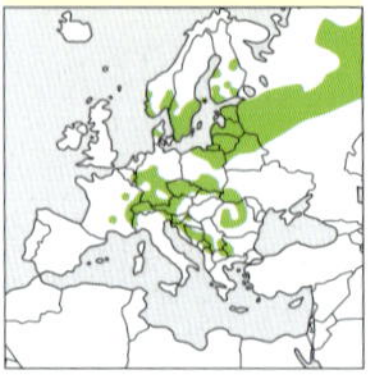

Stimme *Schnarrende Rufe, rauer und schriller als beim Eichelhäher.*

Alpendohle

Pyrrhocorax graculus (Krähen)

L 38 cm SpW 75–85 cm Standvogel

lebt meist im Schwarm

Die Alpendohle ist ein Flugkünstler. Sie nutzt die Aufwinde im Gebirge geschickt zum Segeln und Gleiten. Mit angelegten Flügeln erreicht sie bei Sturzflügen an Felswänden entlang Geschwindigkeiten bis zu 200 km/h. Sie bevölkert Seilbahnstationen und Hütten, um Abfälle zu ergattern, frisst aber eigentlich Kleintiere und Beeren. Sie brütet in unzugänglichen Felswänden, aber auch an Gebäuden.

Vorkommen *Bewohnt felsige Bereiche im Hochgebirge; sehr selten im Flachland.*

> **Brutzeit April–August**
> **2–5 weißliche, braun gefleckte Eier**
> **1 Brut im Jahr**

Stimme *Rufe scharf „srrrü" oder metallisch pfeifend.*

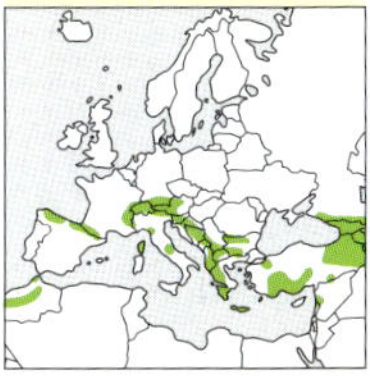

Alpenkrähe

Pyrrhocorax pyrrhocorax (Krähen)

L 39–40 cm SpW 73–90 cm Standvogel

In Felsspalten baut die Alpenkrähe aus Zweigen ein Nest, das sie meist viele Jahre lang benutzt. Oft finden sich mehrere Paare zu Brutkolonien zusammen. Bei der Nahrungssuche hüpft sie am Boden umher und stochert mit dem Schnabel nach Insekten und Regenwürmern. Sie hält sich gerne in Schwärmen auf, mitunter sogar gemeinsam mit der Alpendohle.

Vorkommen *Lebt im Hochgebirge sowie an felsigen Steilküsten am Meer.*

> **Brutzeit April–August**
> **3–6 weißliche, braun gefleckte Eier**
> **1 Brut im Jahr**

Stimme *Ruft ähnlich wie die Dohle, aber heller („tjiach"); ferner schrille und raue Rufe.*

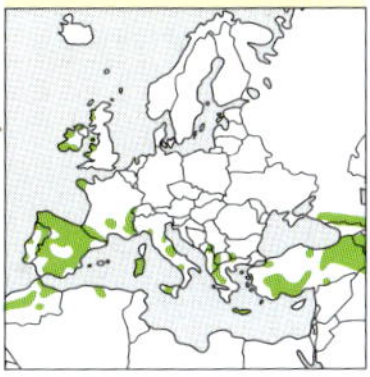

Dohle

Corvus monedula (Krähen)

L 33–34 cm SpW 67–74 cm Standvogel/Mittelstreckenzieher

Vorkommen *Brütet in Städten und Wäldern; Nahrungssuche auf Freiflächen wie Äckern, Wiesen und Rasenflächen.*

- **Brutzeit April–Juli**
- **2–7 bläuliche, braun gefleckte Eier**
- **1 Brut im Jahr**

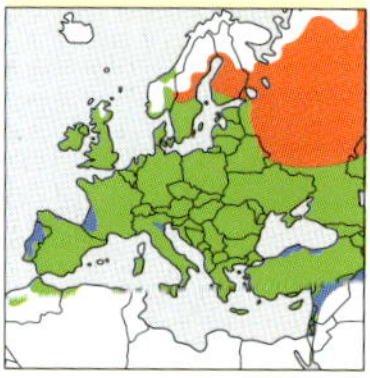

In vielen Städten brütet die Dohle in Mauernischen von Gebäuden und erfüllt die Luft mit ihren typischen Rufen. Vielerorts ist sie jedoch auch ein Waldvogel. Als Brutplatz bevorzugt sie dort alte Schwarzspechthöhlen, doch auch große Nistkästen nimmt sie gerne an. Im Winter sind Dohlen oft gemeinsam mit Saatkrähen unterwegs.

Nisthöhle im Baum

Stimme *Ruft charakteristisch hell „kjack"; Gesang leises Zwitschern, nur am Nest.*

Saatkrähe

Corvus frugilegus (Krähen)

L 44–46 cm SpW 81–99 cm Standvogel/Mittelstreckenzieher

Vorkommen *Brütet in Baumgruppen; Nahrungssuche in der offenen Landschaft.*

- **Brutzeit Februar–Juli**
- **3–6 blaugrüne Eier mit braunen Flecken**
- **1 Brut im Jahr**

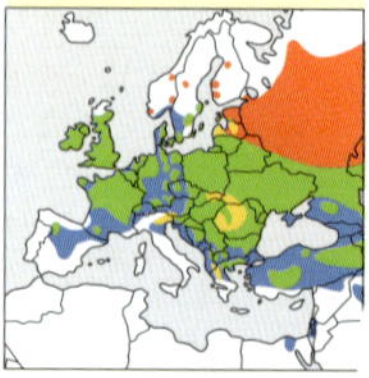

Zum Brüten bildet die Saatkrähe dichte Kolonien in Baumgruppen, oft mitten in Siedlungen. Bei der Suche nach Regenwürmern, Insekten und Getreidekörnern tritt sie meist in Trupps auf. Viel größere Ansammlungen gibt es im Winter an Schlafplätzen, die in der Abenddämmerung von bis zu 150 000 Vögeln angeflogen werden.

Jungvogel

Brutkolonie

Stimme *Ruft rau „kraah", langgezogener und heiserer als Rabenkrähe.*

Rabenkrähe

Corvus corone (Krähen)
L 45–49 cm SpW 93–104 cm Standvogel

Die Rabenkrähe ist ein recht anspruchsloser Allesfresser. So ist sie in der modernen Kulturlandschaft sehr erfolgreich, zumal mit Müll und im Straßenverkehr verunglückten Tieren zusätzliche Nahrung zur Verfügung steht. Die Krähe brütet auf Bäumen oder Masten, wobei ihre Nester später oft von Falken oder Eulen bewohnt werden. Nicht brütende Vögel sind gesellig und sammeln sich abends an Schlafplätzen.

Vorkommen *Lebt in fast allen offenen oder halboffenen Landschaftstypen, meidet aber geschlossene Wälder.*

> ***Brutzeit März–Juli***
> ***3–6 grünliche, dunkel gefleckte Eier***
> ***1 Brut im Jahr***

Stimme *Ruft laut und rau „krrah", auch gereiht.*

Nebelkrähe

Corvus cornix (Krähen)
L 45–47 cm SpW 93–104 cm Standvogel/Kurzstreckenzieher

Die Nebelkrähe vertritt die Rabenkrähe in Nord- und Osteuropa. In einem schmalen Bereich kommen beide Arten gemeinsam vor und brüten auch miteinander. Die Mischlinge haben weniger Grauanteil im Gefieder. Die Nebelkrähe beginnt erst im Alter von 3–5 Jahren zu brüten. Männchen und Weibchen bleiben sich in der Regel ihr ganzes Leben lang treu.

Vorkommen *Lebt in fast allen offenen oder halboffenen Landschaftstypen, meidet geschlossene Wälder.*

> ***Brutzeit März–Juli***
> ***3–6 grünliche, dunkel gefleckte Eier***
> ***1 Brut im Jahr***

Stimme *Ruft laut und rau „krrah", auch gereiht.*

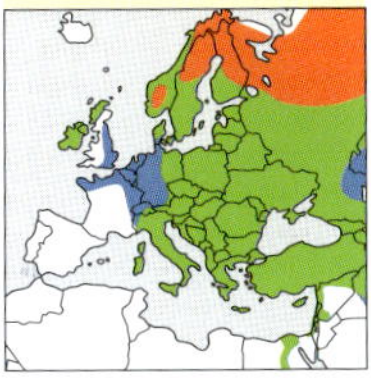

Kolkrabe

Corvus corax (Krähen)

L 64 cm SpW 120–150 cm Standvogel

Vorkommen *Brütet in Wäldern und an Felswänden; Nahrungssuche meist in offener Landschaft.*

- ***Brutzeit Februar–August***
- ***36 blaue bis grüne, dunkel gefleckte Eier***
- ***1 Brut im Jahr***

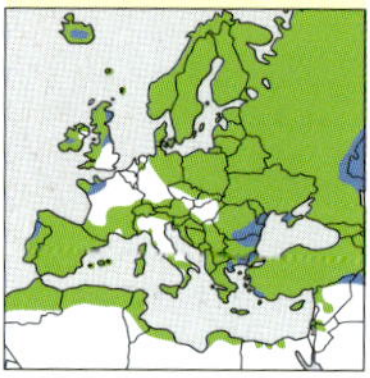

Der Kolkrabe brütet in Bäumen und auf Felsabsätzen und kommt dadurch sowohl im Flachland als auch im Gebirge vor. Felsbrüter bauen meist mehrere Nester, die sie im Laufe der Jahre abwechselnd benutzen. Nicht nur seinem Revier, in dem er sich von Aas und Kleintieren ernährt, sondern auch seinem Partner bleibt der Kolkrabe Zeit seines Lebens treu. Dies kann sehr lange dauern, denn bei Wildvögeln wurden als Höchstalter 20 Jahre, bei Vögeln in Gefangenschaft sogar 69 Jahre nachgewiesen.

frisst gerne Aas

Stimme *Ruft meist tief gurgelnd „grrog", aber auch viele andere Laute.*

Beobachtungstipp

Der Kolkrabe gilt als sehr verspielt. Gut beobachten lässt sich dies im Frühjahr, wenn die Paare akrobatische Flugspiele vorführen: dichtes Beieinanderfliegen, Verfolgungsjagden, Sturzflüge und Auf-dem-Rücken-Fliegen.

Star

Sturnus vulgaris (Stare)

L 22 cm SpW 37–42 cm Standvogel/Mittelstreckenzieher

Der Star zieht seine Jungen in Baumhöhlen und Nistkästen, aber auch in verschiedenen Öffnungen an Gebäuden auf. Auch seine Ernährung ist vielseitig, denn neben Käfern und Insektenlarven frisst er auch gerne Kirschen und Beeren. Schwärmende Ameisen schnappt er sogar hoch in der Luft im Flug. Im Gegensatz zu Drosseln (S. 36–38), die am Boden hüpfen, schreitet der Star. Auf der Iberischen Halbinsel übernimmt der nur im Winter schwach gefleckte Einfarbstar *(S. unicolor)* seine Rolle.

Vorkommen *Brütet in Wäldern, Feldgehölzen, Obstgärten und Dörfern; Nahrungssuche auch in offener Landschaft.*

> **Brutzeit März–Juli**
> **4–6 grünlich blaue Eier**
> **1–2 Bruten im Jahr**

Einfarbstar

Jungvogel

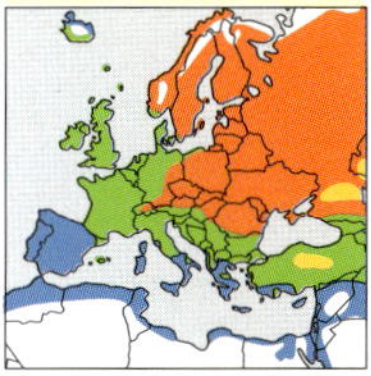

Schlichtkleid

Prachtkleid

Stimme *Gesang kratziges Quietschen und Pfeifen mit eingebetteten Imitationen anderer Vogelstimmen. Ruft heiser „ärr".*

Beobachtungstipp

Unmittelbar nach dem Ausfliegen der Jungvögel schließen sich Stare zu Schwärmen zusammen, die ruffreudig auf Feldern und Wiesen Nahrung suchen. Besonders eindrucksvoll sind abendliche Flugmanöver von zigtausenden Staren.

Rosenstar

Sturnus roseus (Stare)

L 22 cm SpW 37–40 cm Langstreckenzieher

***Vorkommen** Lebt in Steppen, Ackerlandschaft und Obstgärten.*

- ***Brutzeit Mai–Juli***
- ***4–6 blassblaue Eier***
- ***1 Brut im Jahr***

Das Vorkommen des Rosenstars ist recht unstet. Er brütet dort, wo Heuschrecken in großer Menge als Nahrung zur Verfügung stehen. Dann bilden sich große Brutkolonien, von denen Höhlen und Löcher im Boden, unter Steinhaufen, in Steilwänden oder in Bäumen zum Nestbau genutzt werden. Einzelne Jungvögel verfliegen sich im Spätsommer nach Mittel- und Westeuropa.

Jungvogel

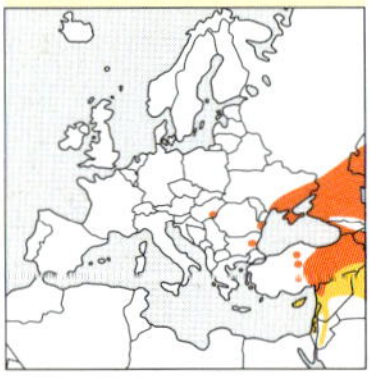

***Stimme** Kurze, raue, mitunter gereihte Rufe; rauer, schwatzender Gesang.*

Pirol

Oriolus oriolus (Pirole)

L 24 cm SpW 44–47 cm Langstreckenzieher

***Vorkommen** Brütet in hochstämmigen, oft feuchten Laubwäldern, bevorzugt in Gewässernähe.*

- ***Brutzeit Mai–August***
- ***2–5 weißliche, schwarz gefleckte Eier***
- ***1 Brut im Jahr***

Abgesehen vom wohltönenden Gesang lebt der Pirol unauffällig in Baumkronen. Dort nimmt er Früchte und Beeren, besonders aber Raupen zu sich. Auch das Brutgeschäft findet verborgen im hohen Geäst statt. Nach fünfwöchiger Jungenaufzucht trennt sich die Familie; Alt- und Jungvögel machen sich nun einzeln auf den Weg in das südafrikanische Winterquartier.

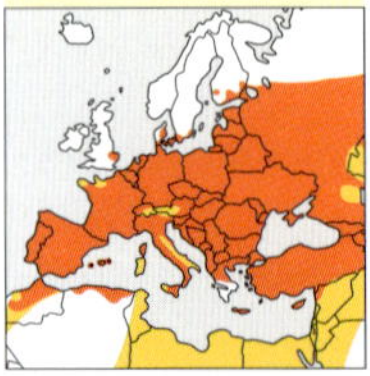

***Stimme** Kräftige, melodische Gesangsstrophen aus 3–5 klaren Flötentönen. Heisere, leicht ansteigende Rufe („wäääk").*

Haussperling

Passer domesticus (Sperlinge)

L 14–15 cm SpW 21–25 cm Standvogel

Der Haussperling nistet fast immer in Hohlräumen von Gebäuden. Oft finden sich mehrere Paare zu kleinen Kolonien zusammen, die mitunter sogar ein großes Gemeinschaftsnest mit mehreren Eingängen bauen. Auch bei der Nahrungssuche bevorzugt der Haussperling die Gesellschaft von Artgenossen, denn im Trupp ist er sicherer vor Angriffen von Katzen oder Greifvögeln. Er ernährt sich überwiegend von Getreide und anderen Pflanzensamen, seine Jungen füttert er jedoch fast ausschließlich mit Insekten.

Vorkommen *Bewohnt Städte und Dörfer; zur Nahrungssuche auch in offener Landschaft.*

> ***Brutzeit März–September***
> ***4–6 bläulich weiße, braun gefleckte Eier***
> ***2–4 Bruten im Jahr***

♂ **Schlichtkleid**

Beobachtungstipp

Nach der Brutzeit mausert das Männchen sein komplettes Gefieder. Am Kopf sind die neuen Federn zunächst blass. Erst durch Abnutzung kommen die kräftigen Farben allmählich zutage, bis das Gefieder pünktlich zur nächsten Brutzeit in voller Pracht erscheint.

Stimme *Verschiedene schilpende und ratternde Rufe; „Gesang" aus Reihe langsam wiederholter „schilp"-Rufe.*

Feldsperling

Passer montanus (Sperlinge)

L 14 cm SpW 20–22 cm Standvogel/Kurzstreckenzieher

fütternder Altvogel am Nistkasten

Vorkommen *Lebt in Dörfern und Gärten; häufiger als der Haussperling in offener Landschaft.*

> **Brutzeit April–August**
> **3–7 weiße bis grünliche, braun gefleckte Eier**
> **2–3 Bruten im Jahr**

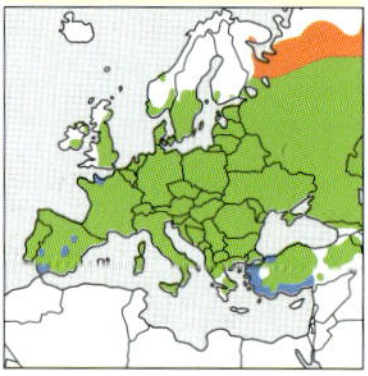

Im Vergleich zum Haussperling (S. 91) zeigt der Feldsperling größere Scheu vor Menschen. Doch auch er brütet in Siedlungen und besetzt dort Nistkästen. Bruthöhlen sichert er sich schon ab Herbst, nutzt sie aber zunächst nur zum Schlafen. Auf der Suche nach Sämereien ist er oft gemeinsam mit Goldammern und Finken anzutreffen.

Altvogel

Jungvogel

Stimme *Ähnlich dem Haussperling, häufig aber härtere und rauere Rufe.*

Weidensperling

Passer hispaniolensis (Sperlinge)

L 15 cm SpW 23–26 cm Standvogel/Kurzstreckenzieher

Italiensperling

Vorkommen *Lebt in offener Landschaft und Halbwüsten ebenso wie in Ortschaften; gerne in der Nähe feuchter Bereiche.*

> **Brutzeit April–August**
> **4–6 weißliche, dunkel gefleckte Eier**
> **2–3 Bruten im Jahr**

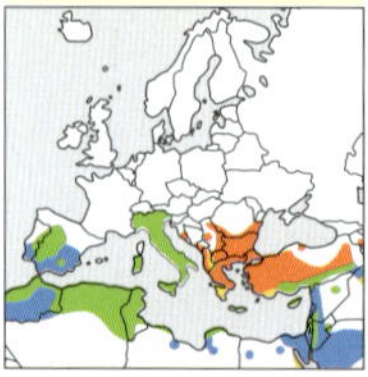

Der Weidensperling lebt gesellig und brütet in Kolonien. Dabei ist er weniger an die Nähe des Menschen gebunden als der Haussperling (S. 91). Sein Nest befindet sich oft im Unterbau großer Horste von Störchen (S. 165) oder Greifvögeln (S. 136–153). Im Norden Italiens lebt eine Mischform aus Haus- und Weidensperling, die auch als eigene Art, Italiensperling *(P. italiae)* betrachtet wird.

Nur an stärkerer Flankenstrichelung vom Haussperling unterscheidbar.

Stimme *Ruft „schilp", sehr ähnlich dem Haussperling.*

Steinsperling

Petronia petronia (Sperlinge)
L 14 cm   SpW 28–32 cm   Standvogel

Der Steinsperling brütet gerne in tiefen Felsspalten oder -löchern, seltener in Ruinen, aber auch in Baumhöhlen. Manchmal überlässt das Weibchen das Brutgeschäft allein dem Männchen, um mit einem anderen Männchen eine zweite Brut zu beginnen. Einst Brutvogel auch in Süddeutschland, hat sich der Steinsperling wegen des feuchter gewordenen Klimas nach Südeuropa zurückgezogen.

***Stimme** Ruft nasal und aufsteigend „dvääi"; Gesang aus Mischung von Rufen und Summtönen, erinnert an den Grünfink (S. 96).*

***Vorkommen** Lebt in trockener, oft felsiger Kultur- oder Steppenlandschaft, aber auch in Siedlungen.*

> ***Brutzeit April–August***
> ***4–6 bräunlich weiße, braun gefleckte Eier***
> ***1–2 Bruten im Jahr***

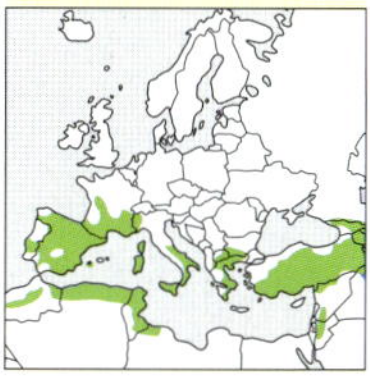

Schneesperling

Montifringilla nivalis (Sperlinge)
L 17 cm   SpW 34–38 cm   Standvogel/Kurzstreckenzieher

Nur im Sommer kann sich der Sperling im Hochgebirge von Insekten ernähren. Im Winter findet er auf schneefreien Flächen Pflanzensamen, deshalb wandert er nur ausnahmsweise in Täler hinab. Sein Nest baut er in Felswände und unter Steinhaufen sowie an Hütten oder Skiliftmasten.

***Stimme** Gesang aus Reihen heller Töne mit eingesprengten rauen Trillern; verschiedene hell klingende Rufe.*

***Vorkommen** Lebt oberhalb der Baumgrenze in felsigen Bereichen der Hochgebirge.*

> ***Brutzeit Mai–August***
> ***3–5 weiße Eier***
> ***1 Brut im Jahr***

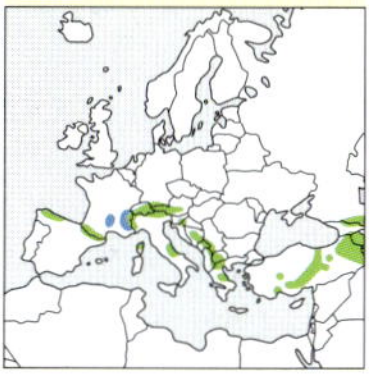

Vorkommen *Lebt in Wäldern, Parks, Gärten und anderen Baumbeständen.*

> **Brutzeit April–August**
> ***3–6 rötliche bis bläuliche, gefleckte Eier***
> ***1–2 Bruten im Jahr***

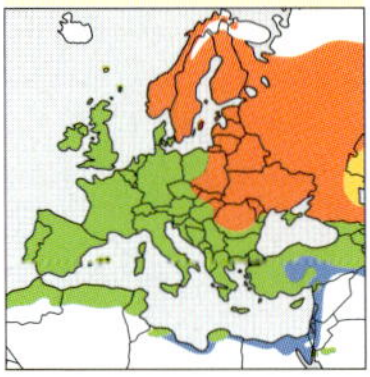

Beobachtungstipp

Zum Singen setzt sich das Männchen gerne auf einen frei stehenden Ast und präsentiert seine rosa Brust. Der laute Gesang ist unverwechselbar. Als Merksatz ist die Umschreibung „ich-ich-ich bin dein Bräutigam" hilfreich.

***Stimme** Laut schmetternder, abfallender Gesang mit Überschlag am Ende; ruft „pink", rau „rrrüp" und im Flug „tjüp".*

Buchfink

Fringilla coelebs (Finken)

L 14 cm SpW 25–28 cm Standvogel/Mittelstreckenzieher

Der Buchfink ist mit grob geschätzt etwa 200 Millionen Brutpaaren die mit Abstand häufigste Vogelart in Europa. Etwa die Hälfte davon brütet in Nord- und Osteuropa und überquert als Zugvogel in großen Scharen Mitteleuropa auf dem Weg zu/von der Südhälfte des Kontinents. In Mitteleuropa sind viele Buchfinken Standvogel, weil sie auch im Winter ausreichend Nahrung in Form von Sämereien und Bucheckern finden. Im Sommer fressen sie dagegen überwiegend Insekten.

Bergfink

Fringilla montifringilla (Finken)

L 14 cm   SpW 25–26 cm   Kurz-/Mittelstreckenzieher

Die Winterverbreitung des Bergfinken unterliegt von Jahr zu Jahr starken Schwankungen. Sie ist abhängig von seiner Hauptnahrung, den Bucheckern. In manchen Jahren kann er gebietsweise fast völlig fehlen, in „Mastjahren" der Buche kann er dagegen in gewaltigen Schwärmen von mehreren hunderttausend Vögeln auftreten. Im Frühjahr nutzen sich beim Männchen die blassen Federspitzen des Schlichtkleids allmählich ab, sodass es bei der Ankunft im Brutgebiet in prächtigen Farben erstrahlt – und das ganz ohne Mauser.

Vorkommen *Brütet in lichten Nadel- und Birkenwäldern; im Winter in Buchenwäldern und Gärten.*

> ***Brutzeit Mai–August***
> ***5–7 rötliche bis bläuliche, dunkel gezeichnete Eier***
> ***1 Brut im Jahr***

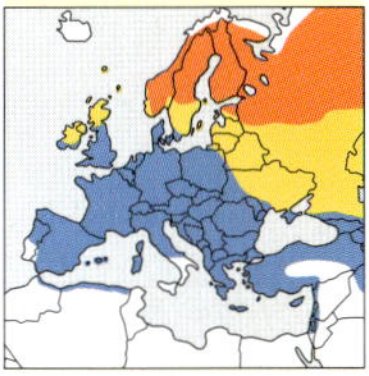

Beobachtungstipp

Auf dem Zug und im Winter gesellt sich der Bergfink gerne zu Trupps des Buchfinken. Wenn er fliegt, wird man durch seine quäkenden Rufe auf ihn aufmerksam, mitunter sieht man aber auch den weißen Hinterrücken aufblitzen.

Stimme *Gesang monoton, abfallend und rau „rrrrüh" (ähnlich dem Schlusston der Grünfinkenstrophe); Ruf quäkend.*

Grünfink

Carduelis chloris (Finken)

L 15 cm SpW 25–27 cm Standvogel/Kurzstreckenzieher

Vorkommen *Bewohnt Feldgehölze, Parks und Gärten; auch in Siedlungen und an Waldrändern.*

> **Brutzeit März–August**
> **3–7 bläulich weiße, braun gefleckte Eier**
> **1–2 Bruten im Jahr**

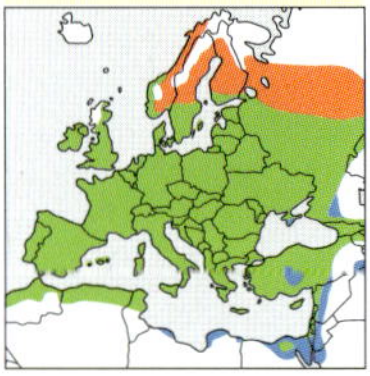

Die Paarbildung beginnt bereits im Trupp überwinternder Grünfinken. Im Frühjahr sucht das Weibchen einen geeigneten Nistplatz in Büschen, Bäumen oder auch in Kletterpflanzen an Gebäuden und baut allein das Nest. Die Jungvögel werden von beiden Elternteilen gefüttert, zunächst mit Blattläusen, bald aber mit zuvor im Kropf aufgeweichten Samen. Nach gut zwei Wochen fliegen die Jungvögel aus, bleiben aber noch mehrere Wochen im Familienverband. Im Sommer und Herbst wird gerne das Fruchtfleisch von Hagebutten gefressen.

Beobachtungstipp

Im Winter besucht der Grünfink gerne Futterhäuschen. Besonders beim Verzehr von Sonnenblumenkernen kann man beobachten, wie er mit Hilfe von Zunge und Schnabel sorgfältig die Schale entfernt und nur den Inhalt frisst.

Stimme *Abgehackt wirkender Gesang aus trillernden und zwitschernden Elementen mit langem, rauem Schlusston.*

Girlitz

Serinus serinus (Finken)

L 12 cm SpW 20–23 cm Standvogel/Kurzstreckenzieher

Der aus dem Mittelmeerraum stammende Girlitz ist erst in den letzten 80–200 Jahren nach Mitteleuropa eingewandert. Während er bei der Nahrungssuche am Boden eher unauffällig ist, kann man seinen Gesang weit hören. Er postiert sich dabei auf Baumspitzen und Antennen oder vollführt einen fledermausartigen Singflug.

Stimme *Schneller, quietschend-klirrender Gesang; trillernde Rufe.*

Vorkommen *Bewohnt Parks, Gärten und Siedlungen, in Südeuropa auch lichte Nadelwälder.*

- ***Brutzeit April–August***
- ***3–6 bläuliche, braun gefleckte Eier***
- ***2 Bruten im Jahr***

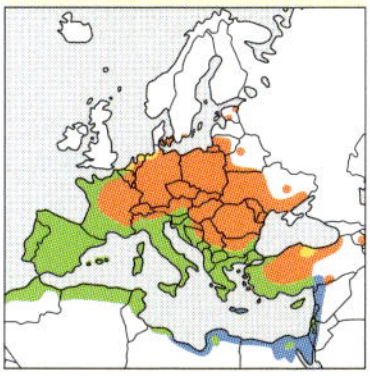

Zitronenzeisig

Carduelis citrinella (Finken)

L 12 cm SpW 23–24 cm Standvogel/Kurzstreckenzieher

Im rauen Gebirgsklima baut der Zitronenzeisig sein Nest auf der wettergeschützten Seite eines Nadelbaumstammes. Dennoch erzwingen Wintereinbrüche im Frühjahr oft einen Abbruch der Brut und die Produktion eines Nachgeleges. Die braunrückige, auf Korsika und Sardinien lebende Form wird heute als eigenständige Art Korsenzeisig *(C. corsicanus)* geführt.

Korsenzeisig

Stimme *Ruft hart „teh"; Gesang aus schnellem, hohem Zwitschern, tiefer als der Girlitz.*

Vorkommen *Bewohnt in den Bergen Randbereiche von Nadelwäldern.*

- ***Brutzeit April–August***
- ***2–5 bläuliche, braun gefleckte Eier***
- ***1–2 Bruten im Jahr***

Erlenzeisig

Carduelis spinus (Finken)

L 12 cm SpW 20–23 cm Mittelstreckenzieher

Vorkommen *Brütet in Nadel- und Mischwäldern; außerhalb der Brutzeit auch in Gehölzen mit Laubbäumen.*

> ***Brutzeit Februar–August***
> ***4–5 bläuliche, braun gefleckte Eier***
> ***1–2 Bruten im Jahr***

Kopfüber an Erlenzapfen hängend – so sieht man den Erlenzeisig typischerweise im Winter. Denn mit seinem spitzen Schnabel ist er darauf spezialisiert, die Samen aus den Zapfen herauszuarbeiten. Gerne frisst er aber auch Samen von Fichte und Birke. Fliegende Trupps wirken sehr gedrängt, da die Vögel nur geringen Abstand voneinander halten.

Stimme *Unauffälliger Gesang aus feinem Zwitschern mit abschließendem Summen; feine, traurig klingende Rufe.*

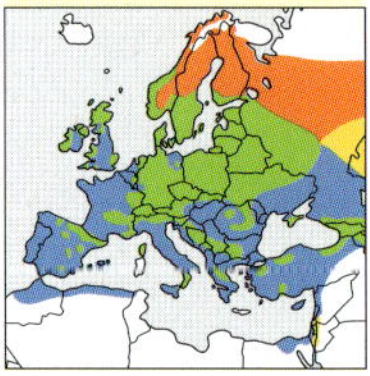

Birkenzeisig

Carduelis flammea (Finken)

L 12–14 cm SpW 20–25 cm Kurzstreckenzieher

Vorkommen *Lebt in Birken- und Nadelwäldern, gebietsweise auch in Siedlungen mit Gärten und Parkanlagen.*

> ***Brutzeit April–August***
> ***4–6 bläuliche, rot gefleckte Eier***
> ***2 Bruten im Jahr***

Ausgehend von den Alpen und Großbritannien hat der Birkenzeisig zahlreiche Städte in Mitteleuropa besiedelt. Der Grundton des Gefieders variiert von warm braun bei mittel- und westeuropäischen Vögeln bis hell graubraun in Nordeuropa. In Nordskandinavien lebt parallel der noch hellere Polarbirkenzeisig (*C. hornemanni*).

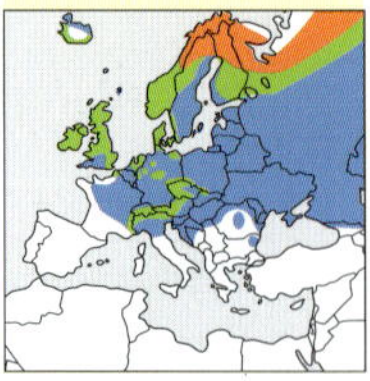

Polarbirkenzeisig

Stimme *Ruft hart „tschett" (meist mehrfach); Gesang aus ebensolchen Rufen mit eingebetteten rauen Trillern.*

Stieglitz

Carduelis carduelis (Finken)

L 12 cm SpW 21–25 cm Standvogel/Kurzstreckenzieher

Der Stieglitz brütet gerne in lockeren Gruppen von bis zu zehn Paaren. Diese gehen oft zusammen im kleinen Trupp auf Nahrungssuche. Fremde Stieglitze werden im gemeinsamen Nahrungsgebiet nicht geduldet. Während die Altvögel sich um die Zweitbrut kümmern, streunen die flüggen Jungvögel in Trupps umher. Zum Winter hin vereinigen sich diese zu noch größeren Schwärmen, in denen sich schließlich die Brutpaare des kommenden Jahres finden. Ab dem Spätwinter beginnen die Männchen, geeignet Brutplätze zu erkunden.

***Vorkommen** Brütet in lichten Wäldern und lockeren Baumbeständen; Nahrungssuche an Wegrändern und auf Brachflächen.*

- > ***Brutzeit April–September***
- > ***4–6 bläuliche Eier mit rotbraunen Flecken***
- > ***2–3 Bruten im Jahr***

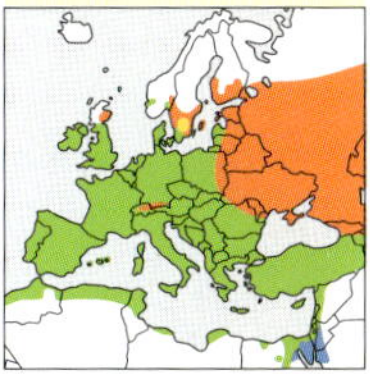

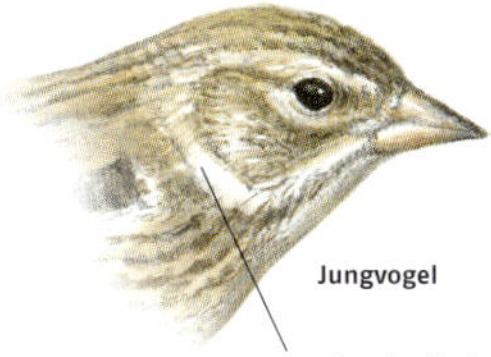

Beobachtungstipp

Nicht umsonst heißt der Stieglitz im Volksmund auch Distelfink: Sehr oft kann man ihn an Distelblüten beobachten. Mit seinem für Finkenvögel recht langen und spitzen Schnabel zieht er dort geschickt die Samen aus dem Blütenboden.

***Stimme** Namensgebender dreisilbiger Ruf („sti-ge-litt“); leise zwitschernder Gesang mit eingeflochtenen Rufen.*

Bluthänfling

Carduelis cannabina (Finken)

L 13 cm SpW 21–25 cm Kurz-/Mittelstreckenzieher

Vorkommen *Bewohnt offene Landschaft mit dichtem Gebüsch; auch im Bereich von Siedlungen.*

- ***Brutzeit April–August***
- ***4–6 bläuliche, dunkel gefleckte Eier***
- ***1–3 Bruten im Jahr***

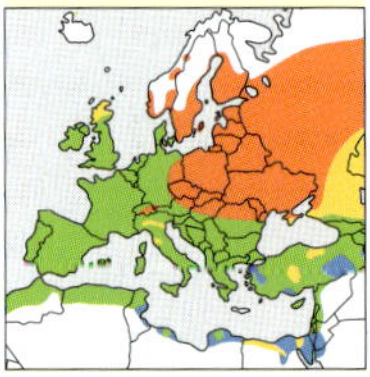

Dem Bluthänfling wurden durch Rodungen von Hecken zahlreiche Brutplätze genommen. Er ist jedoch flexibel genug, um auch in menschlichen Siedlungen erfolgreich zu brüten. Sein Nest baut er dort in Ziersträuchern, seine aus Sämereien bestehende Nahrung sucht er aber außerhalb von Orten an Wegrändern und auf Brachflächen.

Stimme *Zwei- oder dreisilbige Rufe, weicher als Grünfink (S. 96) („tü-gitt"); Gesang aus solchen Rufen, Quäken und Trillern.*

Berghänfling

Carduelis flavirostris (Finken)

L 14 cm SpW 22–24 cm Standvogel/Kurzstreckenzieher

Vorkommen *Brütet in Heide und Tundra; im Winter in Salzwiesen an der Küste sowie auf Brachflächen.*

- ***Brutzeit März–August***
- ***5–6 bläuliche, rotbraun gefleckte Eier***
- ***1–2 Bruten im Jahr***

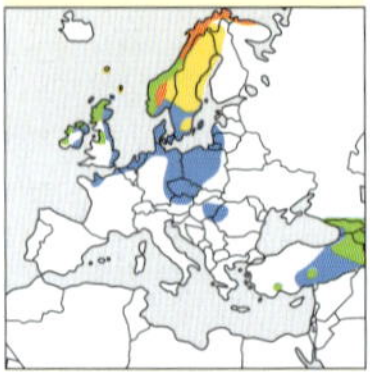

Im Winter ist der Berghänfling ein Küstenvogel. In Schwärmen sucht er an der Hochwasserlinie nach angespülten Pflanzensamen aus Salzwiesen. Auch im Brutgebiet nimmt er fast ausschließlich Sämerein zu sich, weicht sie im Kropf auf und verfüttert sie an den Nachwuchs. Im Winter übernachten zuweilen ganze Schwärme mitten in den Innenstädten in Nischen großer Gebäude.

Prachtkleid

Schlichtkleid

Stimme *Gesang schnell trillernd; ruft quäkend und leicht ansteigend „twäiid", aber auch weich „tjätt".*

Kernbeißer

Coccothraustes coccothraustes (Finken)

L 18 cm SpW 29–33 cm Standvogel/Kurzstreckenzieher

Seinen überaus kräftigen Schnabel benutzt der Kernbeißer, um stabile Pflanzensamen, bis hin zum Kirschkern, zu knacken. Da er sich meist im Kronenbereich von Bäumen aufhält, verschwindet er mit beginnender Belaubung im Frühjahr aus unserem Blickfeld, ist aber gelegentlich beim Trinken an Pfützen zu sehen.

Vorkommen *Brütet in Laub- und Mischwäldern; besucht auch Parks und Gärten.*

- > ***Brutzeit April–August***
- > ***4–6 graue, dunkelbraun gepunktete Eier***
- > ***1 Brut im Jahr***

Stimme *Ruft scharf „zick"; leiser Gesang, Mischung der scharfen Rufe mit langgezogenen, gepressten Tönen.*

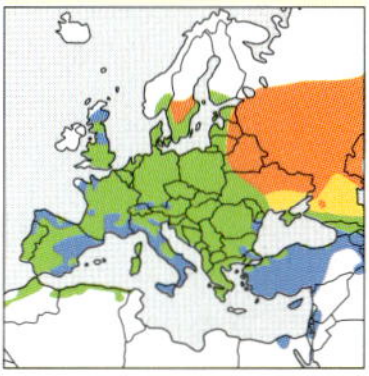

Gimpel

Pyrrhula pyrrhula (Finken)

L 15–17 cm SpW 22–29 cm Standvogel/Mittelstreckenzieher

Gimpelpaare finden oft schon im Herbst zusammen. Sie streifen im Winter gemeinsam umher und suchen ab März einen Nistplatz. Sie ernähren sich vegetarisch und bevorzugen die Knospen von Pflaume und Ahorn sowie Samen von Brennnessel und Ahorn. Ihre Jungvögel ziehen sie jedoch mit Insekten groß.

Jungvogel

Vorkommen *Brütet in Mischwäldern und Parks; im Winter gerne auch in Gärten.*

- > ***Brutzeit April–Juli***
- > ***4–6 hellblaue, schwarz gepunktete Eier***
- > ***2 Bruten im Jahr***

Stimme *Weiche, leicht abfallende, traurig klingende Rufe („düü"); Gesang aus leisem Pfeifen und Trillern.*

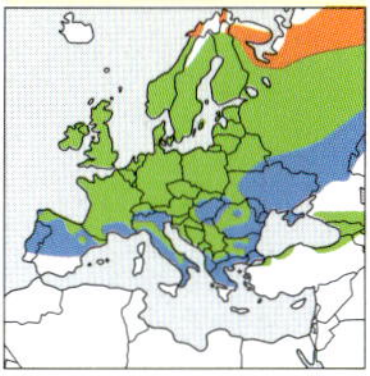

Karmingimpel

Carpodacus erythrinus (Finken)

L 15 cm SpW 24–26 cm Langstreckenzieher

Vorkommen *Brütet in verschiedenen buschigen, meist feuchten Lebensräumen.*

> ***Brutzeit Mai–Juli***
> ***4–6 blaugrüne, braun gefleckte Eier***
> ***1 Brut im Jahr***

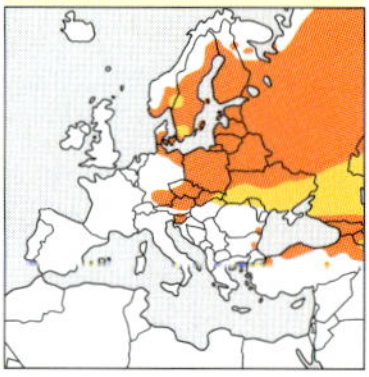

Seinem Brutplatz bleibt ein Karmingimpel Jahr für Jahr treu, Jungvögel siedeln sich aber oft sehr weit vom elterlichen Nest entfernt als Brutvogel an. Dieser Umstand trug möglicherweise dazu bei, dass sich die in Indien überwinternde Art zuletzt stark nach Westen ausbreitete.

Stimme *Gesang aus etwa 4–5 sehr lauten, auf- und absteigenden Pfeiftönen; ruft leise quäkend „wäh".*

Hakengimpel

Pinicola enucleator (Finken)

L 18 cm SpW 31–35 cm Standvogel/Kurzstreckenzieher

Vorkommen *Lebt in lichten Nadel- und Mischwäldern.*

> ***Brutzeit Mai–August***
> ***3–4 hellblaue, schwarz gefleckte Eier***
> ***1 Brut im Jahr***

Auf der Suche nach Knospen und Sämereien gibt sich der Hakengimpel sehr heimlich. Er ist deshalb im Brutgebiet schwer zu entdecken. Im Herbst und Winter ernährt er sich vielfach von Beeren; er ist dann besser zu beobachten. Bei Nahrungsmangel wandern viele Hakengimpel innerhalb Skandinaviens nach Süden, sehr selten jedoch darüber hinaus.

Stimme *Schneller, vibrierend wirkender Gesang aus klaren, dünnen Tönen; laut flötende Rufe.*

Fichtenkreuzschnabel

Loxia curvirostra (Finken)

L 16 cm SpW 27–30 cm Kurzstreckenzieher

Der Fichtenkreuzschnabel ist ein wahrer Nomade. Zum Brüten lässt er sich mal hier, mal da nieder – je nachdem, wo gerade ausreichend Fichtenzapfen als Nahrung vorhanden sind. Weil Fichten nicht jedes Jahr Zapfen bilden, herrscht gelegentlich Nahrungsmangel, der zu invasionsartigen Wanderungen führt. Sind sehr viele Zapfen vorhanden, so brütet er sogar im Winter. Auch Jungvögel können dann schon im Alter von nur fünf Monaten zur Brut schreiten. In Schottland lebt der sehr ähnliche Schottische Kreuzschnabel *(L. scotica)*.

Vorkommen *Lebt in Nadel- und Mischwäldern, bevorzugt mit Fichten.*

> ***Brutzeit Dezember–September***
> ***3–5 bläuliche, braun gefleckte Eier***
> ***1–2 Bruten im Jahr***

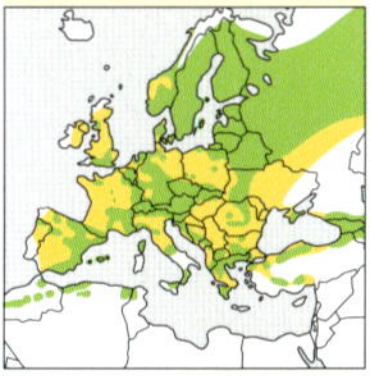

Stimme *Ruft laut und klar „gipp"; Gesang aus lauten, harten Tönen.*

Schottischer Kreuzschnabel

Beobachtungstipp

Außer mit seinen weit hörbaren Rufen verrät der Fichtenkreuzschnabel seine Anwesenheit auch durch herabgefallene, leer gefressene Fichtenzapfen. Um an den Samen zu gelangen, werden die Schuppen mit dem gekreuzten Schnabel aufgeschnitten.

Kiefernkreuzschnabel

Loxia pytyopsittacus (Finken)
L 17 cm SpW 31–33 cm Standvogel

Vorkommen *Lebt in Nadelwäldern, bevorzugt mit Kiefernbewuchs.*

- ***Brutzeit Dezember–August***
- ***3–5 bläuliche, braun gefleckte Eier***
- ***1–2 Bruten im Jahr***

Dank seines sehr kräftigen Schnabels ist der Kiefernkreuzschnabel in der Lage, selbst die besonders dicken Zapfen der Kiefer zu öffnen und die Samen zu erbeuten. Kiefern fruchten regelmäßig, so kommt es kaum zu Nahrungsengpässen. Der Kiefernkreuzschnabel ist daher nur selten dazu gezwungen, sein Brutgebiet vorübergehend zu verlassen.

Stimme *Rufe etwas tiefer und trüber als beim Fichtenkreuzschnabel (S. 103) („küpp"), aber nur mit Übung unterscheidbar.*

Bindenkreuzschnabel

Loxia bifasciata (Finken)
L 15 cm SpW 26–29 cm Kurzstreckenzieher

Vorkommen *Lebt ausschließlich in Nadelwäldern.*

- ***Brutzeit Februar–September***
- ***3–5 bläuliche, braun gefleckte Eier***
- ***1–2 Bruten im Jahr***

Unter den Kreuzschnäbeln hat der Bindenkreuzschnabel den kleinsten Schnabel. Er ist damit auf kleine Zapfen (z. B. Lärche) spezialisiert. Zwar streift er im Brutareal umher, Wanderungen nach Mitteleuropa sind aber recht selten. Mehrere Paare können sich beim Brüten zu Gruppen zusammenschließen.

Stimme *Rufe an Buchfinken (S. 94) erinnernd („tjipp"); arttypisch ist ein nasaler, trompetenartiger Ruf.*

Grauammer

Emberiza calandra (Ammern)
L 18 cm   SpW 26–32 cm   Standvogel/Kurzstreckenzieher

Das Männchen der Grauammer markiert mit seinem durchdringenden Gesang seine Reviergrenzen, an die sich die Weibchen aber nicht halten. Dadurch haben manche Männchen mehrere Weibchen, während andere leer ausgehen. Infolge der Intensivierung der Landwirtschaft ist die Grauammer in Mitteleuropa vielerorts als Brutvogel verschwunden.

Vorkommen *Lebt auf Feldern und in wenig genutzter offener Landschaft.*

- > ***Brutzeit Mai–August***
- > ***4–5 rötliche, schwarz gezeichnete Eier***
- > ***1–2 Bruten im Jahr***

Stimme *Metallisch klirrender Gesang; ruft leise und fast tonlos „tck".*

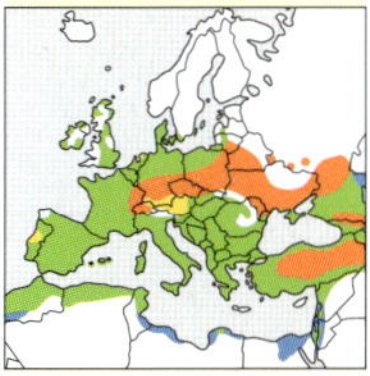

Zippammer

Emberiza cia (Ammern)
L 16 cm   SpW 22–27 cm   Standvogel/Kurzstreckenzieher

Die Zippammer verhält sich recht unauffällig. Sie sucht ihre Nahrung gerne versteckt im Gebüsch oder heimlich am Boden. Das Nest baut sie am liebsten am Boden, entweder unter Büschen oder unter Steinhaufen, in Weinbergen auch in Mauerritzen. Die zweite oder gar dritte Brut beginnt oft schon vor dem Ausfliegen der vorangegangenen.

Vorkommen *Brütet an steilen, oft felsigen Berghängen mit einzelnen Büschen.*

- > ***Brutzeit April–August***
- > ***2–5 grauweiße, braun gefleckte Eier***
- > ***2–3 Bruten im Jahr***

Stimme *Klarer, rhythmischer Gesang, der schmetternd klingen kann; ruft hoch „zip".*

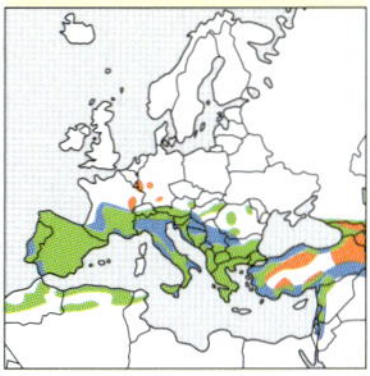

Zaunammer

Emberiza cirlus (Ammern)

L 16 cm SpW 22–25 cm Standvogel/Kurzstreckenzieher

Vorkommen *Lebt an locker mit Büschen und Bäumen bestandenen Hängen und Weinbergen.*

> **Brutzeit April–August**
> **2–5 gräuliche, dunkelbraun gepunktete Eier**
> **2–3 Bruten im Jahr**

Das Männchen der Zaunammer markiert mit seinem Gesang das Brutrevier, dass es oft selbst im Winter nicht verlässt. Weibchen und Jungvögel streifen zwar nach der Brutzeit auch noch mehrere Wochen lang im Brutgebiet umher, verteilen sich im Winter aber weiträumiger. Intensivierter Weinbau und feuchteres Klima haben in einigen Gebieten zum Rückgang der hübschen Art geführt.

Stimme *Gesang schneller und tiefer als bei der Goldammer und ohne deren Schlusston; ruft hoch „zip".*

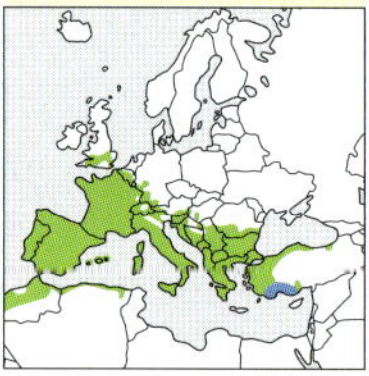

Kappenammer

Emberiza melanocephala (Ammern)

L 16–17 cm SpW 26–30 cm Langstreckenzieher

Vorkommen *Lebt in Steppen und trockener Ackerlandschaft mit Büschen, aber auch in Obstgärten.*

> **Brutzeit Mai–Juli**
> **4–5 bläuliche, dunkel gefleckte Eier**
> **1 Brut im Jahr**

Die in Indien überwinternde Kappenammer hält sich nur von April bis August im Brutgebiet auf. Für ihre Jungen sammelt sie dort Insekten bis zur Größe von Heuschrecken. Im Herbst steigt sie auf Sämereien um und kann, da oft in größeren Trupps auftretend, gebietsweise Getreidefelder plündern.

Jungvogel

Stimme *Singt rau kurze, zwitschernde Strophen; verschiedene raue oder harte Rufe.*

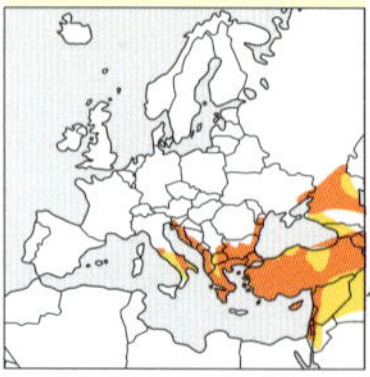

Goldammer

Emberiza citrinella (Ammern)

L 16–17 cm SpW 23–29 cm Standvogel/Kurzstreckenzieher

Im Februar und März verlässt zunächst das Männchen, dann das Weibchen den Trupp überwinternder Vögel, um ein Brutrevier zu besetzen. Das Nest wird im Schutz der Vegetation gebaut, bei frühen Bruten meist am Fuß eines Busches am Boden. Dort wird das Gelege häufig ausgeraubt, so dass spätere Bruten, geschützt von den mittlerweile belaubten Büschen, erfolgreicher sind. Als Nestlingsnahrung sammeln die Altvögel Insekten, im Herbst verlegen sie sich auf Körner und sind dann oft mit Finken (S. 94–96) und Feldsperlingen (S. 92) vergesellschaftet.

Vorkommen *Lebt in offener Landschaft mit Gebüschen und Hecken, an Waldrändern und in Waldlichtungen.*

> ***Brutzeit April–September***
> ***3–5 weißliche, dunkel gezeichnete Eier***
> ***1–3 Bruten im Jahr***

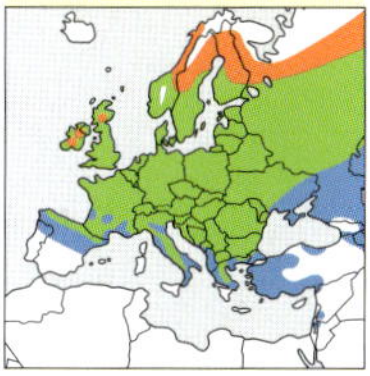

Stimme *Gesang aus mehreren kurzen Tönen und einem langgezogenen Schlusston; ruft rau „trütt".*

Beobachtungstipp

Zur Stimmung von Sommerabenden gehört in buschiger Landschaft der lieblich klingende Gesang, der sich mit dem Merksatz „ich-ich-ich-hab-dich-lieb" umschreiben lässt. Je nach Region kann der Schlusston unterschiedlich klingen.

Ortolan

Emberiza hortulana (Ammern)

L 16–17 cm SpW 23–29 cm Langstreckenzieher

Vorkommen *Bewohnt abwechslungsreiche, offene Landschaften mit Büschen und Bäumen, bevorzugt trockene Gebiete.*

> ***Brutzeit Mai–Juli***
> ***3–6 graue, dunkel gefleckte Eier***
> ***1 Brut im Jahr***

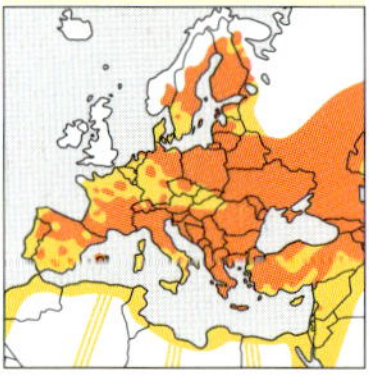

Zwar liebt der Ortolan eine abwechslungsreiche Landschaft, doch brütet er meist am Boden eines Getreidefeldes. Da die Nestmulde nach oben mit der Bodenoberfläche abschließt, ist sein Bauwerk bei starkem Regen sehr gefährdet. Zusätzliche Gelegeverluste treten durch räuberische Säugetiere auf. Das Winterquartier des Ortolans liegt südlich der Sahara in Afrika. In Nordostafrika und Arabien überwintert der sehr ähnliche Grauortolan *(E. caesia)*, der in Europa nur in Griechenland brütet.

Stimme *Gesang aus kurzen Serien 3–5-mal wiederholter Flötentöne; ruft kurz „djüb".*

Schon gewusst?

Infolge des feuchter gewordenen Klimas und verstärkt durch die Zerstörung seiner Lebensräume ist der Ortolan in der modernen Agrarlandschaft sehr selten geworden. Trotzdem wird er in Frankreich noch stark bejagt, da er als Delikatesse gilt.

Rohrammer

Emberiza schoeniclus (Ammern)

L 15–16 cm SpW 21–28 cm Standvogel/Mittelstreckenzieher

In altem Schilf oder in hohen Grasbüscheln baut das Weibchen das Nest so, dass es durch überhängende Blätter gut versteckt ist. Besonders erfolgreich sind Nester, die sich über dem Wasser befinden, da diese von Räubern schwer erreicht werden können. Im Herbst ziehen die meisten Rohrammern ins Mittelmeergebiet. Viel weiter, bis nach China, zieht die ähnliche Waldammer *(E. rustica)*, die in Europa nur in Nadel- und Mischwäldern Schwedens und Finnlands brütet.

Vorkommen *Brütet in Schilfgebieten sowie an Gräben und in feuchten Brachflächen.*

> ***Brutzeit April–August***
> ***4–5 bräunliche, schwarz gefleckte Eier***
> ***2 Bruten im Jahr***

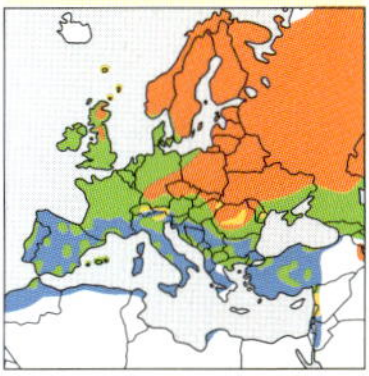

Beobachtungstipp

Neben Rohrsängern (S. 41–44) ist die Rohrammer der typischste Bewohner von Schilfbeständen. Mit seinem schwarzen Kopf ist das singende Männchen meist leicht an der Spitze eines Schilfhalmes oder auf einem Busch zu entdecken.

Stimme *Gesang aus langsam vorgetragenen Einzeltönen; ruft langgezogen, leicht abfallend „psüüü“.*

Zwergammer

Emberiza pusilla (Ammern)

L 13–14 cm SpW 22–23 cm Langstreckenzieher

***Vorkommen** Brütet in lichten Nadel- und Birkenwäldern; außerhalb der Brutzeit auch in offenem Gelände.*

- ***Brutzeit Juni–August***
- ***4–6 grünliche, dunkel gefleckte Eier***
- ***1–2 Bruten im Jahr***

Das Überwinterungsgebiet der Zwergammer reicht von Nordindien bis China. Dort bevölkert sie Felder und Wiesen in Trupps von manchmal mehreren hundert Vögeln. Einige Zwergammern schlagen im Herbst eine südwestliche Zugrichtung ein und gelangen so nach Mittel- und Westeuropa. An der Kopfzeichnung kann man sie von der Rohrammer (S. 109) unterscheiden.

***Stimme** Gesang beginnt ähnlich wie bei der Goldammer (S. 107), dann aber kurze, variable Endmelodie; ruft kurz und fein „tick".*

Spornammer

Calcarius lapponicus (Ammern)

L 15–16 cm SpW 26–28 cm Kurzstreckenzieher

***Vorkommen** Brütet in der Tundra; im Winter in Steppen und an Küsten.*

- ***Brutzeit Mai–August***
- ***4–7 gelblich weiße Eier mit Fleckung***
- ***1 Brut im Jahr***

Skandinavische Spornammern haben zwei Zugwege: Die meisten Vögel ziehen nach Südosten und überwintern in den Steppen von der Ukraine bis Vorderasien. Nur ein kleiner Teil schlägt eine südwestliche Richtung ein und gelangt an die Nordseeküste. Die Spornammer schleicht heimlich durch das Gras und fällt vor allem durch Flugrufe auf.

***Stimme** Hart trillernde Rufe, oft gefolgt von weichem „pjü"; Gesang kurze Strophe klingelnder Töne.*

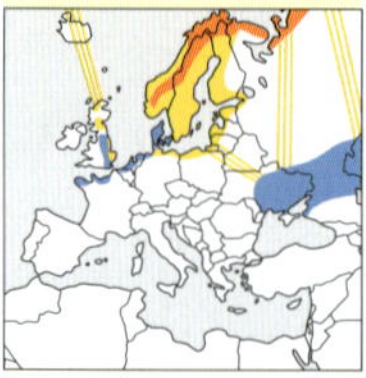

Schneeammer

Calcarius nivalis (Ammern)

L 16–17 cm SpW 32–38 cm Kurz-/Langstreckenzieher

Ganz ohne Mauser, nur durch die Abnutzung der Federspitzen wird aus dem bräunlichen Wintergefieder das herrlich weiße Prachtkleid. Dieses tarnt im schneereichen Lebensraum gut. Zur Brutzeit nutzt die Schneeammer den Insektenreichtum der Tundra. Im Winter ist sie dagegen auf Sämereien spezialisiert, die sie vor allem an der Hochwasserlinie der Küste findet. Einen ungewöhnlichen Zugweg haben grönländische Vögel, die über das Nordmeer nach Norwegen und zum Überwintern in die russische Steppe fliegen.

Vorkommen *Brütet in karger, felsiger Tundra; im Winter an der Küste sowie in Steppengebieten.*

> ***Brutzeit Mai–August***
> ***5–6 grünlich weiße, rotbraun gefleckte Eier***
> ***1–2 Bruten im Jahr***

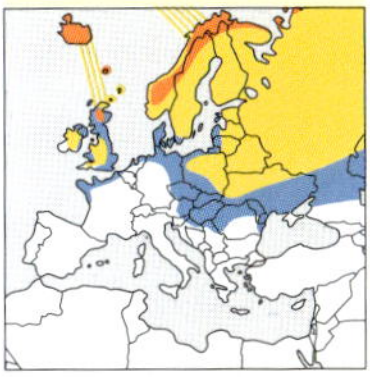

Beobachtungstipp

Schon von weitem sind Schneeammertrupps wegen ihrer weiß aufblitzenden Flügel leicht zu erkennen. Bei genauerem Hinsehen bemerkt man unterschiedliche Weißanteile im Flügel – einen hohen bei alten Männchen, einen geringen bei jungen Weibchen.

Stimme *Weich trillernde Rufe, oft gefolgt von melancholischem „pjü". Gesang aus hellem, kratzendem Gezwitscher.*

Spießflughuhn

Pterocles alchata (Flughühner)

L 31–39 cm SpW 54–65 cm Standvogel

__Vorkommen__ Lebt in Wüsten und Halbwüsten, aber auch in kargem, trockenem Kulturland.

> ***Brutzeit April–August***
> ***3 bräunlich gelbe, schwach gefleckte Eier***
> ***1 Brut im Jahr***

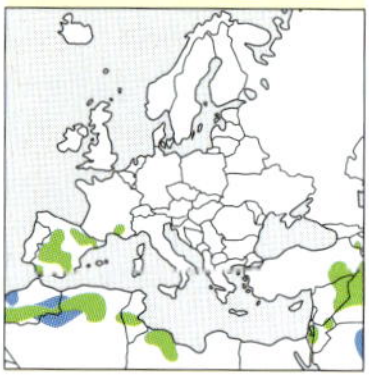

Mit seinem sandfarbenen Gefieder ist das Spießflughuhn gut getarnt. Am Boden seines kargen Lebensraumes sucht es nach Sämereien, Blättern und Pflanzensprossen. Auch auf dem Nest, das nur aus einer in den Boden gescharrten Mulde besteht, ist es kaum zu entdecken. Dies gilt besonders für das tagsüber brütende Weibchen, das nachts vom Männchen abgelöst wird. In Halbwüsten und anderen trockenen Lebensräumen Spaniens lebt oft auch das etwas seltenere Sandflughuhn (*P. orientalis*).

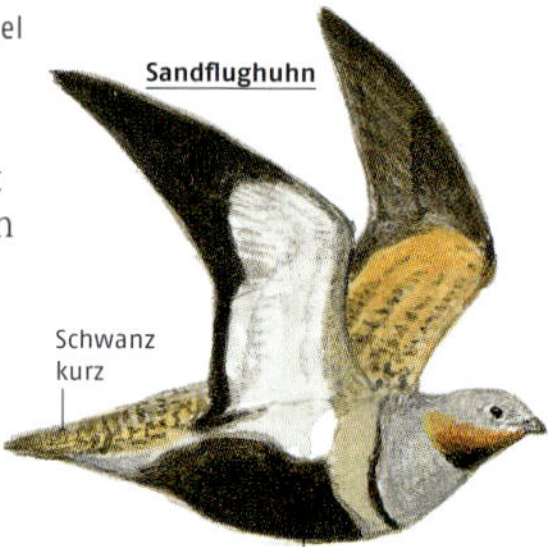

Beobachtungstipp

Flughühner leben in sehr trockenen Gebieten. Zum Trinken unternehmen sie morgens und abends weite Flüge zu Wasserstellen. Dort nehmen sie zusätzlich Wasser ins Bauchgefieder auf, um es zu ihren Küken zu transportieren.

__Stimme__ Ruft nasal „gao" oder gereiht „ang-ang-ang".

Ringeltaube

Columba palumbus (Tauben)

L 41–45 cm SpW 75–80 cm Standvogel/Kurzstreckenzieher

Die Ringeltaube gehört zu den erfolgreichsten Vogelarten in unserer Kulturlandschaft. Bäume in Siedlungen bieten ihr auch in der Stadt viele Nistmöglichkeiten. Auf Feldern findet sie reichlich liegen gebliebene Körner, besonders Mais. Somit ist das Nahrungsangebot reichhaltig und die Ringeltaube ist in weiten Teilen Mitteleuropas zum Standvogel geworden. Im Winter und auf dem Zug kann man die Art in kleinen Trupps, aber auch in Schwärmen von mehreren tausend Vögeln antreffen.

Vorkommen *Bewohnt Wälder, Parks, Gärten und andere gehölzreiche Gebiete; Nahrungssuche auch auf Feldern.*

> **Brutzeit April–Oktober**
> **2 weiße Eier**
> **1–3 Bruten im Jahr**

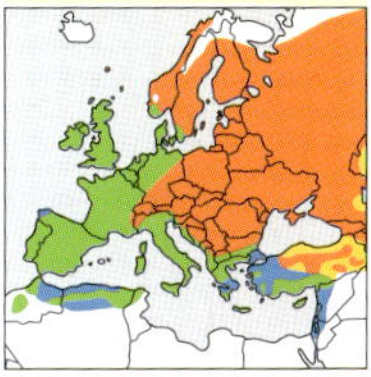

Beobachtungstipp

Mit Gesang und Balzflug markiert das Männchen sein Revier und wirbt um ein Weibchen. Dabei steigt es 20–30 m auf, klatscht mehrmals mit den Flügeln und gleitet dann langsam wieder abwärts.

Stimme *Fünfsilbiger, dumpfer Gesang „gru-gruh-gru-gu-gu" (2. Silbe betont).*

Felsentaube, Straßentaube

Columba livia (Tauben)

L 31–34 cm SpW 63–70 cm Standvogel

Wegen ihrer Fähigkeit über große Distanzen heimzufinden wurde die Felsentaube schon früh als Brieftaube genutzt. Verwilderte Haustauben und zugewanderte Felsentauben bevölkern als Straßentauben Europas Städte. Echte Wildvögel findet man meist nur noch in Gebirgsregionen.

Trupps von Straßentauben

Straßentauben mit sehr variabler Gefiederfärbung

Stimme *Tiefes, mitunter raues Gurren in verschiedenen Variationen.*

Vorkommen *Bewohnt Felswände, Städte und Dörfer; Nahrungssuche auch auf Feldern.*

> ***Brutzeit März–September***
> ***1–2 weiße Eier***
> ***2–6 Bruten im Jahr***

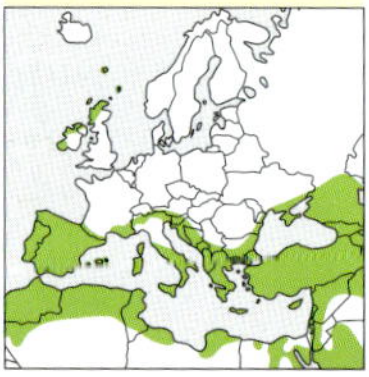

Hohltaube

Columba oenas (Tauben)

L 32–34 cm SpW 63–69 cm Kurzstreckenzieher

Ihr Nest baut die Hohltaube in Baumhöhlen, bevorzugt in ausgedienten Nisthöhlen des Schwarzspechts (S. 143). Da an der Küste große Bäume meist fehlen, benutzt sie dort Kaninchenbaue und andere Bodenhöhlen. Am besten zu Gesicht bekommt man sie bei der Nahrungssuche auf Feldern und auf dem Zug.

brütet in Baumhöhlen

Jungvogel

Stimme *Gesang aus gereiht vorgetragenen, kurzen, dumpf klingenden „hu"-Lauten.*

Vorkommen *Brütet in Wäldern und Feldgehölzen, an der Küste auch in Dünen; Nahrungssuche meist in offener Landschaft.*

> ***Brutzeit März–Oktober***
> ***2 weiße Eier***
> ***3 Bruten im Jahr***

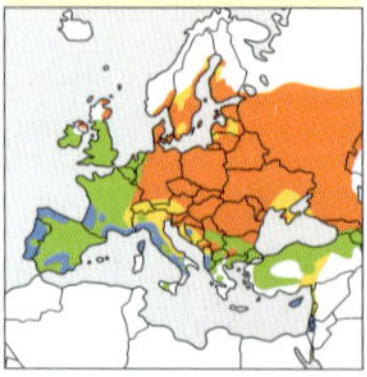

Türkentaube

Streptopelia decaocto (Tauben)

L 30–32 cm   SpW 47–55 cm   Standvogel

Vom Balkan aus hat sich die Türkentaube seit 1920 rasant über ganz Europa ausgebreitet und als Brutvogel etabliert. Sie ernährt sich von Grassamen und liegen gebliebenen Getreidekörnern, nutzt aber auch das Futter auf Hühnerhöfen. Ihr aus wenigen Zweigen bestehendes Nest baut sie am liebsten in Bäumen, gelegentlich auch an Gebäuden.

Vorkommen *Bewohnt Dörfer und Städte mit Baumgruppen.*

- ***Brutzeit März–Oktober***
- ***2 weiße Eier***
- ***2–6 Bruten im Jahr***

Nahrungssuche oft im Trupp

Stimme *Singt kräftig und klar „hu-huu-hu" (2. Silbe betont); ruft beim Starten und Landen heiser „wääää".*

Turteltaube

Streptopelia turtur (Tauben)

L 26–28 cm   SpW 47–53 cm   Langstreckenzieher

Die Turteltaube ist nicht nur die kleinste, sondern auch die am verstecktesten lebende Taubenart Europas. Am Brutplatz bleibt sie im Laub der Bäume verborgen, auch bei der Suche nach Pflanzensamen am Boden bekommt man sie kaum zu Gesicht. Als einzige Taube überwintert sie südlich der Sahara.

Vorkommen *Brütet an Waldrändern und in Feldgehölzen; Nahrungssuche auf offenen Flächen aller Art.*

- ***Brutzeit Mai–September***
- ***2 weiße Eier***
- ***1–2 Bruten im Jahr***

Jungvogel

Stimme *Gesang aus lang gezogenem, mehrfach wiederholtem „gurrrrrrr".*

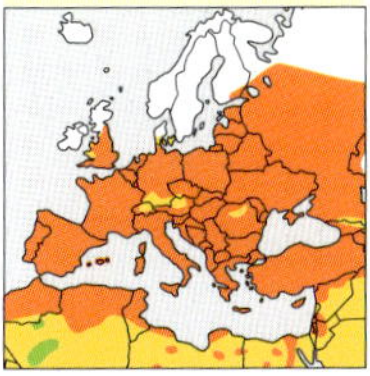

Halsbandsittich

Psittacula krameri (Papageien)

L 37–43 cm SpW 42–48 cm Standvogel

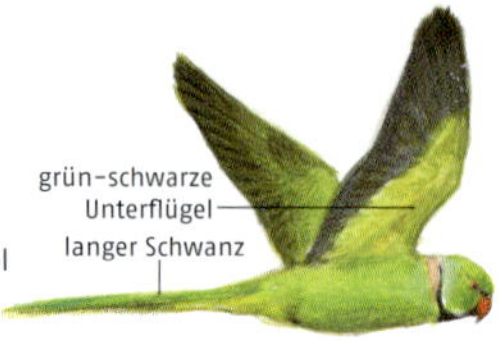

Vorkommen *In Europa Bewohner von Parks und baumreichen Gärten.*

- **Brutzeit März–Juli**
- **3–4 weiße Eier**
- **1 Brut im Jahr**

In verschiedenen Gebieten Europas und Asiens hat sich der aus Afrika stammende Halsbandsittich als Brutvogel angesiedelt. Er wurde entweder absichtlich ausgesetzt oder konnte der Käfighaltung entfliehen. Etabliert hat er sich vor allem in wintermilden Gebieten. Stellenweise kommt gleichzeitig der deutlich größere Alexandersittich *(P. eupatria)* vor.

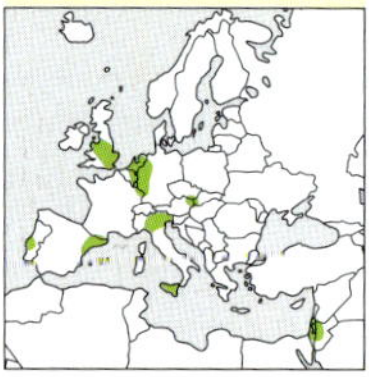

Stimme *Ruft laut kreischend „krie-ack".*

Häherkuckuck

Clamator glandarius (Kuckucke)

L 35–40 cm SpW 58–61 cm Langstreckenzieher

Vorkommen *Bewohnt in Feldern und Wiesen gelegene Baumbestände.*

- **Brutzeit April–Juli**
- **Eier grünlich mit braunen bis grauen Flecken**
- **bis zu 18 Eier pro Weibchen**

Der Häherkuckuck besetzt im Frühjahr ein Brutrevier, baut aber selbst kein Nest. Während das Männchen Elstern ablenkt, legt das Weibchen rasch 1–2 Eier in deren Nest und entfernt die gleiche Anzahl von Wirtsvogeleiern. Die Wirtsvögel ziehen die Jungen auf. Deren eigene Jungvögel überleben nur, wenn sie deutlich vor den Kuckucksjungen schlüpfen.

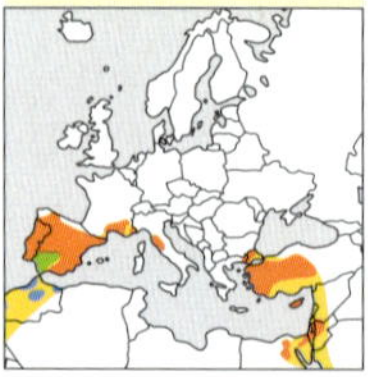

Stimme *Verschiedene gackernde Rufreihen; Männchen singt abfallende Reihe langgezogener „kiuu"-Laute*

Kuckuck

Cuculus canorus (Kuckucke)

L 32–34 cm SpW 55–60 cm Langstreckenzieher

Bekannt ist der Kuckuck durch seinen typischen Ruf und durch sein Fortpflanzungsverhalten. Das Weibchen legt sein Ei in ein fremdes Nest, dessen Besitzer es ausbrüten. 50–100 Wirtsvogelarten, häufig Bachstelze (S. 29) und Teichrohrsänger (S. 43), sind bekannt. Kurz nach dem Schlüpfen schmeißt das Kuckucksjunge die anderen Eier aus dem Nest. Ab Anfang August ziehen Alt- und Jungvögel in ihr afrikanisches Winterquartier.

junge Kuckucke sind viel größer als ihre Wirtsvögel (hier Teichrohrsänger)

Vorkommen *Lebt in verschiedensten Landschaften – im Wald, in offener Landschaft und in Schilfbeständen an Gewässern.*

- > ***Brutzeit April–September***
- > ***Eier farblich an Wirtsvögel angepasst***
- > ***9–25 Eier pro Weibchen***

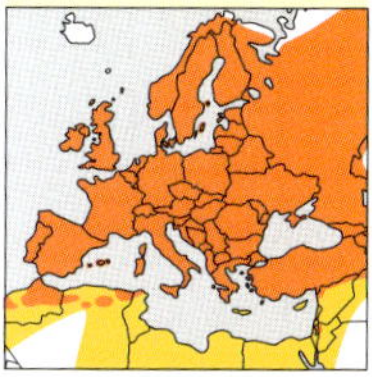

einige Weibchen haben braunes Gefieder

Schon gewusst?

Der Kuckuck gehört zu den wenigen Vogelarten, die auch große, behaarte Raupen fressen. Er ernährt sich zudem von vielen anderen Insekten. Das Weibchen frisst auch Eier aus den Nestern, in die es seine eigenen Eier legt.

Stimme *Männchen ruft unverwechselbar „kukuck"; auch kichernde und heisere Laute.*

Wiedehopf

Upupa epops (Wiedehopfe)
L 26–28 cm SpW 42–46 cm Kurz-/Langstreckenzieher

Vorkommen *Bewohnt lichte Wälder, Obstgärten, Weinberge und baumbestandene Ackerlandschaft in trockenen Gebieten.*

- ***Brutzeit April–August***
- ***5–8 bläulich graue Eier***
- ***1–2 Bruten im Jahr***

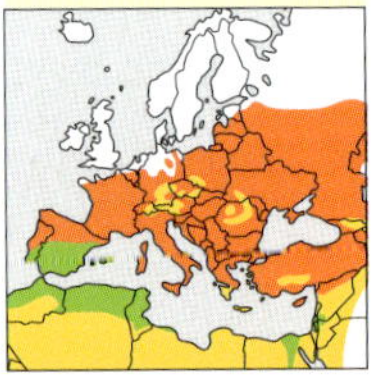

Der Speisezettel des Wiedehopfs ist recht anspruchsvoll, denn er bevorzugt große Insekten wie Grillen und größere Käfer. Um sie zu finden, braucht er Lebensräume mit geringem Bodenbewuchs. Zugleich braucht er auch geeignete Bruthöhlen, die er in alten Bäumen, in Felsspalten und Gebäudenischen oder in Steinhaufen findet.

Brütet meist in Baumhöhlen

Stimme *Ruft hohl und meist dreisilbig „uh-uh-uh".*

Blauracke

Coracias garrulus (Racken)
L 29–34 cm SpW 66–73 cm Langstreckenzieher

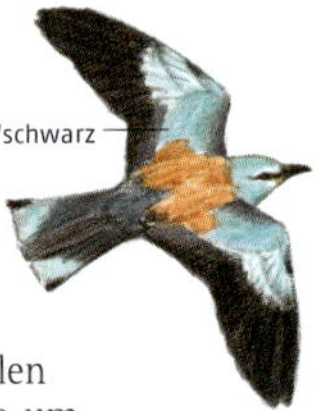

Vorkommen *Bewohnt altholzreiche Wälder, Feldgehölze und andere Baumgruppen; brütet auch in Steilwänden und Ruinen.*

- ***Brutzeit Mai–August***
- ***3–5 weiße Eier***
- ***1 Brut im Jahr***

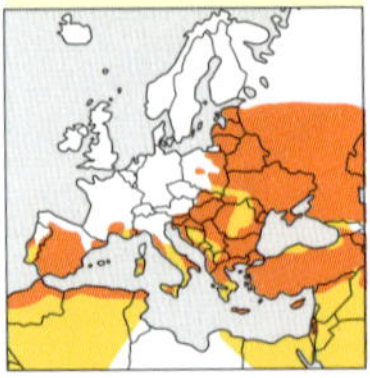

Die bunte Blauracke sitzt ganz offen auf Pfählen oder Leitungsdrähten. Von dort aus startet sie, um Käfer, Würmer oder Eidechsen zu fangen. Sie brütet in Baumhöhlen, stellenweise aber auch in Felsspalten oder Erdlöchern. Das Männchen markiert das Brutrevier mit einer spektakulären Flugdarbietung: Nach einem steilen Aufstieg folgt ein Sturzflug.

Jungvogel

Stimme *Dünne, krächzende Rufe, die beim Balzflug in schneller Abfolge dargeboten werden.*

Ziegenmelker

Caprimulgus europaeus (Nachtschwalben)

L 25–28 cm SpW 57–64 cm Langstreckenzieher

Tagsüber sitzt der Ziegenmelker bewegungslos auf Ästen oder am Boden und vertraut dabei auf sein tarnfarbenes Gefieder. In der Dämmerung wird er aktiv und fliegt mit weit geöffnetem Rachen umher, um Nachtfalter und andere Fluginsekten zu fangen. Das Weibchen legt die Eier ohne Nestbau auf den Boden und wird beim Brüten nur kurzzeitig vom Männchen abgelöst. In sandigen Gebieten Spaniens brütet der Rothals-Ziegenmelker *(C. ruficollis)*, der ebenfalls südlich der Sahara überwintert.

Vorkommen *Lebt in lichtem Wald und Heide auf trockenen Böden sowie in Mooren.*

> ***Brutzeit Juni–August***
> ***2 weiße, braun gefleckte Eier***
> ***1–2 Bruten im Jahr***

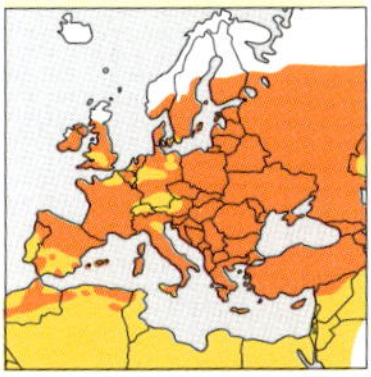

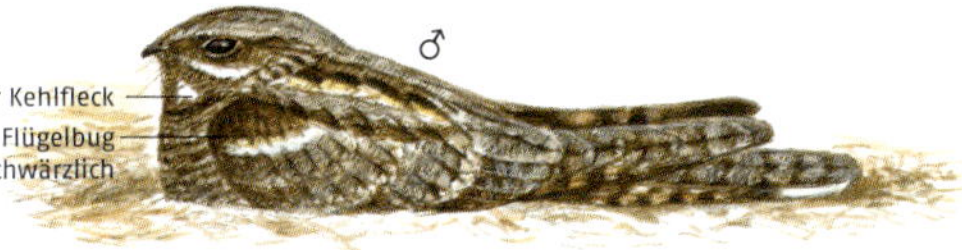

Schon gewusst?

Außer dem markanten Schnurren kann man nachts gelegentlich ein peitschendes Klatschen hören. Es entsteht, wenn das Männchen die Flügel über dem Rücken zusammenschlägt, und dient sowohl der Balz als auch der Vertreibung von Rivalen.

Stimme *Der Gesang besteht aus minutenlangem, heisere Schnurren, das nur nachts zu hören ist.*

Alpensegler

Apus melba (Segler)

L 20–22 cm SpW 54–60 cm Langstreckenzieher

Vorkommen *Bewohnt felsige Gebiete (besonders in Bergen) und Städte; Jagdflüge in verschiedenartiger Landschaft.*

> ***Brutzeit Mai–August***
> ***1–3 weiße Eier***
> ***1 Brut im Jahr***

Tagsüber ist der Alpensegler oft in der Luft, um fliegende Insekten zu fangen. Seine Fluggeschwindigkeit liegt bei 60–100 km/h. Er brütet in Kolonien. In Gebäudenischen oder Felsspalten verklebt er einige Halme und Federn mit Speichel zu einem Nest. Anders als der Mauersegler (S. 121) übernachtet er zur Brutzeit nicht im Flug, sondern am Nest.

Stimme *Hohe, trillernde, mitunter an Falken erinnernde Rufe.*

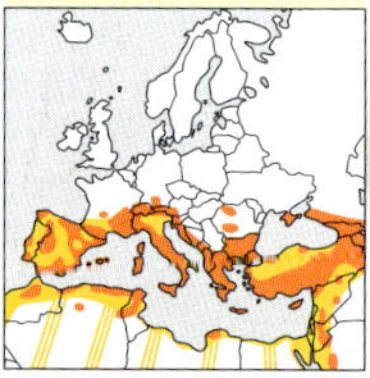

Fahlsegler

Apus pallidus (Segler)

L 16–17 cm SpW 42–46 cm Langstreckenzieher

Vorkommen *Lebt in Städten, vorzugsweise im Tiefland.*

> ***Brutzeit April–Oktober***
> ***2–3 weiße Eier***
> ***1–2 Bruten im Jahr***

Der Fahlsegler kommt oft mit dem Mauersegler (S. 121) gemeinsam vor. Er kann, wegen seiner ähnlichen Lebensweise, als „südliche Variante“ dieser Art betrachtet werden. Auch er brütet in Gebäudenischen, ist ständig in der Luft und jagt nach Fluginsekten. Die beiden Altvögel schaffen es, ihren Nachwuchs täglich mit bis zu 20 000 Insekten zu versorgen.

Stimme *Schrille Flugrufe, etwas tiefer und weicher als Mauersegler.*

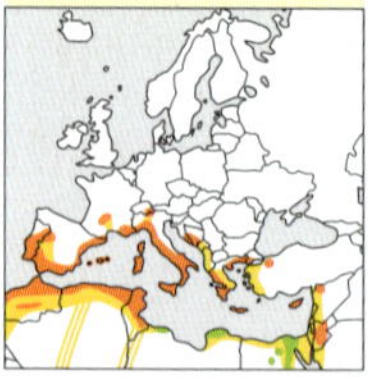

Mauersegler

Apus apus (Segler)

L 16–17 cm SpW 42–48 cm Langstreckenzieher

Außer zum Bebrüten des Geleges hält sich der Mauersegler immer in der Luft auf. Dort befindet er sich selbst beim Schlafen, bei der Paarung und beim Trinken von der Oberfläche eines Gewässers. Sind bei längeren Schlechtwetterphasen keine Insekten in der Luft, weicht er mehrere 100 km aus und kehrt erst nach einigen Tagen wieder ins Brutgebiet zurück. Die Jungvögel senken derweil ihre Körpertemperatur und können in diesem Energiesparmodus ein- bis zweiwöchigen Nahrungsmangel überleben.

Vorkommen *Brütet in Städten und Dörfern, selten auch in Wäldern; Nahrungssuche in allen Landschaftstypen.*

- **Brutzeit Mai–September**
- **2–3 weiße Eier**
- **1 Brut im Jahr**

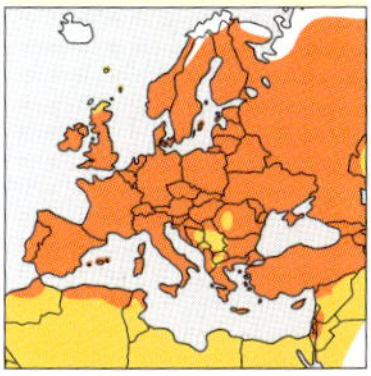

Stimme *Die charakteristischen, langgezogenen Flugrufe klingen schrill und rau („srrrieh“).*

Beobachtungstipp

Die Flughöhe des Mauerseglers richtet sich nach der seiner Beute und damit indirekt nach dem Wetter. Bei Wärme fliegen Insekten und Segler hoch, bei Kälte und Regen sieht man den Mauersegler dicht über dem Boden und oft nur über Wasserflächen.

Eisvogel

Alcedo atthis (Eisvögel)

L 16–17 cm SpW 24–26 cm Standvogel/Kurzstreckenzieher

Vorkommen *Lebt an Gewässern und benötigt dort Steilufer, in die Niströhren gegraben werden können.*

- ***Brutzeit März–September***
- ***6–7 weiße Eier***
- ***2–4 Bruten im Jahr***

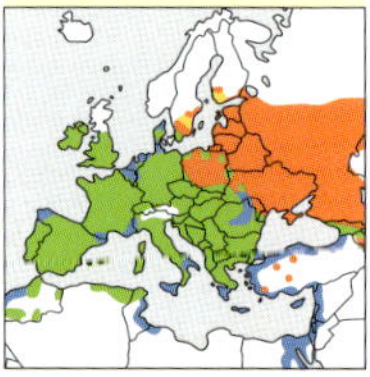

Von überhängenden Ästen aus stürzt sich der „fliegende Edelstein" ins Wasser, um kleine Fische zu erbeuten. In strengen Wintern mit vereisten Gewässern verhungern viele Eisvögel. Die Überlebenden gleichen Verluste durch eine höhere Anzahl von Bruten aus.

Stimme *Ruft hoch und durchdringend „tiit".*

Bienenfresser

Merops apiaster (Spinte)

L 27–29 cm SpW 44–49 cm Langstreckenzieher

Vorkommen *Lebt in abwechslungsreicher Landschaft mit Steilwänden und Bäumen.*

- ***Brutzeit Mai–August***
- ***5–7 weiße Eier***
- ***1 Brut im Jahr***

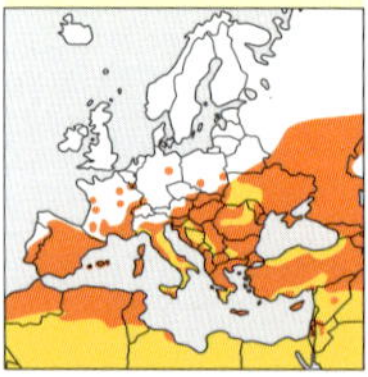

Der Bienenfresser ist ein geschickter Jäger, der fliegende Insekten fängt. Vor dem Verzehr tötet er die Beute mit Schlägen gegen seine Sitzwarte. Er brütet meist in Kolonien, wobei jedes Paar in über zweiwöchiger Arbeit eine bis zu 2 m tiefe Röhre in eine Lehmwand gräbt. Bei der Jagd und auf dem Zug lebt der Bienenfresser gerne in Schwärmen.

Altvogel an Niströhre

Stimme *Charakteristischer rauer Ruf („prrütt"), der von fliegenden Vögeln fast ständig zu hören ist.*

Wendehals

Jynx torquilla (Spechte)

L 16–17 cm SpW 25–27 cm Langstreckenzieher

Hervorragend tarnt das Borkenmuster seines Gefieders den Wendehals am Baumstamm. Seine Nahrung sucht er aber vorwiegend am Boden. Mit dem Schnabel hackt er Ameisenbauten auf, schiebt seine klebrige Zunge weit hinein und erbeutet dadurch vor allem Larven und Puppen. Zum Brüten benutzt er Baumhöhlen, wobei er mitunter bereits vorhandene Singvogelgelege zerstört. Seit alte Obstbäume immer mehr verschwinden und Ameisen seltener werden, hat der Bestand des Wendehalses stark abgenommen.

Vorkommen *Brütet in kleineren Gehölzen, Parks und Obstgärten; auch am Waldrand.*

> ***Brutzeit Mai–August***
> ***7–10 weiße Eier***
> ***1–2 Bruten im Jahr***

Altvogel an Bruthöhle

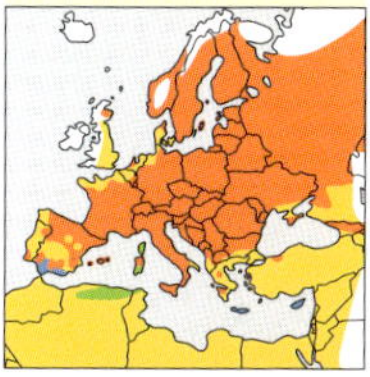

Stimme *Rufreihe aus 10–15 dünnen, quäkenden Tönen.*

Schon gewusst?

Seinen Namen trägt der Wendehals, weil er bei Gefahr seinen Kopf mit gestrecktem Hals stark hin und her wendet. Damit versucht er, die Drohgebärde einer Schlange zu imitieren und Feinde abzuschrecken.

Schwarzspecht

Dryocopus martius (Spechte)
L 45–57 cm SpW 64–68 cm Standvogel

Vorkommen *Lebt in Nadel-, Misch- und Laubwäldern und brütet dort in Altholzbeständen.*

> ***Brutzeit März–August***
> ***3–5 weiße Eier***
> ***1 Brut im Jahr***

Der Schwarzspecht beginnt sein Brutgeschäft meist mit dem Zimmern einer bis zu 50 cm tiefen Nisthöhle. Den Boden polstert er mit Spänen aus. Gelegentlich benutzt er auch Höhlen aus dem Vorjahr. Da neue große Höhlen in vielen Wäldern sonst fehlen würden, ermöglicht der Schwarzspecht anderen Höhlenbrütern, besonders Hohltaube (S. 114) und Dohle (S. 86), ein Dasein. Er ist ein für die Forstwirtschaft sehr nützlicher Vogel, da er sich neben Ameisen besonders von im Holz bohrenden Käferlarven ernährt.

♀ füttert Jungvögel in Bruthöhle

Beobachtungstipp

Unter den europäischen Spechten hat der Schwarzspecht den längsten Trommelwirbel. Er dauert 2–3 Sekunden und ist zudem recht laut. Das Trommeln dient der Revierabgrenzung, ein Wirbel besteht aus etwa 50 Schnabelhieben.

Stimme *Ruft gereiht „kwi-kwi-kwi-...", rau „krrü-krrü-krrü..." oder klagend „kliööh"; lange Trommelwirbel aus Schnabelhieben.*

Grünspecht

Picus viridis (Spechte)

L 31–33 cm, SpW 40–42 cm, Standvogel

Der Grünspecht hackt seine Bruthöhle in morsches Holz. Bei der Nahrungssuche hämmert er seltener als andere Spechte im Holz, denn meist hält er sich am Boden auf. Um Ameisen zu erbeuten setzt er dort seinen Schnabel vielseitig ein: Er gräbt Löcher in die Erde, schafft Schnee beiseite und entfernt Moos aus Pflasterritzen.

Vorkommen *Bewohnt Feldgehölze und Wälder mit Lichtungen sowie Parks und baumreiche Gärten (auch in Siedlungen).*

> ***Brutzeit April–August***
> ***5–8 weiße Eier***
> ***1 Brut im Jahr***

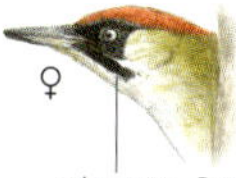

Stimme *Lachende, glucksende, nicht in der Tonhöhe abfallende Rufreihe („kjü-kjü-kjü-kjü-...“).*

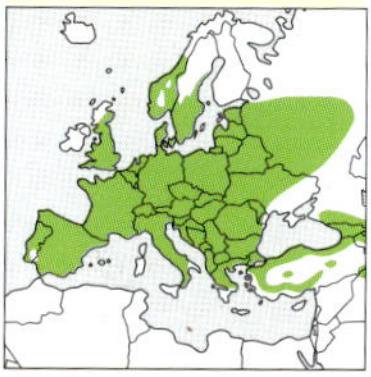

Grauspecht

Picus canus (Spechte)

L 25–27 cm SpW 38–40 cm Standvogel

Sobald im Februar oder März das Wetter milder wird, sind im Brutgebiet die melancholischen Rufreihen des Männchens zu hören. Mit diesen wird sowohl das Revier abgegrenzt als auch ein Weibchen angelockt. Gemeinsam bauen beide Partner bis zu drei Wochen lang an der Bruthöhle. Ähnlich wie beim Grünspecht besteht die Nahrung vor allem aus Ameisen.

Vorkommen *Bevorzugt Laub- und Mischwälder, lebt aber auch in Parks, Gärten und Alleen.*

> ***Brutzeit April–Juli***
> ***7–9 weiße Eier***
> ***1 Brut im Jahr***

Stimme *Abfallende und langsamer werdende Rufreihe (z. B. „kü-kü-kü-küh-küüh“); lange Trommelwirbel.*

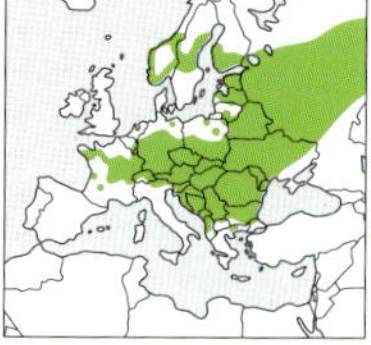

Mittelspecht

Dendrocopos medius (Spechte)
L 20–22 cm SpW 33–34 cm Standvogel

***Vorkommen** Bewohnt Laub- und Mischwälder, bevorzugt mit Eichenbeständen; auch in Parks und Gärten.*

> **Brutzeit April–August**
> **5–6 weiße Eier**
> **1 Brut im Jahr**

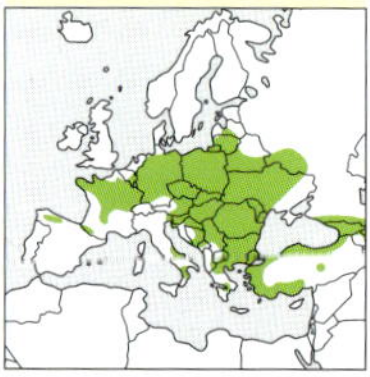

Der Mittelspecht hält sich ganzjährig in seinem Brutrevier auf, lebt aber selbst zur Balzzeit recht versteckt. Die von ihm ins Holz gehämmerte Bruthöhle benutzt er mehrere Jahre lang. Bei der Suche nach Insekten stochert er am liebsten in morschem Holz. Im Herbst und Winter besteht die Nahrung aber vor allem aus Nüssen und anderen Baumfrüchten.

***Stimme** Ruft heiser quäkend „gwäh", daneben kürzere, z. T. gereihte Rufe; trommelt selten.*

Kleinspecht

Dryobates minor (Spechte)
L 14–16 cm SpW 25–27 cm Standvogel

***Vorkommen** Bewohnt lichte Laubwälder, Feldgehölze, Alleen, Parks und Gärten.*

> **Brutzeit März–August**
> **5–7 weiße Eier**
> **1 Brut im Jahr**

Der kleinste europäische Specht ist so leicht, dass er auch an Stauden Nahrung suchen kann. Er hält sich aber meist im Kronenbereich von Bäumen auf. Die Bruthöhle meißelt er in einen Baumstamm oder in einen starken Seitenast. Manche Weibchen haben zwei Männchen, in deren Höhle sie jeweils ein Gelege produzieren.

***Stimme** Falkenähnliche Rufreihen („ki-ki-ki-ki-…); trommelt meist zwei schnelle Wirbel hintereinander.*

Buntspecht

Dendrocopos major (Spechte)
L 20–24 cm   SpW 34–39 cm   Standvogel

Der Buntspecht ist sowohl in der Wahl seines Lebensraumes als auch bei seiner Ernährung sehr vielseitig. So bevorzugt er im Sommerhalbjahr meist Insekten, hämmert aber auch Bruthöhlen von Singvögeln auf, um deren Eier und Jungvögel zu fressen. Im Winter sind die Samen von Nadelbäumen die Hauptnahrung, hinzu kommen Nüsse und Bucheckern. Gerne leckt er auch den Saft von Bäumen auf. Im Südosten Europas kommt oft gleichzeitig der sehr ähnliche Blutspecht *(D. syriacus)* vor.

Vorkommen *Lebt in Wäldern, Feldgehölzen, Parks und Gärten.*

> ***Brutzeit April–August***
> ***4–7 weiße Eier***
> ***1 Brut im Jahr***

Stimme *Ruft scharf „kick" oder gereiht"krrk-krrk-krrk-…"; trommelt schneller und kürzer als Schwarzspecht.*

Beobachtungstipp

Die Nahrungssuche lässt sich gut beobachten. In Gärten und Parks hämmert er Insektenlarven aus Baumstämmen. Zapfen von Nadelbäumen klemmt er in Astgabeln („Spechtschmieden") ein, um sie besser bearbeiten zu können.

Weißrückenspecht

Dendrocopos leucotos (Spechte)
L 24–26 cm SpW 38–40 cm Standvogel

Vorkommen *Lebt in Laub- und Mischwäldern mit hohem Totholzanteil.*

- > ***Brutzeit April–Juli***
- > ***3–5 weiße Eier***
- > ***1 Brut im Jahr***

Der Weißrückenspecht zerhämmert morsche Baumstümpfe, um Insektenlarven zu erbeuten. In seinen schneereichen Lebensräumen in Nord- und Osteuropa bzw. im Gebirge muss er aber oft auf die Stämme ausweichen. Nur wenn dort genug Nahrung zu finden ist, bleibt er ganzjährig im Brutrevier, sonst streift er umher.

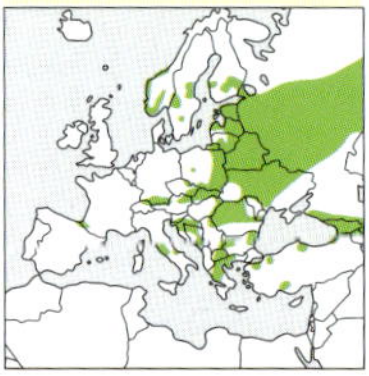

Stimme *Ruft kurz „kück"; lange Trommelwirbel, die zum Ende hin schneller werden.*

Dreizehenspecht

Picoides tridactylus (Spechte)
L 20–24 cm SpW 32–35 cm Standvogel

Vorkommen *Lebt in Nadelwäldern mit vielen toten und morschen Bäumen.*

- > ***Brutzeit Mai–September***
- > ***3–4 weiße Eier***
- > ***1 Brut im Jahr***

Dieser Specht hat sich darauf spezialisiert, Larven und Puppen von Käfern unter der Rinde abgestorbener Bäume herauszuarbeiten. Er ist deshalb darauf angewiesen, dass tote Bäume in seinem Brutgebiet stehen gelassen werden. Er fehlt in intensiv bewirtschafteten Wäldern. Besonders günstige Lebensbedingungen findet er in Wäldern mit Sturmschäden vor.

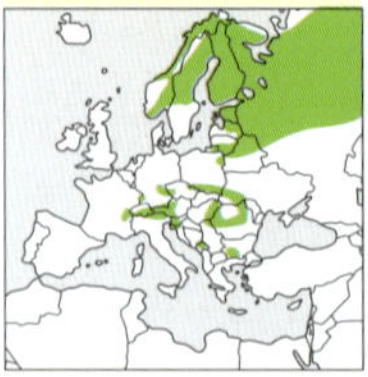

Stimme *Ruft kurz „kück", auch gereiht; Trommelwirbel länger und langsamer als beim Buntspecht.*

Schleiereule

Tyto alba (Schleiereulen)

L 33–35 cm SpW 85–93 cm Standvogel

Die Bestände der Schleiereule können innerhalb weniger Jahre sehr stark schwanken. Sie sind abhängig vom Angebot an Mäusen und von der Härte des Winters. Gibt es viele Mäuse, brütet sie bis zu dreimal im Jahr, in schlechten Mäusejahren sind die Gelege kleiner oder die Brut fällt ganz aus. Liegt im Winter für längere Zeit eine geschlossene Schneedecke, bleiben Mäuse für die Schleiereule unerreichbar und viele Vögel verhungern. Bei ihrer nächtlichen Jagd werden viele Schleiereulen von Autos überfahren.

Vorkommen *Brütet meist in Dörfern, die an geeignete Jagdgebiete, offene Landschaften mit Hecken und Gräben, grenzen.*

> **Brutzeit März–Dezember**
> **4–12 weiße Eier**
> **1–2 Bruten im Jahr**

Stimme *Nachts sind im Brutgebiet kreischende und fauchende Laute zu hören.*

Familie im Nistkasten

Beobachtungstipp

Die Schleiereule brütet in Hohlräumen von Dachböden, Scheunen und Kirchtürmen, wenn eine Einflugöffnung vorhanden ist. Spezielle Nistkästen erleichtern ihr die Suche nach einem geeigneten Brutplatz und bieten Schutz vor Mardern.

Waldkauz

Strix aluco (Ohreulen und Käuze)

L 37–42 cm SpW 90–104 cm Standvogel

Vorkommen *Brütet in alten Bäumen in Wäldern, Parks und anderen Gehölzen; nächtliche Jagd auch in offenem Gelände.*

- > ***Brutzeit Februar–August***
- > ***3–5 weiße Eier***
- > ***1 Brut im Jahr***

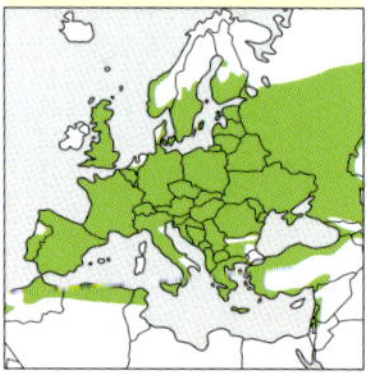

Der aus Gruselfilmen bekannte heulende Gesang des Männchens ist im Herbst und im zeitigen Frühjahr zu hören. Der Waldkauz brütet in großen Baumhöhlen. Die Jungvögel sitzen im Alter von vier Wochen „Ästlinge" frei in Bäumen oder am Boden. In Nordeuropa und den Bergwäldern Südosteuropas lebt der größere Habichtskauz *(S. uralensis)*.

Stimme *Männchen nachts mit langen, heulenden Rufreihen; Weibchen ruft kurz und scharf „kuitt".*

130

Bartkauz

Strix nebulosa (Ohreulen und Käuze)

L 62–70 cm SpW 134–158 cm Standvogel

Vorkommen *Lebt in dichten Nadelwäldern mit Lichtungen.*

- > ***Brutzeit April–September***
- > ***3–6 weiße Eier***
- > ***1 Brut im Jahr***

Der größte europäische Kauz brütet in alten Greifvogelhorsten. Die Jungvögel verlassen nach drei bis vier Wochen das Nest, werden aber noch fünf Monate lang von den Eltern versorgt. Wegen der langen Betreuungszeit brüten manche Paare nicht jedes Jahr. Auch bei schlechtem Angebot an Wühlmäusen kann die Brut ausfallen.

Stimme *Männchen ruft Reihen dumpfer, kurzer „ho"-Laute; Weibchen mit miauenden Rufen.*

Steinkauz

Athene noctua (Ohreulen und Käuze)
L 21–23 cm SpW 54–58 cm Standvogel

Seinem Brutrevier bleibt der Steinkauz in der Regel ein Leben lang treu. Auch der Nachwuchs siedelt sich, wenn er im Alter von zwei bis drei Monaten das elterliche Revier verlässt, meist nur wenige Kilometer vom Geburtsort an. Der Steinkauz bevorzugt in Mitteleuropa Baumhöhlen als Nistplatz, am liebsten in alten Kopfweiden und Obstbäumen. In Südeuropa brütet er häufig in Felshöhlen oder an Gebäuden. Wo solche Nistgelegenheiten fehlen, können speziell angefertigte Niströhren Ersatz schaffen.

***Vorkommen** Lebt in offener Landschaft mit Baumreihen, gebietsweise auch in Ortschaften.*

- ***Brutzeit März–August***
- ***3–5 weiße Eier***
- ***1 Brut im Jahr***

Jungvogel

Jungvögel vor Nisthöhle

***Stimme** Ruft kräftig „uuuh", meist in lockerer Reihe.*

Beobachtungstipp

In der Dämmerung geht der Steinkauz auf die Jagd. Er hält erhöht auf einem Zaunpfahl oder einer Mauer sitzend Ausschau und stürzt sich dann in raschem Flug zu Boden, um Mäuse, Kleinvögel oder Regenwürmer zu fangen.

Raufußkauz

Aegolius funereus (Ohreulen und Käuze)

L 24–26 cm SpW 53–62 cm Standvogel

Vorkommen *Lebt in Nadelwäldern, meist im Bergland.*

- ***Brutzeit März–September***
- ***3–6 weiße Eier***
- ***1–2 Bruten im Jahr***

Bei seiner nächtlichen Jagd lauscht der Raufußkauz von einem Ansitz aus. Raschelt in der Nähe eine Maus oder ein kleiner Vogel, ergreift er seine Beute in lautlosem Sturzflug. Zum Brüten bezieht er fast immer eine Schwarzspechthöhle. Im Sommer wie im Winter deponiert er in solchen Höhlen überschüssige Beute als Vorrat.

Altvogel in der Bruthöhle

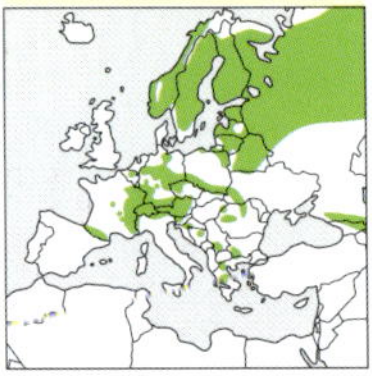

Stimme *Männchen singen leicht ansteigende Tonreihe („hu-hu-hu-hu-hu-hu"); Weibchen mit kurzen, scharfen Rufen.*

Jungvogel

Sperlingskauz

Glaucidium passerinum (Ohreulen und Käuze)

L 16–19 cm SpW 34–38 cm Standvogel

Vorkommen *Lebt in Nadel- und Mischwäldern, meist im Bergland.*

- ***Brutzeit April–August***
- ***4–7 weiße Eier***
- ***1 Brut im Jahr***

Die kleinste europäische Eule ist oft schon zu Beginn der Abenddämmerung aktiv. Sie jagt bevorzugt Singvögel, besonders zur Brutzeit aber auch Mäuse. Ab Februar führt das Männchen dem Weibchen mehrere Höhlen von Bunt- oder Dreizehenspecht vor, von denen das Weibchen eine als Bruthöhle auswählt.

Blick aus der Bruthöhle

Jungvogel

Stimme *Gesang aus starkem Anfangslaut, gefolgt von leiseren Tönen („tüh-düdüdüdü"); auch langgezogene Rufe.*

Sperbereule

Surnia ulula (Ohreulen und Käuze)
L 36–41 cm SpW 74–81 cm Standvogel

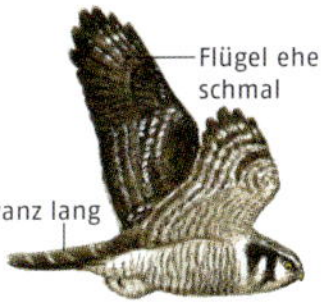

Diese Eule erinnert in Aussehen und Flugweise an einen Greifvogel. Sie ist vor allem am Tage aktiv und sitzt frei sichtbar auf Baumspitzen. Mäuse und Kleinvögel ortet sie mit dem Gehör und ihrem scharfen Blick. Sie brütet in natürlichen oder von Spechten gebauten Baumhöhlen, bei gutem Nahrungsangebot auch zweimal pro Jahr.

Vorkommen *Bewohnt lichte Nadelwälder, Waldränder und Baumgruppen, auch in der Nähe von Häusern.*

> ***Brutzeit März–August***
> ***5–10 weiße Eier***
> ***1–2 Bruten im Jahr***

Stimme *Gesang von Männchen und Weibchen aus rollenden Trillern.*

Zwergohreule

Otus scops (Ohreulen und Käuze)
L 18–20 cm SpW 49–54 cm Kurz-/Mittelstreckenzieher

Durch ihr borkenfarbenes Gefieder bestens im Geäst von Bäumen getarnt, bekommt man die Zwergohreule fast nie zu Gesicht. Erst bei völliger Dunkelheit wird sie aktiv, lässt ihren eintönigen Gesang erklingen und macht Jagd auf Mäuse und große Insekten. Sie brütet in Hohlräumen von Bäumen oder Mauern. Überwintert wird südlich der Sahara in Afrika.

Vorkommen *Bewohnt in trockener Landschaft Baumbestände verschiedener Art, fehlt aber in geschlossenen Wäldern.*

> ***Brutzeit April–August***
> ***3–5 weiße Eier***
> ***1 Brut im Jahr***

Stimme *Gesang aus monotoner Folge traurig klingender Laute („düh....düh.... düh....").*

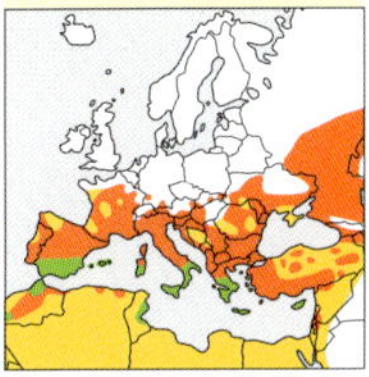

Waldohreule

Asio otus (Ohreulen und Käuze)

L 35–40 cm SpW 90–100 cm Standvogel/Kurzstreckenzieher

Vorkommen *Brütet an Waldrändern, in Feldgehölzen und Baumgruppen; nächtliche Nahrungssuche in offenem Gelände.*

- > ***Brutzeit März–August***
- > ***3–8 weiße Eier***
- > ***1 Brut im Jahr***

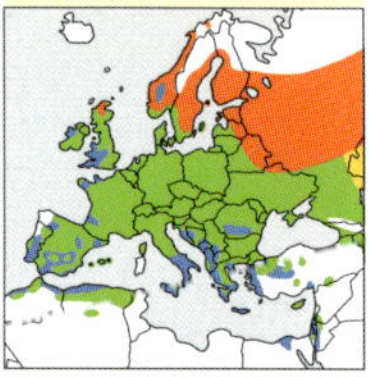

Die Waldohreule benutzt das Nest von Krähen und Greifvögeln. Das Brutrevier wird mit Rufen und einem Balzflug gekennzeichnet, bei dem die Flügel unter dem Körper zusammenklatschen. Im Winter sammeln sich oft mehrere Eulen an Tagesschlafplätzen in Nadelbäumen, unter denen man die ausgewürgten Reste verzehrter Mäuse als „Gewölle“ finden kann.

Ästling

Stimme *Männchen singt gereiht dumpfe „huh“-Laute; von Jungvögeln sind fiepende Rufe zu hören.*

Sumpfohreule

Asio flammeus (Ohreulen und Käuze)

L 34–42 cm SpW 95–110 cm Standvogel/Kurzstreckenzieher

Vorkommen *Lebt in feuchter, offener Landschaft (Moore, Dünen, nasse Wiesen).*

- > ***Brutzeit März–August***
- > ***7–10 weiße Eier***
- > ***1 Brut im Jahr***

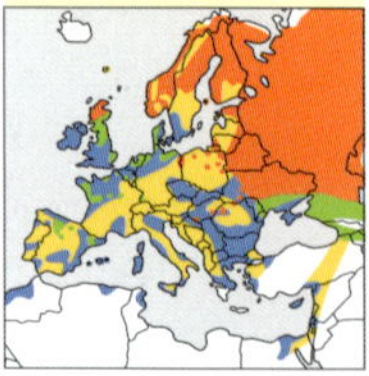

Die Sumpfohreule ist nicht nur in der Dämmerung, sondern auch am Tag aktiv. Ähnlich einer Weihe (S. 146) patrouilliert sie in gaukelndem Suchflug flach über dem Boden und stürzt sich mit rascher Wendung auf erblickte Mäuse. Gut versteckt zwischen Grasbüscheln scharrt das Weibchen eine Nestmulde.

Jungvogel, 3 Wochen alt

Stimme *Gesang des Männchens besteht aus leicht ansteigender Reihe dumpfer Laute („bu-bu-bu-bu-bu“).*

Uhu

Bubo bubo (Ohreulen und Käuze)
L 60–75 cm SpW 160–188 cm Standvogel

Als größte Eule kann der Uhu Beutetiere bis zur Größe von Hasen und Reihern schlagen. In Europa war der Uhu vielerorts schon fast oder ganz ausgerottet. Schutzmaßnahmen, wie die Horstbewachung, ließen die Bestände wieder anwachsen. Die Brut findet in Greifvogelhorsten statt, wobei die Altvögel den Nachwuchs bis zu fünf Monate lang versorgen.

Vorkommen *Lebt in abwechslungsreicher Landschaft mit Felswänden oder großen Bäumen als Nistplatz.*

> **Brutzeit Februar–Juli**
> **2–4 weiße Eier**
> **1 Brut im Jahr**

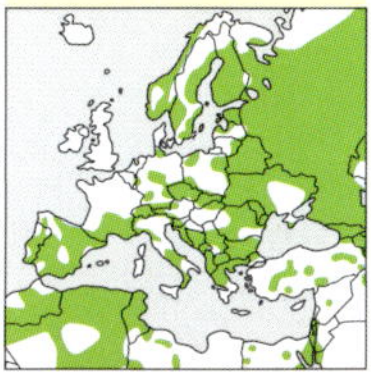

Stimme *Männchen ruft tief und dumpf „u-oh" (Betonung auf der 1. Silbe).*

Schneeeule

Bubo scandiacus (Ohreulen und Käuze)
L 53–66 cm SpW 142–166 cm Kurzstreckenzieher

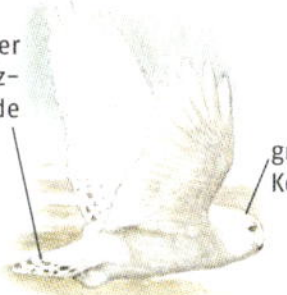

Die Schneeeule brütet offen auf dem Boden. Ihr Nest verteidigt sie so heftig gegen Polarfüchse, dass sich Ringelgänse gerne in ihrer Nähe ansiedeln, um von diesem Schutz zu profitieren. Zur Brutzeit ernährt sie sich überwiegend von Lemmingen. Wenn diese fehlen, fällt die Brut aus.

Stimme *Der Gesang des Männchens ist eine eintönige Reihe rauer Laute, die an Hundegebell erinnern.*

Vorkommen *Lebt in der Tundra, gern nahe der Küste.*

> **Brutzeit Mai-September**
> **4–9 weiße Eier**
> **1 Brut im Jahr**

Gänsegeier

Gyps fulvus (Habichtverwandte)
L 95–105 cm SpW 240–280 cm Standvogel

Der Gänsegeier fliegt fast ohne Flügelschlag und startet erst nach Sonnenaufgang. Dabei nutzt er zum Aufsteigen thermische Aufwinde aus. Aus bis zu 3000 m Höhe sucht er riesige Gebiete nach Tierkadavern ab und achtet dabei auf Artgenossen, die bereits im Sinkflug sind. Brutkolonien befinden sich in Felswänden.

Vorkommen *Lebt in Bergland und Gebirgen mit felsigen Bereichen.*

> **Brutzeit Januar–August**
> **1 weißes Ei, manchmal leicht gefleckt**
> **1 Brut im Jahr**

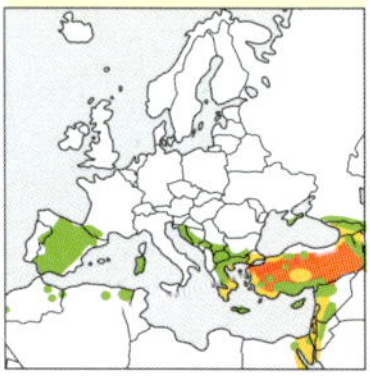

Stimme *Kreischende und gackernde Rufe, besonders bei Streit an Kadavern.*

Mönchsgeier

Aegypius monachus (Habichtverwandte)
L 98–107 cm SpW 250–295 cm Standvogel

Im Gegensatz zum Gänsegeier sucht der Mönchsgeier seine aus Aas bestehende Nahrung im niedrigen Suchflug. Er ist weniger gesellig, brütet meist allein und baut sein riesiges Nest aus dicken Zweigen in einem Baum. Das Ei wird 7–8 Wochen lang bebrütet, der Jungvogel verbringt bis zu 4 Monate im Nest, wird aber danach weiterhin gefüttert.

Vorkommen *Bewohnt bewaldete Gebirgslandschaften.*

> **Brutzeit März–September**
> **1 weißes, braun geflecktes Ei**
> **1 Brut im Jahr**

Stimme *Meist stumm, aber an Kadavern grunzende Laute.*

Bartgeier

Gypaetus barbatus (Habichtverwandte)
L 100–115 cm SpW 250–282 cm Standvogel

Sowohl im hohen Gleitflug als auch im niedrigen Suchflug spürt der Bartgeier seine Nahrung auf. Von Kadavern verzehrt er nicht nur das Fleisch, sondern auch die Knochen. Große Knochenstücke und Schildkrötenpanzer zerkleinert er, indem er sie aus großer Höhe fallen lässt. Das lebenslang treue Bartgeierpaar baut mehrere Nester in Felswände.

Vorkommen *Lebt in felsigen Gebieten, vor allem im Hochgebirge.*

> ***Brutzeit Dezember–August***
> ***1–2 bräunliche Eier***
> ***1 Brut im Jahr***

Stimme *Wenige pfeifende und trillernde Laute, selten zu hören.*

Schmutzgeier

Neophron percnopterus (Habichtverwandte)
L 58–70 cm SpW 155–180 cm Langstreckenzieher

Der Schmutzgeier verzehrt Aas und Abfälle aller Art. Bei größeren Tierkadavern ist er darauf angewiesen, dass der Körper zuvor von größeren Geiern aufgerissen wurde. Erst wenn diese satt sind, kommt auch er zum Zuge. Im afrikanischen Winterquartier öffnet er Straußeneier mit Steinwürfen.

Vorkommen *Bewohnt offene Landschaften mit Felswänden als Nistplatz.*

> ***Brutzeit März–Juli***
> ***2 helle, braun gefleckte Eier***
> ***1 Brut im Jahr***

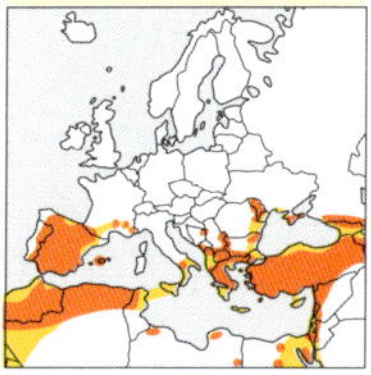

Stimme *Wenig ruffreudig, bei Erregung zischende, grunzende oder trillernde Laute.*

Fischadler

Pandion haliaetus (Fischadler)

L 55–58 cm SpW 145–170 cm Langstreckenzieher

Vorkommen *Lebt an fischreichen Gewässern mit hohen Bäumen zum Nestbau; auch an Meeresküsten.*

- **Brutzeit März–August**
- **3 weiße, braun gefleckte Eier**
- **1 Brut im Jahr**

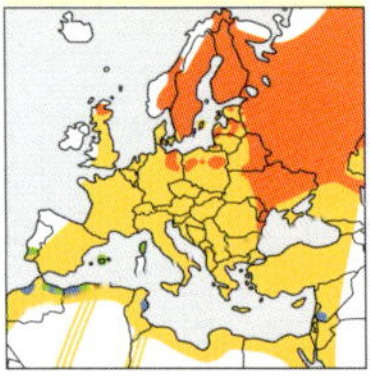

Es ist ein spektakulärer Anblick, wenn sich ein Fischadler mit vorgestreckten Füßen ins Wasser stürzt. Kurz darauf erhebt er sich wieder mit einem großen Fisch. Nur zwei Fische benötigt er für seinen Tagesbedarf, doch steigt der Aufwand, wenn der Nachwuchs drei Monate lang gefüttert werden muss. Im August beginnt der Zug nach Afrika.

***Stimme** Verschiedene kurze, hohe Rufe, meist gereiht.*

Gleitaar

Elanus caeruleus (Habichtverwandte)

L 31–35 cm SpW 75–87 cm Standvogel

Vorkommen *Lebt in trockener, offener Landschaft mit lockerem Baumbestand; auch in Wiesen und Feldern.*

- **Brutzeit März–August**
- **3–5 helle Eier mit starker brauner Fleckung**
- **1 Brut im Jahr**

Mit nur knapp 2000 Paaren gehört der Gleitaar zu den seltensten europäischen Brutvögeln. Er brütet in Baumhorsten. Die Nahrung besteht aus Mäusen, Eidechsen und kleinen Vögeln und wird entweder vom Ansitz aus, nach weihenartigem Suchflug oder nach falkenartigem Rüttelflug erbeutet.

***Stimme** Heisere und miauende Rufe.*

Seeadler

Haliaeetus albicilla (Habichtverwandte)
L 69–92 cm SpW 200–245 cm Standvogel

Erst im Alter von vier Jahren beginnt der Seeadler zu brüten. Paare bleiben ein Leben lang zusammen und halten sich meist ganzjährig im Brutrevier auf. Hoch auf einem Baum errichtet der Seeadler aus Ästen ein Nest von 1 m Durchmesser, das er viele Jahre benutzen kann. Als vielseitiger Jäger greift er große Fische aus dem Wasser, Wasservögel schlägt er auf der Wasseroberfläche oder verfolgt sie im Flug. Auch Aas nimmt er zu sich, wobei er im Winter von verhungerten Schwänen profitiert.

Vorkommen *Bewohnt große Binnengewässer und Meeresküsten mit Baumbeständen.*

> ***Brutzeit Februar–August***
> ***2 weiße Eier***
> ***1 Brut im Jahr***

Jungvogel

Altvogel

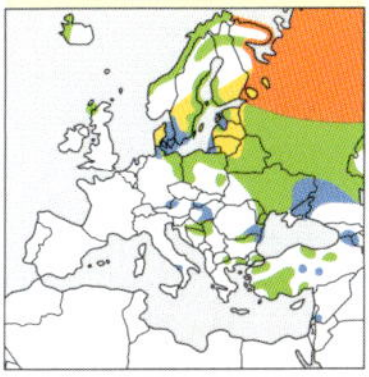

Stimme *Zur Balzzeit Reihen heller Rufe (auch im Duett), bei Weibchen tiefer als bei Männchen.*

Schon gewusst?

Bejagung, Störungen am Brutplatz und starke Giftbelastung seiner Nahrung führten zu starker Bestandsabnahme des Seeadlers. Schonung und Verbot gefährlicher Umweltgifte ermöglichen seit 20 Jahren eine deutliche Erholung; einst geräumte Gebiete hat die Art wieder besiedelt.

Steinadler

Aquila chrysaetos (Habichtverwandte)

L 77–90 cm SpW 190–210 cm Standvogel

Vorkommen *Brütet im Gebirge; im Winter auch in tieferen Lagen.*

- ***Brutzeit März–August***
- ***2 weißliche Eier mit braunen Flecken***
- ***1 Brut im Jahr***

Der Steinadler – typischer Greifvogel europäischer Gebirge – erbeutet vor allem Murmeltiere, Hasen und junge Gämsen, aber auch Schneehühner und andere Vögel. Erst ab dem fünften Lebensjahr kann er brüten und baut dazu ein Nest auf einem Felsvorsprung oder einem Baum.

Stimme *Selten zu hörende, keckernde und miauende Rufe.*

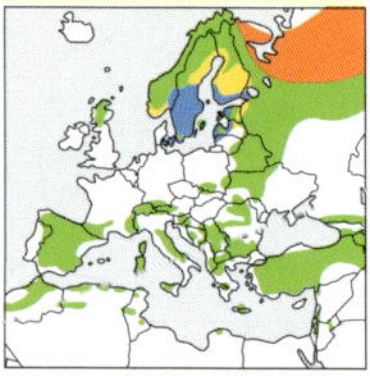

Kaiseradler

Aquila heliaca (Habichtverwandte)

L 72–84 cm SpW 185–220 cm Kurz-/Mittelstreckenzieher

Vorkommen *Lebt in Waldsteppen, aber auch in der offenen Kulturlandschaft.*

- ***Brutzeit März–August***
- ***2–3 weißliche, braun gefleckte Eier***
- ***1 Brut im Jahr***

Der Kaiseradler baut sein Nest auf einzeln stehenden Bäumen. Das umgebende Brut- und Nahrungsrevier umfasst etwa 50 km^2. Er ernährt sich von kleinen Säugetieren bis zur Größe eines Hasen; Hamster und Ziesel sind die wichtigsten Beutearten. In Süd- und Zentralspanien wird die Art vom sehr ähnlichen Spanischen Kaiseradler *(A. adalberti)* vertreten.

Stimme *Bellende Rufreihen bei der Balz, auch trillernde Rufe.*

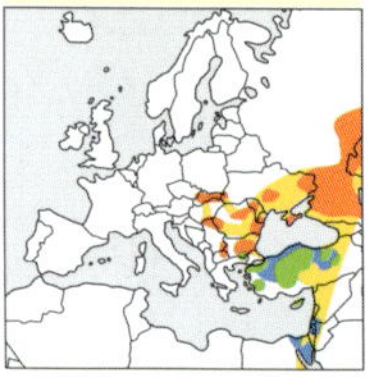

Schelladler

Aquila clanga (Habichtverwandte)

L 62–75 cm SpW 155–182 cm Mittel-/Langstreckenzieher

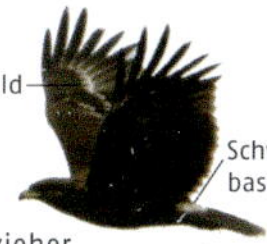

Die Unterscheidung von Schell- und Schreiadler ist sehr schwierig. Der Schelladler ist etwas kräftiger gebaut und dunkler gefärbt. Er verhält sich beim Suchflug nach Mäusen und Fröschen eher unauffällig, häufig geht er auch „zu Fuß“ auf die Jagd. Ab Ende September zieht er in sein Überwinterungsgebiet.

Vorkommen *Lebt in Wäldern, jagt aber auch in der offenen Landschaft.*

- ***Brutzeit April–September***
- ***2 weiße Eier, manchmal braun gefleckt***
- ***1 Brut im Jahr***

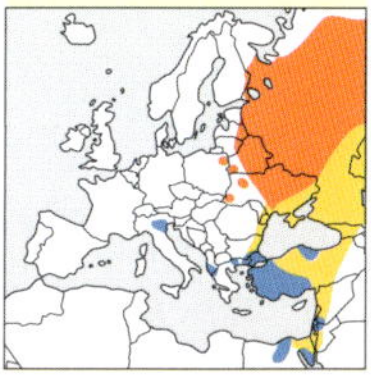

Stimme *Bellende und heisere Rufreihen.*

Schreiadler

Aquila pomarina (Habichtverwandte)

L 57–66 cm SpW 134–170 cm Langstreckenzieher

Mit seinen recht langen Beinen kann der Schreiadler gut durch Wiesen schreiten. Dort erbeutet er Mäuse, Frösche und große Insekten. Der unauffällige Vogel entfernt sich bei der Jagd meist nur 1–2 km von seinem Nest. Im Winterquartier, in der Südhälfte Afrikas, durchstreift er dagegen ein Gebiet von etwa 25 000 km² Größe.

Vorkommen *Brütet in Wäldern und jagt in Lichtungen sowie umgebenden Wiesen und Feldern.*

- ***Brutzeit April–August***
- ***1–2 weiße, braun oder violett gefleckte Eier***
- ***1 Brut im Jahr***

Stimme *Kräftige, helle Rufe, oft in Reihen vorgetragen.*

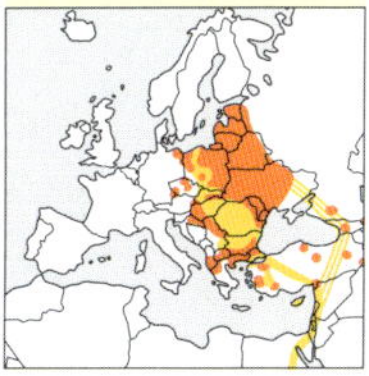

Zwergadler

Aquila pennata (Habichtverwandte)
L 45–53 cm SpW 100–121 cm Langstreckenzieher

Vorkommen *Lebt in aufgelockerter Waldlandschaft im Tief- und Bergland.*

> **Brutzeit April–August**
> **2 weiße, hellbraun gefleckte Eier**
> **1 Brut im Jahr**

Charakteristisch ist die Jagdweise des Zwergadlers. Er „steht“ fast bewegungslos in der Luft und wendet seinen Kopf hin und her. Dabei erspähte Kaninchen, Eidechsen und Vögel erbeutet er im Sturzflug. Er kommt in einer hellen und einer dunklen Farbvariante vor. Im Mittelmeerraum lebt der ähnliche, aber viel seltenere Habichtsadler (*A. fasciata*).

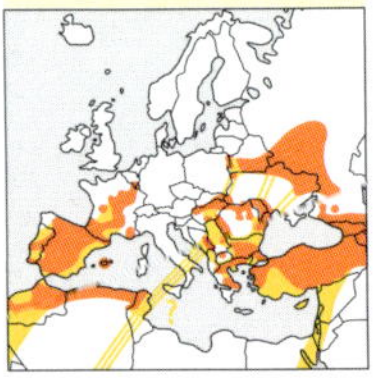

Stimme *Lange Rufreihen, die am Brutplatz recht häufig zu hören sind.*

Schlangenadler

Circaetus gallicus (Habichtverwandte)
L 62–67 cm SpW 170–185 cm Langstreckenzieher

Vorkommen *Brütet in Wäldern; jagt in offener und halboffener Landschaft, auch im Gebirge.*

> **Brutzeit April–August**
> **1 weißes Ei**
> **1 Brut im Jahr**

Wie bereits sein Name verrät, ernährt sich der Schlangenadler bevorzugt von Schlangen. Er fängt jedoch auch Eidechsen und Frösche. Seine Beute trägt er stets im Schnabel zum Nest, das sich meist auf einem Baum befindet. Für die Aufzucht eines Jungvogels benötigt er über 200 Schlangen, deshalb ist sein Vorkommen auf schlangenreiche Gebiete beschränkt.

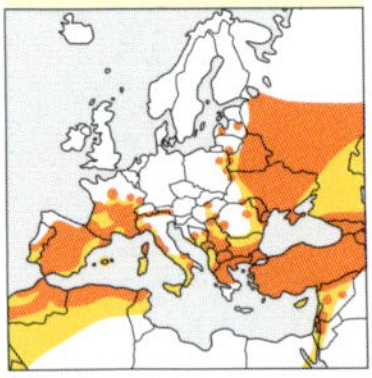

Stimme *Ruf des Männchens besteht aus hohem und tiefem Ton („hii-joo“), meist in Reihen.*

Rotmilan

Milvus milvus (Habichtverwandte)

L 60–66 cm SpW 175–195 cm Kurzstreckenzieher

Als Aasfresser schnappt sich der Rotmilan gerne im Straßenverkehr getötete Tiere. Im relativ niedrigem Flug sucht er den Boden ab. Zur Brutzeit hat jedes Paar sein eigenes Revier. Ansonsten ist der Rotmilan recht gesellig. Größere Gruppen kann man an Mülldeponien beobachten, abends sammeln sich viele zum Übernachten in einer Baumgruppe.

Vorkommen *Brütet in Wäldern und Feldgehölzen; Nahrungssuche in offener Landschaft.*

> **Brutzeit April–August**
> **2–3 weiße, braun gefleckte Eier**
> **1 Brut im Jahr**

Stimme *Auf und ab steigendes Pfeifen („wiuuu-wiu-wiu-wiu“).*

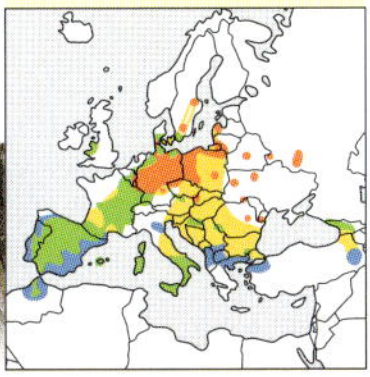

Schwarzmilan

Milvus migrans (Habichtverwandte)

L 55–60 cm SpW 160–180 cm Langstreckenzieher

Der Schwarzmilan ist der am weitesten verbreitete Greifvogel. Neben Europa besiedelt er auch Afrika, Asien und Australien. Wie der Rotmilan ernährt er sich größtenteils von Aas, sucht dabei aber auch Gewässer nach toten Fischen ab. Europäische Schwarzmilane überwintern südlich der Sahara in Afrika.

Vorkommen *Brütet in Wäldern und Feldgehölzen; Nahrungssuche in offener Landschaft und an Gewässern.*

> **Brutzeit April–August**
> **2–3 weißliche, braun gefleckte Eier**
> **1 Brut im Jahr**

Stimme *Lange Pfiffe, die trillernd enden; am Nest auch im Duett von Männchen und Weibchen.*

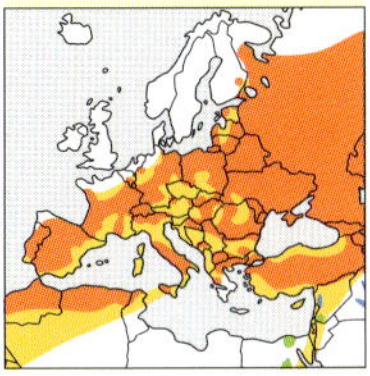

Raufußbussard

Buteo lagopus (Habichtverwandte)

L 50–61 cm SpW 120–150 cm Kurzstreckenzieher

häufig im Rüttelflug jagend

***Vorkommen** Brütet in Tundra und Bergland; im Winter auf Wiesen und in ähnlicher offener Landschaft.*

- ***Brutzeit Mai–August***
- ***2–7 weiße, braun gefleckte Eier***
- ***1 Brut im Jahr***

Die Zahl von Mäusen und Lemmingen, der Hauptnahrung dieses Bussards, schwankt im Brutgebiet von Jahr zu Jahr stark. Darauf stellt er sich ein, indem er die Gelegegröße dem Nahrungsangebot anpasst bzw. entweder gar nicht oder an anderen Orten brütet. Sofern vorhanden, nistet der Bussard auf Felsen oder Bäumen, in der Tundra auch auf dem Boden.

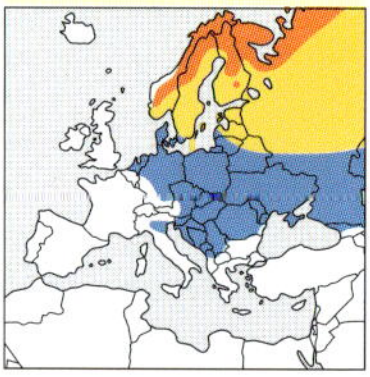

***Stimme** Rufe länger und tiefer als beim Mäusebussard („kiiääääh“).*

Wespenbussard

Pernis apivorus (Habichtverwandte)

L 52–60 cm SpW 130–150 cm Langstreckenzieher

***Vorkommen** Brütet in Wäldern, aber Nahrungssuche auch in der offenen Landschaft.*

- ***Brutzeit Mai–August***
- ***2 weißliche, braun gefleckte Eier***
- ***1 Brut im Jahr***

Vom Ansitz aus beobachtet der Waldvogel Wespen, die in ihr Nest fliegen. Dieses scharrt er mit Fuß und Schnabel aus dem Boden, frisst die Wespenlarven sofort oder trägt die Waben als Futter für die Jungen zum Nest. Zum afrikanischen Winterquartier zieht er oft in großen Trupps.

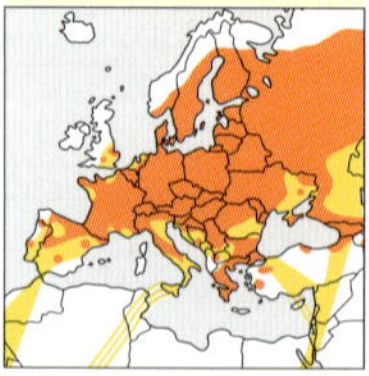

***Stimme** Besonders Jungvögel rufen dreisilbig „dü-li-lüh“; viele weitere Rufe sind bekannt.*

Mäusebussard

Buteo buteo (Habichtverwandte)

L 50–57 cm SpW 113–128 cm Standvogel/Kurzstreckenzieher

Kaum eine Vogelart ist in der Gefiederfärbung so variabel wie der Mäusebussard. Von einfarbig schwarzbraun bis fast weiß kommen die verschiedensten Muster vor. Er ernährt sich von Mäusen und anderen Kleintieren. In Bäumen baut er sein Nest. Mit etwa einer Million Brutpaaren ist die Art der häufigste Greifvogel Europas. Auf dem Balkan kommt zusätzlich der rotbraun befiederte Adlerbussard *(B. rufinus)* vor, er sieht der nordosteuropäischen Unterart des Mäusebussards sehr ähnlich.

Vorkommen *Brütet in Wäldern und Gehölzen; Nahrungssuche in der offenen Landschaft.*

> ***Brutzeit März–August***
> ***2–3 weiße Eier mit bräunlicher Fleckung***
> ***1 Brut im Jahr***

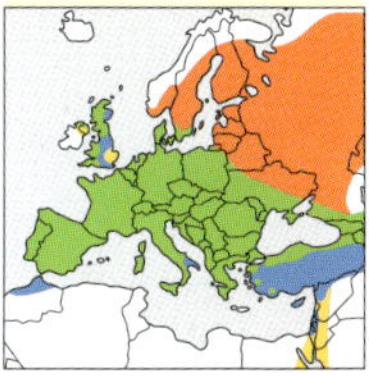

Stimme *Weit hörbarer Ruf („kiääh").*

Beobachtungstipp

Den Mäusebussard kann man gut bei der Nahrungssuche beobachten. Oft sitzt er auf Zaunpfählen und späht auf umgebende Äcker und Wiesen. Gerne schraubt er sich in der Thermik empor und sucht hoch aus der Luft den Boden ab.

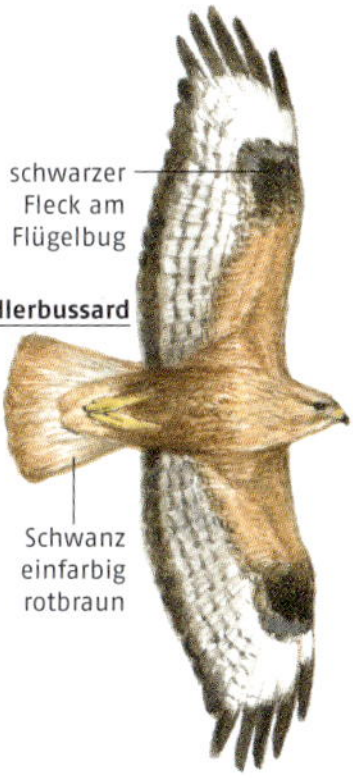

Gefieder variabel gefärbt

Kornweihe

Circus cyaneus (Habichtverwandte)
L 43–52 cm SpW 99–121 cm Standvogel/Kurzstreckenzieher

***Vorkommen** Brütet in Mooren, Heiden, Dünen und Waldlichtungen; Jagdgebiete umfassen auch Wiesen und Felder.*

> **Brutzeit April–August**
> **3–7 weißliche, manchmal gefleckte Eier**
> **1 Brut im Jahr**

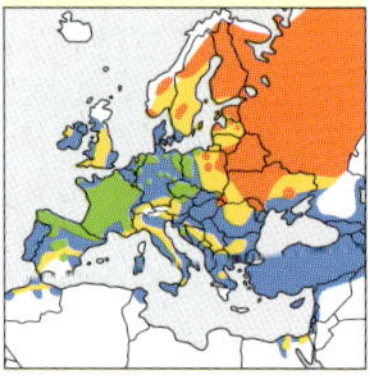

Die Kornweihe überwintert nur an Stellen mit ausreichend Mäusen als Nahrung. Tagsüber verteilen sich die Vögel zur Jagd auf Wiesen und Felder, abends sammeln sie sich zum Übernachten, meist in Schilfbeständen. Zum Brüten baut die Kornweihe direkt auf dem Boden ein Nest aus Halmen und Zweigen.

***Stimme** Beim Balzflug keckernde und pfeifende Rufe; sonst wenig ruffreudig.*

Wiesenweihe

Circus pygargus (Habichtverwandte)
L 43–47 cm SpW 105–120 cm Langstreckenzieher

***Vorkommen** Brütet und jagt in Mooren, Wiesen und Getreidefeldern.*

> **Brutzeit Mai–August**
> **3–5 bläulich weiße, rostrot gefleckte Eier**
> **1 Brut im Jahr**

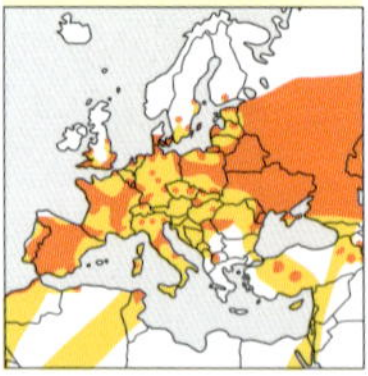

Die Wiesenweihe brütet am Boden, manchmal auch in lockeren Kolonien. Sie überwintert in Afrika. Neben Mäusen frisst sie große Insekten, Eidechsen und kleine Vögel. Die ebenfalls schlank gebaute und sehr ähnlich gefärbte Steppenweihe (*C. macrourus*) brütet vom Schwarzen Meer ostwärts.

***Stimme** Keckernde Rufreihen beim Balzflug des Männchens.*

Rohrweihe

Circus aeruginosus (Habichtverwandte)
L 48–56 cm SpW 110–130 cm Mittel-/Langstreckenzieher

Schon bald nach der Ankunft im Brutgebiet beginnt das Männchen mit Balzflügen hoch am Himmel, die von jauchzenden Rufen begleitet werden. Das Nest wird vor allem von Weibchen gebaut, während das Männchen das Nistmaterial bringt. Die Rohrweihe frisst Mäuse und Kleinvögel, zur Brutzeit auch Eier und Jungvögel anderer Vogelarten. Ist ausreichend Nahrung vorhanden, kann ein Männchen zwei Weibchen an sich binden, hat dann aber auch zwei Nester mit hungrigem Nachwuchs zu versorgen.

Küken im Nest

Vorkommen *Brütet in Schilfbeständen und Getreidefeldern; jagt in offener Landschaft, bevorzugt an Gewässern.*

> **Brutzeit April–August**
> **4–5 bläulich weiße Eier, manchmal gefleckt**
> **1 Brut im Jahr**

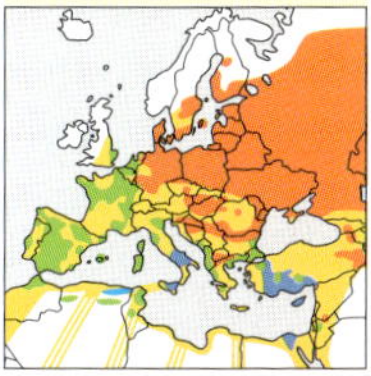

Stimme *Beim Balzflug des Männchens nasal quakende Rufe; bei Gefahr keckernde Rufe.*

Beobachtungstipp

Typisch für alle Weihenarten ist ein gaukelnder Suchflug. Dabei fliegt der Vogel mit V-förmig hochgestellten Flügeln nah über dem Boden und „schaukelt" um seine eigene Achse. Entdeckt die Weihe ein Beutetier, macht sie eine ruckartige Kehrtwende und stürzt sich auf den Boden.

Habicht

Accipiter gentilis (Habichtverwandte)

L 48–62 cm SpW 135–165 cm Standvogel

***Vorkommen** Brütet in Wäldern; Jagd bevorzugt im Waldrandbereich, auch in halboffener Landschaft.*

> ***Brutzeit März–Juli***
> ***2–5 weißliche Eier***
> ***1 Brut im Jahr***

Das Männchen ist deutlich kleiner als das Weibchen. Ebenso unterschiedlich ist die Größe der Beute, die sie nach kurzem Verfolgungsflug überwältigen können. Während das Männchen meist taubengroße Vögel erbeutet, kann das Weibchen sogar große Hühnervögel schlagen. Im Winter frisst der Habicht auch Mäuse und Kaninchen.

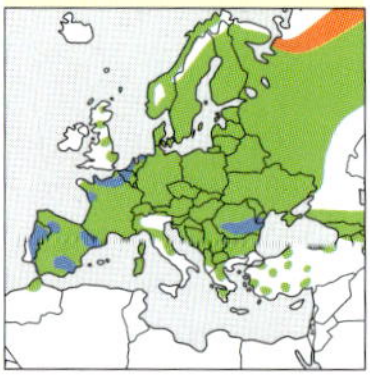

***Stimme** Am Nest bussardähnliche Rufe; bei Gefahr lange Reihen kurzer Laute („gik-gik-gik-…").*

Sperber

Accipiter nisus (Habichtverwandte)

L 28–38 cm SpW 55–70 cm Standvogel/Kurzstreckenzieher

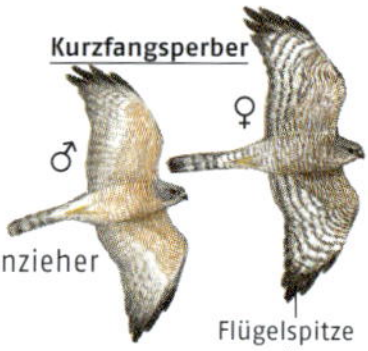

***Vorkommen** Brütet in Nadelwäldern und Feldgehölzen; jagt gerne in deckungsreicher, aber auch in offener Landschaft.*

> ***Brutzeit April–August***
> ***4–6 bläulich weiße, dunkel gefleckte Eier***
> ***1 Brut im Jahr***

Wie beim Habicht unterscheiden sich beim Sperber die Geschlechter deutlich in der Körpergröße. Da er seine Beute, Kleinvögel, nur kurz verfolgen kann, muss er Überraschungsangriffe starten und dabei die Deckung von Büschen und Bäumen ausnutzen. Vom Balkan ostwärts brütet der ähnliche, aber dunkeläugige Kurzfangsperber *(A. brevipes)*.

***Stimme** Lange Rufreihen, auch im Duett („gi-gi-gi-gi-…"), bei Gefahr schneller.*

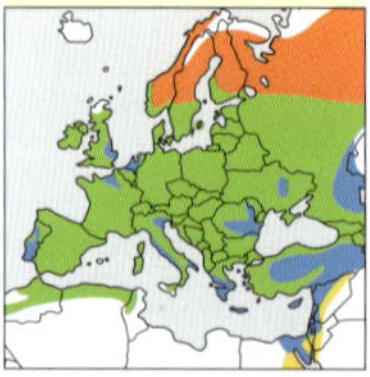

Turmfalke

Falco tinnunculus (Falken)

L 32–39 cm SpW 65–82 cm Standvogel/Langstreckenzieher

In der Wahl seines Brutplatzes ist der Turmfalke sehr vielseitig. Er benutzt alte Nester von Krähen und Elstern auf Bäumen oder Hochspannungsmasten, brütet aber auch in Fels- und Gebäudenischen. In Städten besiedelt er Kirchtürme und andere Bauwerke, fliegt zur Jagd aber auf Felder hinaus. Manchmal bilden mehrere Paare eine Brutkolonie, jedoch mit eigenen Nahrungsrevieren. Ein ausgeprägter Koloniebrüter ist im Mittelmeerraum der ähnliche Rötelfalke *(F. naumanni)*.

Rüttelflug

Vorkommen *Brütet in felsiger Landschaft, Städten und Feldgehölzen sowie an Waldrändern; jagt in offener Landschaft.*

> ***Brutzeit März–Juli***
> ***4–6 gelbliche Eier mit braunen Flecken***
> ***1 Brut im Jahr***

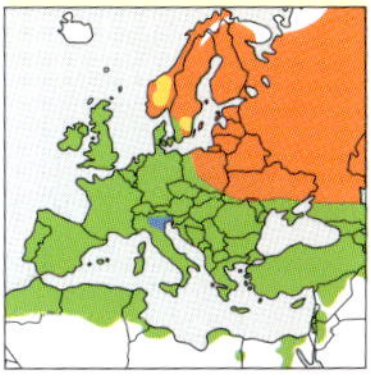

Stimme *Ruft durchdringend „ki-ki-ki-ki-ki-…“.*

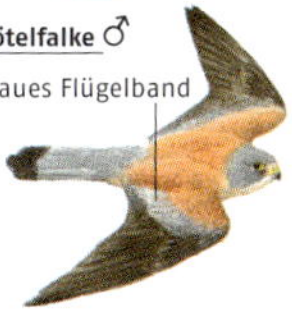

Beobachtungstipp

Typisch für den Turmfalken ist der „Rüttelflug“. Dabei „steht“ er mit gefächertem Schwanz in der Luft, schlägt schnell mit den Flügeln und lässt seinen Blick über den Erdboden schweifen. Eine entdeckte Maus versucht er sofort im Sturzflug zu erbeuten.

Merlin

Falco columbarius (Falken)

L 25–30 cm SpW 50–67 cm Kurz-/Mittelstreckenzieher

Vorkommen *Brütet in Heiden, Mooren und lückigen Baumbeständen; im Winter auf Wiesen und Feldern.*

- ***Brutzeit Mai–August***
- ***3–5 gelbliche, rotbraun gefleckte Eier***
- ***1 Brut im Jahr***

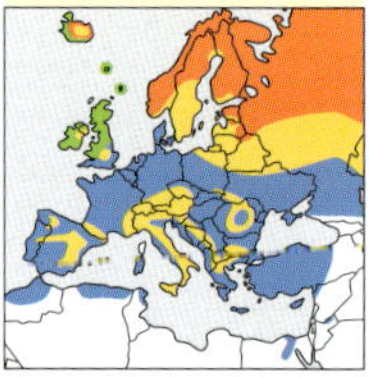

In schnellem Flug schießt der Merlin flach über den Boden, um kleine Singvögel zu überraschen und zu schlagen. Selbst beim Zug über das Meer erbeutet er auf diese Weise Vögel, die sich ebenfalls auf dem Zug befinden. Zur Brutzeit jagt überwiegend das kleinere, oberseits graue Männchen doch das Weibchen übergibt die Beute an die Jungvögel.

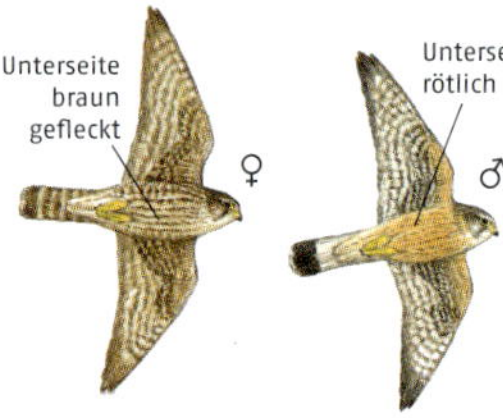

Stimme *Ruft gereiht „ke-ke-ke-ke-…“.*

Rotfußfalke

Falco vespertinus (Falken)

L 28–31 cm SpW 65–78 cm Langstreckenzieher

Vorkommen *Bewohnt Moore und Wiesen mit kleinen Baumbeständen, gerne an Gewässern.*

- ***Brutzeit Mai–August***
- ***3–4 gelbliche, rotbraun gefleckte Eier***
- ***1 Brut im Jahr***

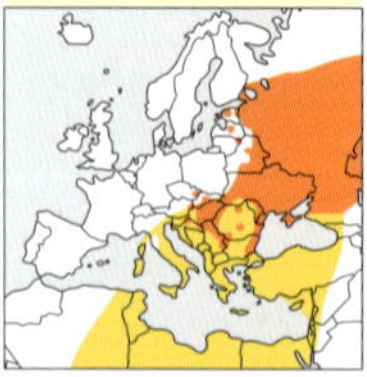

Der Rotfußfalke ist ein geselliger Greifvogel, der oft im Trupp jagt und meist in Kolonien brütet. Vom Ansitz aus verfolgt er fliegende Insekten; Heuschrecken und Mäuse schlägt er am Boden. Im Herbst führt der Zug bis Südafrika, auf dem Rückweg fliegen einige zu weit und gelangen nach Mitteleuropa.

Stimme *Rufreihen wie Turmfalken (S. 149), teilweise etwas nasaler („gü-gü-gü-gü-…)“.*

Baumfalke

Falco subbuteo (Falken)

L 28–36 cm SpW 74–84 cm Langstreckenzieher

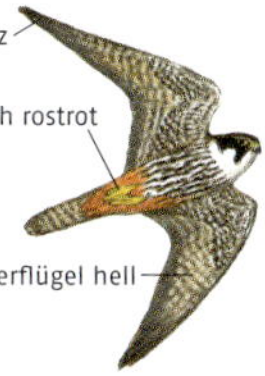

Der Baumfalke zieht seine Jungen im Krähennest auf. Seine Jagd findet bevorzugt im Luftraum statt. Mit schnellem Flug verfolgt er Schwalben (S. 18–21), Mauersegler (S. 121) und andere Vögel, doch gehören auch Insekten zu seiner Nahrung. Nach längeren Schlechtwetterperioden kann es aufgrund von Futterknappheit zu Brutverlusten kommen.

Vorkommen *Brütet in Wäldern und Feldgehölzen; jagt an Gewässern und in feuchter offener Landschaft.*

> **Brutzeit Mai–August**
> **2–4 weißliche, rotbraun gefleckte Eier**
> **1 Brut im Jahr**

Stimme *Rufreihen ähnlich Turmfalke, auch im Duett der Brutpartner.*

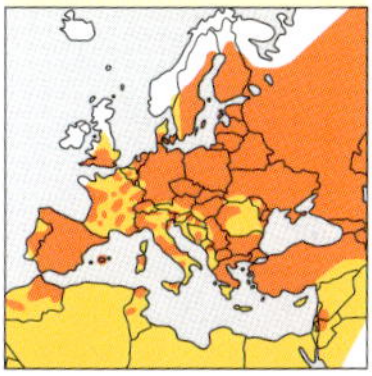

Eleonorenfalke

Falco eleonorae (Falken)

L 36–42 cm SpW 110–130 cm Langstreckenzieher

Der Eleonorenfalke ist der Wegelagerer unter den Greifvögeln. Er besiedelt Inseln im Mittelmeer und lauert dort Zugvögeln auf, die auf dem Weg nach Afrika das Mittelmeer überfliegen. Er brütet erst im Herbst, damit er seine Jungen mit den dann häufigen Zugvögeln füttern kann. Erst anschließend macht er sich selbst auf den Weg.

Vorkommen *Brütet an Felsküsten, bevorzugt auf kleinen Felseninseln.*

> **Brutzeit Juli–Oktober**
> **2–3 helle, rotbraun gefleckte Eier**
> **1 Brut im Jahr**

Stimme *Rufreihen („gä-gä-gä-gä-…") tiefer als beim Turmfalken (S. 149).*

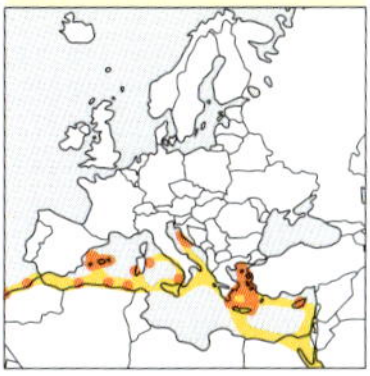

Gerfalke

Falco rusticolus (Falken)

L 48–60 cm SpW 130–160 cm Standvogel/Kurzstreckenzieher

Vorkommen *Bewohnt Tundra und steile Meeresküsten; im Winter auch in anderer offener Landschaft.*

- > **Brutzeit April–August**
- > **3–4 gelbliche, rotbraun gefleckte Eier**
- > **1 Brut im Jahr**

Der Gerfalke baut seine Nester in Felswände. Zusätzlich nutzt er auf Bäumen von Raufußbussarden und Kolkraben errichtete Nester. Während die Altvögel den Winter meist im Brutgebiet verbringen, ziehen einige Jungvögel bis ins nördliche Mitteleuropa. Nur wenig kleiner als der Gerfalke ist der etwas wärmer braun gefärbte Würgfalke *(F. cherrug)*. Er lebt in Steppen und Halbwüsten Südosteuropas, schlägt Säugetiere bis zur Größe eines Hasen und kann im Flug sogar Reiher überwältigen.

Stimme *Rufreihen tiefer als beim Wanderfalken („kja-kja-kja-kja-...“).*

Schon gewusst?

Der Gerfalke ist die größte europäische Falkenart. Da er sich bei der Jagd auf kleine Säugetiere spezialisiert hat, ist er bei Falknern sehr beliebt. Hohe Preise im illegalen Handel haben die Art deshalb in Gefahr gebracht, obwohl sich die Nester oft schwer zugänglich befinden.

Wanderfalke

Falco peregrinus (Falken)

L 36–48 cm SpW 80–120 cm Standvogel/Kurzstreckenzieher

Die Nahrung des Wanderfalken besteht aus Vögeln, in der Größe zwischen Drosseln (S.36–38) und Möwen (S. 193–202). Illegaler Fang und Umweltgifte brachten den Wanderfalken in Europa an den Rand des Aussterbens. Schutzmaßnahmen und Verbote bestimmter Chemikalien haben zu deutlicher Erholung der Brutbestände geführt, so dass die Art mittlerweile in vielen Städten heimisch ist und dort Kirchtürme besiedelt. Von Italien bis Griechenland kommt eine weitere Großfalkenart vor, der Lanner (*F. biarmicus*).

Vorkommen *Brütet an Felswänden und hohen Gebäuden sowie in Wäldern; jagt in offener Landschaft und an Gewässern.*

> ***Brutzeit März–Juni***
> ***3–4 gelbliche, braun gefleckte Eier***
> ***1 Brut im Jahr***

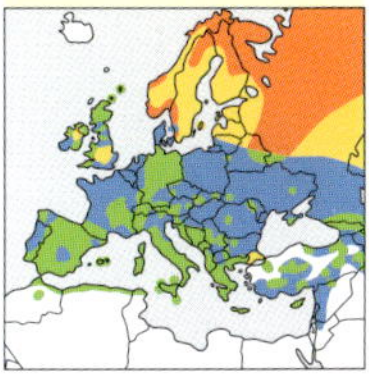

Stimme *Rufreihen („grä-grä-grä-grä-…") rauer als beim Turmfalken (S. 149).*

Schon gewusst?

Der Wanderfalke gehört zu den schnellsten Vogelarten. Wenn er aus kreisendem Suchflug ein Beutetier entdeckt hat, winkelt er die Flügel an und erreicht im Sturzflug Geschwindigkeiten von mehr als 300 km/h.

Birkhuhn

Tetrao tetrix (Glatt- und Raufußhühner)
L 32–39 cm SpW 65–80 cm Standvogel

***Vorkommen** Bewohnt Heide- und Moorgebiete in Waldnähe.*

- ***Brutzeit April–September***
- ***6–10 gelbbraune, gefleckte Eier***
- ***1 Brut im Jahr***

Im Frühjahr finden sich frühmorgens und abends mehrere Männchen in einer „Balzarena“ ein. Dort werben sie mit verschiedenen Posen und Sprüngen um die Gunst der ebenfalls anwesenden Weibchen. Die erfolgreichsten Männchen dürfen mehrere Weibchen begatten; an Brut und Jungenaufzucht beteiligen sie sich nicht.

***Stimme** Balzende Männchen erzeugen kullernde und zischende Laute; beim Weibchen gackernde Rufe.*

Haselhuhn

Tetrastes bonasia (Glatt- und Raufußhühner)
L 35–40 cm SpW 48–54 cm Standvogel

***Vorkommen** Lebt in abwechslungsreichen Wäldern mit viel Unterholz und gutem Beerenangebot.*

- ***Brutzeit April–Juli***
- ***7–11 gelbliche, braun gefleckte Eier***
- ***1 Brut im Jahr***

Das Haselhuhn lebt versteckt im Unterholz und ist nur mit Glück zu entdecken. Am Boden sucht es nach Beeren, Knospen und Blättern, bei Schneelage auch auf Bäumen. Das Weibchen brütet und betreut die Jungvögel allein, doch können diese bereits im Alter von zwei Wochen fliegen und sich bald darauf selbst versorgen.

***Stimme** Mit mehrsilbigem Pfeifen grenzt das Männchen das Revier ab; weitere pfeifende und glucksende Laute.*

Auerhuhn

Tetrao urogallus (Glatt- und Raufußhühner)
L 54–95 cm SpW 87–125 cm Standvogel

Intensive Forstwirtschaft, Bejagung und räuberische Säugetiere haben das Auerhuhn vielerorts verschwinden lassen. Auch feuchtes Klima behagt ihm nicht, die Küken sind empfindlich gegen Nässe und Kälte. Sie müssen noch im Alter von 2-3 Wochen von der Mutter unter den Flügel genommen und geschützt werden. Neben Knospen und Beeren frisst das Auerhuhn auch Nadeln von Nadelbäumen, die es mit dem scharfen Schnabel abschneidet und mit Hilfe von verschluckten Steinchen im Magen zerkleinert.

Vorkommen *Lebt in ungestörten Nadel- und Mischwäldern mit offenen Bereichen.*

- ***Brutzeit April–August***
- ***5–11 gelbliche, dunkel gefleckte Eier***
- ***1 Brut im Jahr***

Stimme *Der Balzgesang des Männchens enthält glucksende, knallende und trillernde Laute; Weibchen gackern.*

Beobachtungstipp

Mit Glück kann man im Frühjahr das berühmte Balzverhalten des Auerhahns beobachten. In einer „Balzarena" posieren mitunter mehrere Männchen mit aufgerichtetem Hals und breit gefächertem Schwanz.

Moorschneehuhn

Lagopus lagopus (Glatt- und Raufußhühner)
L 37–42 cm SpW 55–66 cm Standvogel

***Vorkommen** Bewohnt Moore und Heidelandschaften in der Tundra und ähnlichen Lebensräumen; auch in Wäldern.*

> ***Brutzeit April–Juli***
> ***5–12 gelbliche, braun gefleckte Eier***
> ***1 Brut im Jahr***

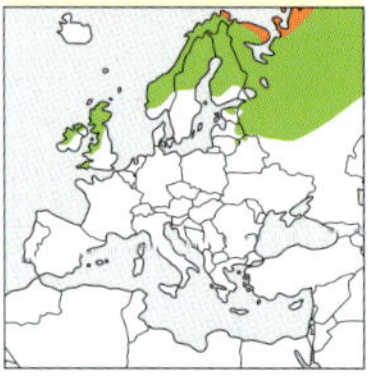

Den Winter verbringen Moorschneehühner im Trupp. Im Frühjahr scheren sie paarweise aus und verteilen sich auf die Brutreviere. Das eigentliche Brutgeschäft übernimmt das Weibchen, doch bleibt das Männchen als Wächter bei der Familie. Das Moorschneehuhn ernährt sich von Knospen und Zweigen von Weidesträuchern.

***Stimme** Neben bellendem Fluggesang und trillerndem Gesang von einer Warte aus sind viele weitere Rufe bekannt.*

Alpenschneehuhn

Lagopus muta (Glatt- und Raufußhühner)
L 33–38 cm SpW 54–60 cm Standvogel

***Vorkommen** Lebt in der Tundra und im Gebirge oberhalb der Baumgrenze.*

> ***Brutzeit Mai–September***
> ***5–8 bräunliche Eier mit Flecken***
> ***1 Brut im Jahr***

Das Gefieder des Alpenschneehuhns passt sich dem vorherrschenden Untergrund an. Im Sommer ist es graubraun wie der felsige Lebensraum, im Winter ist es rein weiß wie der Schnee. Um auch im Winter an Blätter und Knospen zu gelangen, gräbt es Gänge im Schnee. Die Nacht verbringt es gut geschützt vor eisigen Polar- und Gebirgsnächten in Schneehöhlen.

***Stimme** Beim Männchen knarrende und bellende Gesangsstrophen; daneben verschiedene raue und scharfe Rufe.*

Rebhuhn

Perdix perdix (Glatt- und Raufußhühner)

L 29–31 cm SpW 45–48 cm Standvogel

Junge Rebhühner werden schnell selbstständig, bleiben aber bis zum Ende des Winters gerne im Familienverband. Intensive Landwirtschaft macht dem Rebhuhn das Überleben schwer: Es fehlen vielerorts Hecken als Brutplatz und Unterschlupf; Pestizide und frühzeitiges Umpflügen von Stoppelfeldern reduzieren das Angebot an Insekten und Pflanzensamen.

Küken suchen früh selbst Nahrung

Vorkommen *Lebt in Steppen, Ackerland, Brachflächen und Heide, möglichst mit einzelnen Büschen oder Hecken.*

> **Brutzeit April–Oktober**
> **10–20 bräunliche Eier**
> **1 Brut im Jahr**

Stimme *Der Revierruf des Männchens ist ein raues „kirräck" (auf der zweiten Silbe betont).*

Wachtel

Coturnix coturnix (Glatt- und Raufußhühner)

L 16–18 cm SpW 32–35 cm Langstreckenzieher

Wenn der kleinste europäische Hühnervogel durch Wiesen und Felder schleicht, ist er fast nie zu sehen. Seine Rufe sind dagegen sehr weit zu hören. Jungvögel entwickeln sich extrem schnell und brüten schon im Alter von vier Monaten. Es wird vermutet, dass Jungvögel aus dem Mittelmeerraum dazu im Sommer nach Mitteleuropa einfliegen.

Vorkommen *Bewohnt Getreidefelder, Wiesen und Brachflächen mit nicht zu trockenen Böden.*

> **Brutzeit März–Oktober**
> **7–13 gelbliche, dunkel gefleckte Eier**
> **1–2 Bruten im Jahr**

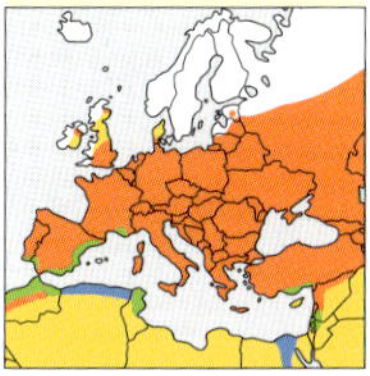

Stimme *Männchen singt rhythmisch „pick-we-rick", meist mehrfach und auch nachts auf dem Zug.*

Rothuhn

Alectoris rufa (Glatt- und Raufußhühner)

L 32–34 cm SpW 47–50 cm Standvogel

Küken mit tarnfarbenem Gefieder

***Vorkommen** Lebt in abwechslungsreicher offener Landschaft, auch im Ackerland.*

- > **Brutzeit April–September**
- > **10–16 gelbe, rotbraun gepunktete Eier**
- > **1–2 Bruten im Jahr**

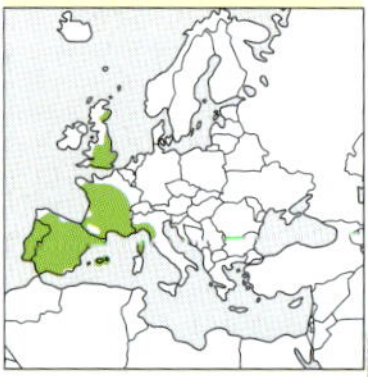

Schon seit mehreren Jahrhunderten ist das Rothuhn in Deutschland und angrenzenden Regionen ausgestorben. Die Art wird stellenweise zu Jagdzwecken ausgesetzt- besonders erfolgreich in England, wo es 200 000 Brutpaare gibt. Das nordafrikanische Felsenhuhn *(A. barbara)* kommt auch auf Sardinien vor, wo das Rothuhn fehlt.

Felsenhuhn

***Stimme** Gesang aus harten „tschock"-Lauten; beim Auffliegen wetzende Rufe.*

Steinhuhn

Alectoris graeca (Glatt- und Raufußhühner)

L 32–35 cm SpW 46–53 cm Standvogel

***Vorkommen** Bewohnt im Gebirge trockene, steinige Hänge; mitunter in lichten Wäldern.*

- > **Brutzeit Mai–September**
- > **8–14 gelbbraune, rot gepunktete Eier**
- > **1 Brut im Jahr**

Das Männchen des Steinhuhns markiert zur Brutzeit sein Revier mit Rufreihen. Das Weibchen scharrt eine Nistmulde in den Boden. Das Führen der Jungen, die vom ersten Tag an selbst Nahrung aufpicken, teilen sich die Brutpartner. Von Kreta und der Türkei ostwärts lebt das sehr ähnliche Chukarhuhn *(A. chukar)*.

Chukarhuhn

***Stimme** Harter, wetzender Gesang.*

Fasan

Phasianus colchicus (Glatt- und Raufußhühner)
L 53–89 cm SpW 70–90 cm Standvogel

Seine Nahrung, die aus Pflanzensamen, Schösslingen, Würmern und Insekten besteht, sucht der Fasan am Boden. Nachts fühlt er sich in Büschen und Bäumen sicherer. Zur Brutzeit hält sich das Männchen einen Harem von mehreren Weibchen, die es mit Rufen in sein Revier lockt. Das Brutgeschäft bleibt dem Weibchen überlassen. Es brütet die Eier im Schutze dichter Vegetation in einer Bodenmulde aus. Die Küken können schon nach zwei Wochen etwas fliegen, werden aber noch mindestens drei Monate betreut.

Küken

Vorkommen *Bewohnt Ackerland und Wiesen mit Deckung bietenden Büschen, Schilf oder Feldgehölzen.*

> **Brutzeit April–September**
> **8–12 graubraune Eier**
> **1 Brut im Jahr**

Schon gewusst?

Schon seit langem ist der Fasan ein gerne bejagter Vogel. Wahrscheinlich wurde er schon zur Römerzeit in Europa eingebürgert. Noch heute wird er jährlich zu Zigtausenden ausgesetzt, denn allein kann er seinen Bestand nicht halten.

Stimme *Männchen ruft laut „gröö-göck", gefolgt von lautstarkem Flügelschütteln.*

Rohrdommel

Botaurs stellaris (Reiher)

L 64–80 cm SpW 125–135 cm Standvogel/Kurzstreckenzieher

***Vorkommen** Bewohnt ausgedehnte Schilfbestände; im Winter gelegentlich recht offen an Gräben.*

- **Brutzeit März–September**
- **5–6 olivbraune Eier**
- **1 Brut im Jahr**

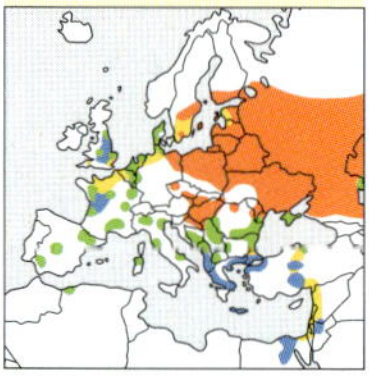

Bei Gefahr nimmt die Rohrdommel augenblicklich ihre bekannte Pfahlstellung ein. Mit nach oben gerichtetem Hals unterscheidet sich das Gefieder kaum noch von den umgebenden Schilfhalmen. Auch sonst ist die Rohrdommel selten zu sehen, denn das Nest ist gut im Röhricht versteckt. Im Schutze der Dämmerung und nachts sucht sie nach Fischen und Fröschen.

***Stimme** Zur Brutzeit weit hörbare, tiefe, dumpf klingende Rufe („ummmp“).*

Zwergdommel

Ixobrychus minutus (Reiher)

L 33–38 cm SpW 52–58 cm Langstreckenzieher

***Vorkommen** Lebt in schilfbestandenen Ufern von Seen, Teichen und Flüssen.*

- **Brutzeit Mai–Oktober**
- **5–6 weiße Eier**
- **1–2 Bruten im Jahr**

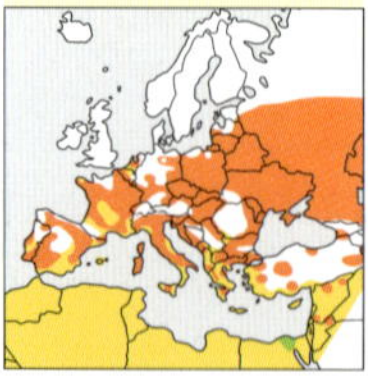

Obwohl die Zwergdommel tagsüber aktiver ist als ihr großer Verwandter, bekommt man sie nur selten zu Gesicht. Ihr Leben spielt sich fast ausschließlich im Schilf ab: Dort befindet sich das Nest und dort findet auch die Nahrungssuche statt. Im September wird das Brutgewässer verlassen, um in Afrika südlich der Sahara zu überwintern.

***Stimme** Besonders abends und nachts sind zur Brutzeit kurze, raue Rufe des Männchens zu hören („rrru“).*

Graureiher

Ardea cinerea (Reiher)

L 90–98 cm SpW 175–195 cm Kurzstreckenzieher

Der Graureiher brütet in Kolonien, von denen aus er bis zu 40 km entfernte Nahrungsgebiete anfliegt. An Land ernährt er sich vorwiegend von Mäusen, im Wasser zumeist von Fisch. Dabei ähnelt sich die Jagdmethode: Nahezu bewegungslos pirscht er sich an Beute an oder lauert ihr auf, dann stößt er blitzschnell mit seinem dolchartigen Schnabel zu.

__Vorkommen__ Brütet meist in gewässernahen Gehölzgruppen; Nahrungssuche auf Äckern und Wiesen sowie in flachen Gewässern.

> ***Brutzeit Februar–August***
> ***3–5 hellblaue Eier***
> ***1 Brut im Jahr***

Teil einer Brutkolonie

Jungvogel

__Stimme__ Heisere, langgezogene Rufe („rrrräck").

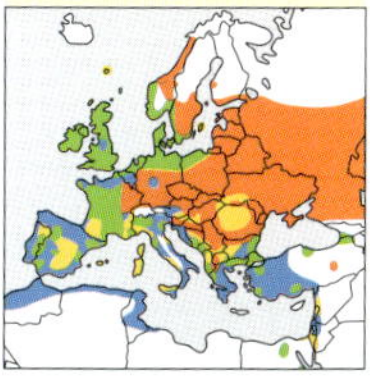

Purpurreiher

Ardea purpurea (Reiher)

L 78–90 cm SpW 120–150 cm Langstreckenzieher

Anders als der Graureiher bleibt der Purpurreiher gerne im Schilf verborgen. Dank seiner langen Zehen kann er dort mehrere Halme umfassen und ausgezeichnet klettern. Im Verhalten ähnelt er somit der Rohrdommel (S. 160), bisweilen nimmt auch er bei Gefahr eine Pfahlstellung ein. Den Winter verbringt der Purpurreiher in den Steppen Afrikas.

__Vorkommen__ Lebt in ausgedehnten Schilfbeständen und den angrenzenden Gewässern.

> ***Brutzeit April–August***
> ***4–5 blaugrüne Eier***
> ***1 Brut im Jahr***

Jungvogel

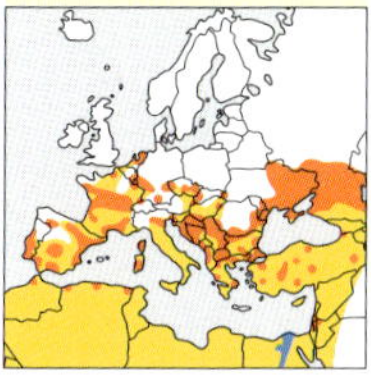

__Stimme__ Heisere Rufe, etwas höher als Graureiher.

Nachtreiher

Nycticorax nycticorax (Reiher)

L 56–65 cm SpW 105–112 cm Langstreckenzieher

__Vorkommen__ Brütet in buschigen Baumbeständen an den Ufern von Seen und großen Flüssen, manchmal auch im Schilf.

> ***Brutzeit April–September***
> ***3–5 bläulich grüne Eier***
> ***1–2 Bruten im Jahr***

Ihrem Namen entsprechend ist die kleine Reiherart fast nur in der Nacht und in der Dämmerung aktiv. Tagsüber verharrt der Nachtreiher regungslos im Schutz von Büschen und Bäumen. Zu sehen bekommt man ihn meist nur im Flug, wenn er von der Brutkolonie aus seine bis zu 20 km entfernten Nahrungsgebiete aufsucht.

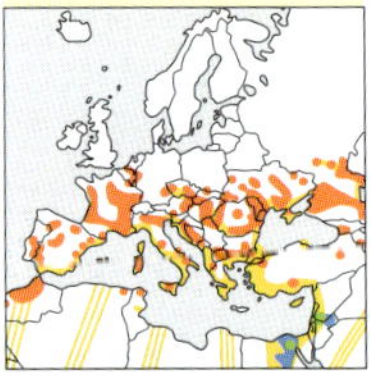

__Stimme__ Charakteristisch sind nasale „quack"-Rufe am Brutplatz und im Flug.

Kuhreiher

Bubulcus ibis (Reiher)

L 46–56 cm SpW 88–96 cm Standvogel/Kurzstreckenzieher

__Vorkommen__ Brütet in Baumbeständen, Nahrungssuche aber auf Weiden, Feldern und in Sümpfen.

> ***Brutzeit April–August***
> ***4–5 weiße oder bläuliche Eier***
> ***1–2 Bruten im Jahr***

Seinen Namen trägt der Kuhreiher, weil er gerne neben Weidetieren nach von diesen aufgescheuchten Insekten Ausschau hält. Mitunter sitzt er sogar auf dem Rücken großer Säugetiere. In Südeuropa lebt der ähnliche Rallenreiher *(Ardeola ralloides)*.

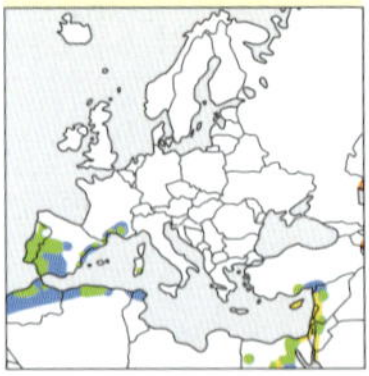

__Stimme__ Verschiedene ein- oder zweisilbige, gedämpfte Rufe.

Silberreiher

Casmerodius albus (Reiher)

L 80–104 cm SpW 140–170 cm Standvogel/Kurzstreckenzieher

Nur zur Brutzeit trägt der Silberreiher lange weiße Schmuckfedern an Hals und Rücken. Bei der Balz werden sie radförmig gespreizt. Für die Balzzeremonie errichtet das Männchen aus Zweigen und Schilfhalmen eine Plattform, die später zum Nest ausgebaut wird. Obwohl fast weltweit verbreitet, dringt die Art in Europa erst seit kurzem nach Norden vor.

Balz

Stimme *Tiefe, heisere Rufe.*

Vorkommen *Brütet im Schilf oder auf Bäumen am Wasser; Nahrungssuche auf Wiesen und Feldern sowie in flachem Wasser.*

> ***Brutzeit April–August***
> ***3–5 blassblaue Eier***
> ***1 Brut im Jahr***

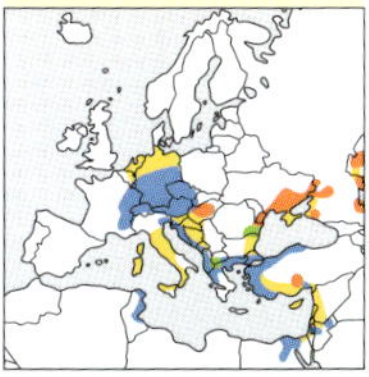

Seidenreiher

Egretta garzetta (Reiher)

L 55–65 cm SpW 86–95 cm Standvogel/Kurzstreckenzieher

Der Seidenreiher wirkt wie eine kleine Ausgabe des Silberreihers. Auch bei ihm spielen die Schmuckfedern eine große Rolle bei der Balz. Früher wurden ihm diese Federn zum Verhängnis, denn ihretwegen wurde er stark bejagt. Der europäische Brutbestand breitet sich nun wieder aus und hat auf etwa 100 000 Paare zugenommen.

Altvogel mit Schmuckfedern am Nest

Stimme *Verschiedene raue Rufe.*

Vorkommen *Nahrungssuche in offenem, nassem Gelände oder in Flachgewässern; brütet an Gewässern mit Büschen und Bäumen.*

> ***Brutzeit April–September***
> ***3–5 grünlich blaue Eier***
> ***1 Brut im Jahr***

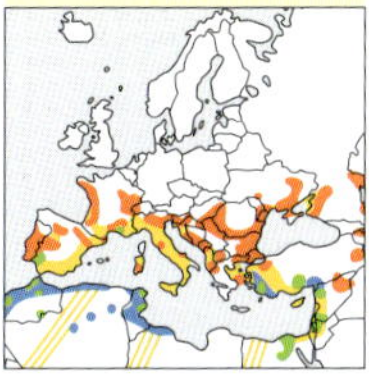

Löffler

Platalea leucorodia (Ibisse)

L 70–95 cm SpW 115–135 cm Mittel-/Langstreckenzieher

Vorkommen *Lebt an Gewässern verschiedener Art, auch im Wattenmeer.*

> ***Brutzeit April–September***
> ***3–5 weiße, braun gefleckte Eier***
> ***1 Brut im Jahr***

Der Schnabel des Löfflers ist unverwechselbar. Er bewegt ihn im flachen Wasser seitlich hin und her, um kleine Fische und andere Wassertiere zu erhaschen. Zum Brüten lässt er sich gerne in Kolonien anderer Vögel nieder, meist bei Reihern (S. 161–163). Von Südfrankreich bis zum Kaspischen Meer lebt der verwandte Sichler *(Plegadis falcinellus)*.

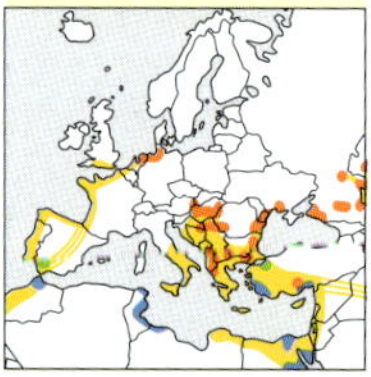

Stimme *Relativ stumm, nur am Brutplatz grunzende oder heulende Laute.*

Rosaflamingo

Phoenicopterus roseus (Flamingos)

L 120–145 cm SpW 140–165 cm Standvogel/Kurzstreckenzieher

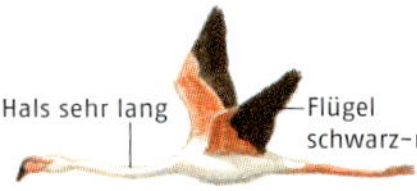

Vorkommen *Lebt an flachen, meist salzigen Seen und Küstenlagunen.*

> ***Brutzeit April–September***
> ***1 weißes Ei***
> ***1 Brut im Jahr***

Das Vorkommen des Rosaflamingos beschränkt sich auf wenige Kolonien. Dicht an dicht werden dort nah am Wasser Nester aus Schlamm gebaut. Der Schnabel enthält seitliche Lamellen, mit denen er Krebstierchen und Insekten aus dem Wasser sieben kann. Stellenweise leben in Europa auch entflogene Chileflamingos *(Ph. chilensis)*.

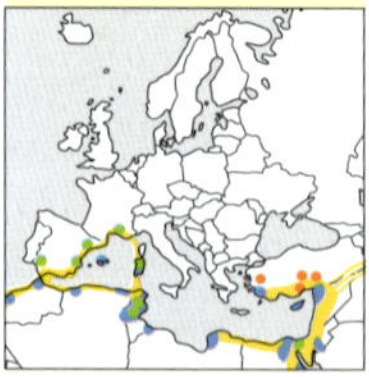

Stimme *Tiefe, raue, an Gänse erinnernde Rufe.*

Weißstorch

Ciconia ciconia (Störche)

L 100–102 cm   SpW 155–165 cm   Langstreckenzieher

Mit seinen Nestern mitten in Dörfern ist der Weißstorch ein bekannter und symbolträchtiger Kulturfolger. Besonders im westlichen Europa hat aber intensive Landwirtschaft zu jahrzehntelangen Bestandsrückgängen geführt. Auch der Nahrungsmangel im afrikanischen Wintergebiet und tödliche Unfälle an Stromleitungen setzten der beliebten Art zu.

Nest auf Schornstein

Stimme *Auf dem Nest lautes Schnabelklappern; sonst nur leise zischende Laute.*

Vorkommen *Nahrungssuche auf feuchten Wiesen und Feldern; brütet sowohl in Baumgruppen als auch auf Hausdächern.*

> ***Brutzeit März–September***
> ***3–5 weiße Eier***
> ***1 Brut im Jahr***

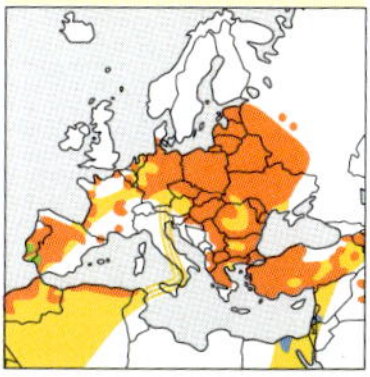

Schwarzstorch

Ciconia nigra (Störche)

L 95–100 cm   SpW 144–155 cm   Langstreckenzieher

Der Schwarzstorch ist ein scheuer Waldvogel und meist nur bei Flügen zwischen Nest und Nahrungsgebieten zu sehen. Anders als sein etwas größerer Verwandter hält er sich auch bei der Suche nach Fischen und Fröschen lieber im Verborgenen auf. Ungestörte Waldgebiete sind für seinen Schutz besonders wichtig.

Jungvogel

Stimme *Ruft im Flug bussardähnlich „fio", am Nest verschiedene leise Laute.*

Vorkommen *Brütet in Laub- und Mischwäldern; Nahrungssuche an Tümpeln, Bächen und Sümpfen.*

> ***Brutzeit April–September***
> ***3–5 weiße Eier***
> ***1 Brut im Jahr***

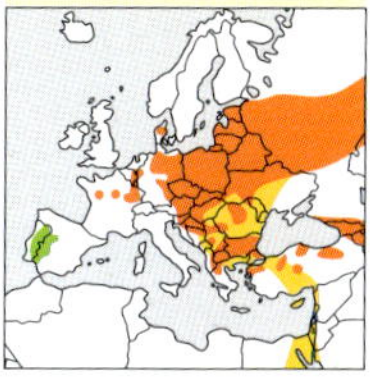

Großtrappe

Otis tarda (Trappen)

L 75–105 cm   SpW 190–260 cm   Standvogel/Kurzstreckenzieher

__Vorkommen__ Lebt in Steppen sowie in abwechslungsreicher, trockener Acker- und Wiesenlandschaft.

- ***Brutzeit April–August***
- ***2–3 grüne bis olivbraune Eier***
- ***1 Brut im Jahr***

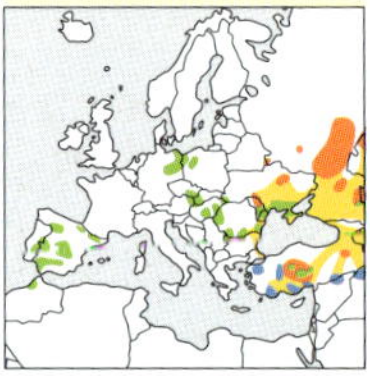

Bei der Balz präsentiert sich das Männchen in eigenartiger Gestalt. Es bläst den Hals auf, spreizt die Flügel ab und stellt den Schwanz auf. Erfolgreichen „Schauspielern" gelingt es, mehrere der viel kleineren Weibchen anzulocken. Diese erledigen das Brutgeschäft allein. Erst im Alter von fünf Jahren begeben sich Männchen in die „Balzarena".

__Stimme__ Bei der Balz dumpfe Laute; sonst röchelnde und bellende Rufe.

Zwergtrappe

Tetrax tetrax (Trappen)

L 40–45 cm   SpW 105–115 cm   Standvogel/Kurzstreckenzieher

__Vorkommen__ Lebt in trockener, steppenartiger Landschaft.

- ***Brutzeit Mai–September***
- ***3–4 olivbraune Eier***
- ***1 Brut im Jahr***

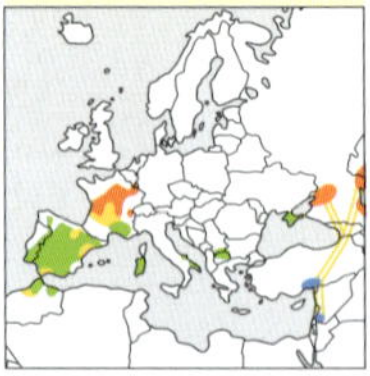

Das Männchen springt bei der Balz mit aufgeplustertem Halsgefieder und ein bis zwei Flügelschlägen in die Höhe. Das Weibchen legt die Eier in eine Bodenmulde und ist beim Brüten nicht nur mit seinem sandfarbenen Gefieder getarnt, sondern legt sich zusätzlich Pflanzen auf den Rücken. Außerhalb der Brutzeit lebt die Zwergtrappe in großen Trupps.

__Stimme__ Gesang des Männchens aus in großen Abständen wiederholten „trrrrt"-Lauten; im Flug kurze Rufe.

Kranich

Grus grus (Kraniche)

L 110–120 cm SpW 200–220 cm Mittelstreckenzieher

Zur Brutzeit verrät der Kranich seine Anwesenheit oft nur mit Balzrufen. Auf dem Zug und im Winterquartier ist er jedoch ein auffälliger Schwarmvogel. In vielen Rastgebieten kann man den majestätischen Großvogel bei der Suche nach Körnern, Regenwürmern und Kartoffeln beobachten, abends kommt es zu gewaltigen Ansammlungen an den Schlafplätzen. Die Art galt lange Zeit als gefährdet, mittlerweile haben Schutzmaßnahmen aber zu einer Bestandszunahme auf über 200 000 Vögel in Europa geführt.

Vorkommen *Brütet in Mooren und Feuchtwiesen; Nahrungssuche auf Feldern und Wiesen.*

- ***Brutzeit März–September***
- ***2 oliv- bis rotbraune Eier mit braunen Flecken***
- ***1 Brut im Jahr***

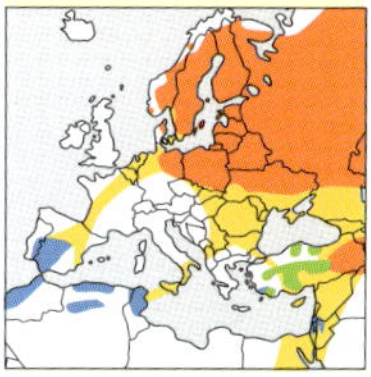

Stimme *Am Brutplatz lautes Trompeten; im Flug weit hörbar „krrrü".*

Beobachtungstipp

An den ersten milden Tagen im Frühjahr und bei den ersten Frosteinbrüchen im Herbst lohnt es sich, auf die Flugrufe des Kranichs zu achten. In langen Ketten macht er sich dann auf den Weg ins Brutgebiet bzw. ins Winterquartier, mitunter auch nachts.

Balzgruppe

Wasserralle

Rallus aquaticus (Rallen)

L 23–28 cm SpW 38–45 cm Standvogel/Kurzstreckenzieher

Jungvogel

Vorkommen *Bewohnt Ufer kleiner und großer Gewässer, die mit Schilf oder Gebüsch bewachsen sind.*

> ***Brutzeit April–September***
> ***6–11 weißliche, braun oder grau gepunktete Eier***
> ***1–2 Bruten im Jahr***

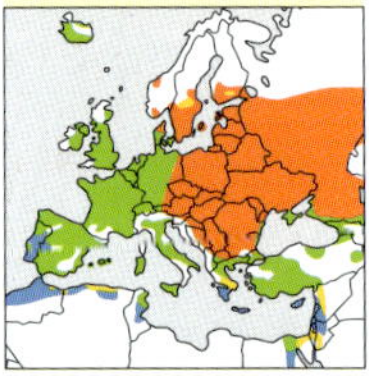

Um gut durch das Schilf klettern zu können, hat die Wasserralle lange Zehen und einen recht schlanken Körperbau. Mit ihrem langen Schnabel kann sie im Morast nach Würmern stochern. Sie nimmt auch Insekten, Frösche und Fische zu sich. Wasserrallen sind schwer zu entdecken, denn ihr überdachtes Nest befindet sich verborgen im Röhricht.

Stimme *Neben einem ferkelartigen Quieken viele weitere kurze, mitunter gereihte Rufe.*

Wachtelkönig

Crex crex (Rallen)

L 27–30 cm SpW 42–53 cm Langstreckenzieher

Nur selten ist ein rufendes Männchen frei sichtbar

Vorkommen *Bevorzugt dicht bewachsene, feuchte oder nasse Wiesen; auch in Getreidefeldern und Mooren.*

> ***Brutzeit Mai–August***
> ***7–12 bräunliche, dunkelrot gefleckte Eier***
> ***1–2 Bruten im Jahr***

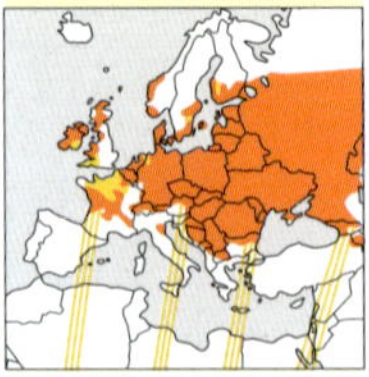

Die Anwesenheit eines Wachtelkönigs bliebe völlig verborgen, wenn er nicht die ganze Nacht hindurch und manchmal auch am Tage seine kratzige Stimme ertönen ließe. Da er feuchtes Grasland liebt, ist er durch Entwässerungen gefährdet. Viele Bruten gehen durch frühes und mehrfaches Mähen von Wiesen verloren.

In den ersten Tagen werden die Küken vom Weibchen gefüttert

Stimme *Vor allem nachts singt das Männchen monoton, nahezu tonlos kratzend und stets zweisilbig „krrrt-krrrt".*

Tüpfelsumpfhuhn

Porzana porzana (Rallen)

L 22–24 cm SpW 37–42 cm Mittel-/Langstreckenzieher

Das Tüpfelsumpfhuhn muss bei der Wahl seiner Brut- und Rastgebiete flexibel sein. Es reagiert empfindlich auf Wasserstandsschwankungen. So kann es Überschwemmungsgebiete schon im April besiedeln, bei einem Sommerhochwasser aber auch erst im Juni auftauchen. In sehr nassen Bereichen wird das Nest auf einer Unterlage errichtet. In Osteuropa, stellenweise auch in West- und Südeuropa brüten in nassen Wiesen das Zwergsumpfhuhn *(P. pusilla)* und im Röhricht das Kleine Sumpfhuhn *(P. parva)*.

Vorkommen *Bewohnt nasse Wiesen, Moore und Sümpfe mit Röhricht.*

> ***Brutzeit April–August***
> ***8–12 rahmfarbene Eier mit rötlicher Fleckung***
> ***1–2 Bruten im Jahr***

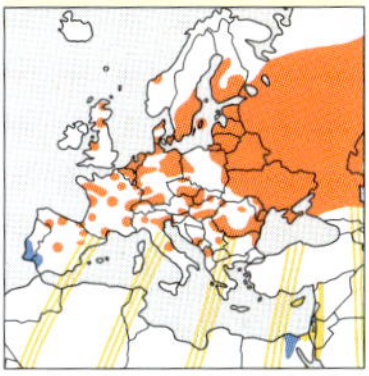

169

Jungvogel

Stimme *Hartes, pfeifendes „hvitt", das vor allem nachts in monotoner Reihe vorgetragen wird.*

Schon gewusst?

Die Küken verlassen das Nest schon nach wenigen Stunden und werden nur in den ersten Tagen gefüttert. Fortan picken sie sich selbst Insekten, Schnecken und Würmer aus dem Schlamm.

Blässhuhn

Fulica atra (Rallen)

L 36–39 cm SpW 70–80 cm Standvogel/Kurzstreckenzieher

Vorkommen *Lebt an langsam fließenden und stehenden Gewässern aller Art; im Winter auch in Küstengewässern.*

> ***Brutzeit März–August***
> ***5–10 graue, dunkel gepunktete Eier***
> ***1–2 Bruten im Jahr***

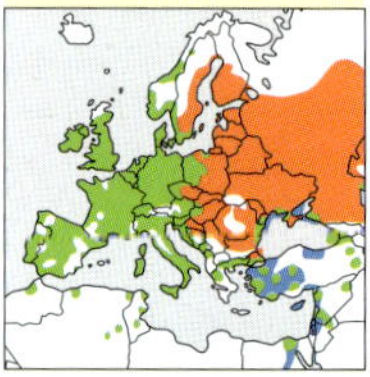

Anstelle von Schwimmhäuten hat das Blässhuhn nur leicht lappig verbreiterte Zehen. Es schimmt ruckartig und holt mit dem Hals Schwung. Das Blässhuhn ernährt sich sowohl von Pflanzenteilen als auch von kleinen Wassertieren. Oft sieht man es tauchen oder Nahrungsteile von der Wasseroberfläche picken, doch weidet es auch an Land.

Stimme *Ruft laut „tück“ oder „trück“.*

Purpurhuhn

Porphyrio porphyrio (Rallen)

L 45–50 cm SpW 90–100 cm Standvogel

Vorkommen *Dicht bewachsene Ufer von Seen und Lagunen.*

> ***Brutzeit März–September***
> ***3–5 bräunliche, dunkel gefleckte Eier***
> ***1–2 Bruten im Jahr***

Die größte europäische Rallenart ist in der Regel ein Standvogel. Austrocknende Gewässer können jedoch kleinere Wanderungen erzwingen, die offenbar „zu Fuß“ erfolgen. Das Purpurhuhn frisst am liebsten Schösslinge von Wasser- und Uferpflanzen, die es mit dem kräftigen Schnabel abbeißt oder abreißt. Außerhalb der Brutzeit lebt es gerne im Trupp.

Stimme *Sehr ruffreudig, vielfältiges Repertoire an trompetenden, nasalen und schrillen Lauten.*

Teichhuhn

Gallinula chloropus (Rallen)

L 32–35 cm SpW 50–55 cm Standvogel/Kurzstreckenzieher

Das Nest des Teichhuhns befindet sich versteckt in dichtem Gebüsch oder Schilf am Gewässerufer. Dort werden die Küken ein paar Tage lang gefüttert, ehe sie von den Eltern im Brutrevier herumgeführt werden. Sie picken dann selbst Beutetiere auf und begeben sich zum Ruhen in eigens vom Männchen errichtete Schlafnester. Während nord- und osteuropäische Teichhühner Zugvögel sind, harren mitteleuropäische Vögel im Brutgebiet aus – es sei denn, starker Frost zwingt auch sie zum Abwandern.

Vorkommen *Lebt an schilf- oder gebüschbestandenen Gewässerufern; Nahrungssuche auch an Land in offenen Bereichen.*

- **Brutzeit April–September**
- **5–11 gelbliche, braun gefleckte Eier**
- **1–3 Bruten im Jahr**

Küken anfangs mit nacktem rot-blauem Kopf

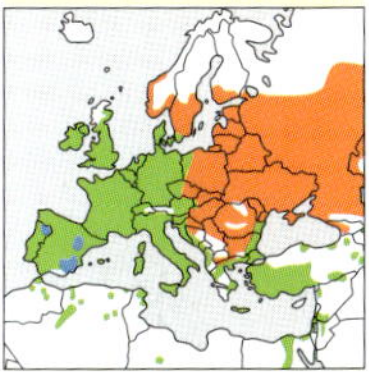

Stimme *Ruft gurgelnd „gurrrk"; ferner verschiedene kurze, scharfe Rufe.*

Beobachtungstipp

Die sehr langen Zehen des Teichhuhns eignen sich hervorragend zum Klettern in Schilf und Geäst sowie zum Laufen auf Schwimmblättern. Sie sind aber zum Schwimmen ungeeignet. Im Wasser wirkt es daher durch viel ruckartigere Bewegung unbeholfener als das Blässhuhn.

Triel

Burhinus oedicnemus (Triele)
L 40–44 cm SpW 77–85 cm Mittel-/Langstreckenzieher

Vorkommen *Bewohnt trockene, steinige Bereiche der offenen Landschaft; auch karge Felder und Brachflächen.*

> ***Brutzeit März–Juli***
> ***2 hellbraune, dunkel gefleckte Eier***
> ***1 Brut im Jahr***

Tagsüber verharrt der Triel bewegungslos zwischen schütterer Vegetation oder geduckt am Boden. Erst in der Abenddämmerung wird er aktiv, lässt seine Balzrufe erklingen und sucht nach Kleintieren aller Art bis hin zur Größe von Mäusen. Beim Entdecken der Beutetiere helfen ihm seine großen, eulenartigen Augen.

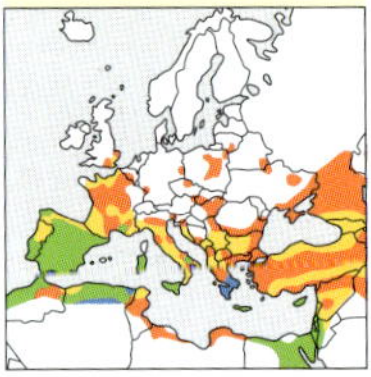

Stimme *Vor allem nachts brachvogelähnliche, melancholische Rufe („kü-iiit"); auch kurze und trillernde Rufe.*

Rotflügel-Brachschwalbe

Glareola pratincola (Brachschwalben)
L 22–25 cm SpW 60–65 cm Langstreckenzieher

Vorkommen *Lebt in karger, steppenartiger Landschaft und brütet dort meist in der Nähe von Gewässern.*

> ***Brutzeit April–August***
> ***3 bräunliche, dunkel gezeichnete Eier***
> ***1 Brut im Jahr***

Schwalbenähnlich jagt die Art in der Luft nach Insekten, pickt ihre Beute aber auch vom Boden auf. Sie brütet in Kolonien, meist nahe am Ufer. Auch auf dem Zug und im afrikanischen Winterquartier lebt sie sehr gesellig. Vom Schwarzen Meer ostwärts brütet die ähnliche Schwarzflügel-Brachschwalbe *(G. nordmanni)*.

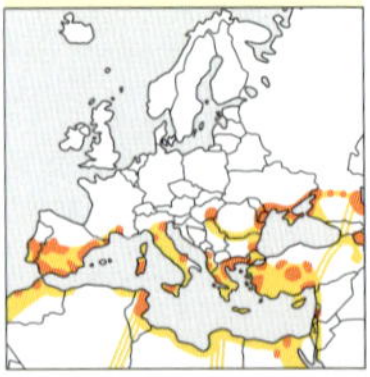

Stimme *Scharfe, seeschwalbenartige Rufe („tirri-ti-tirrit").*

Austernfischer

Haematopus ostralegus (Austernfischer)

L 40–47 cm   SpW 80–86 cm   Standvogel/Kurzstreckenzieher

An den europäischen Küsten gehört der Austernfischer wegen seiner durchdringenden Rufe zu den auffälligsten Vogelarten. Zugleich ist er vielerorts recht häufig: Im Sommer grenzt ein Brutrevier an das andere, im Winter kann die Art große Schwärme bilden. Seinen Nachwuchs führt der Austernfischer noch am Tag des Schlüpfens zu Nahrungsgebieten, die deutlich vom Neststandort entfernt sein können. Anfangs helfen die Altvögel den Küken bei der Nahrungssuche, indem sie mit dem Schnabel auf Beutetiere weisen.

Vorkommen *Brütet auf Stränden, Salzwiesen und kurzgrasigem Grünland; Nahrungssuche auf Watt- und Schlammflächen.*

> ***Brutzeit April–August***
> ***3 bräunliche, dunkel gefleckte Eier***
> ***1 Brut im Jahr***

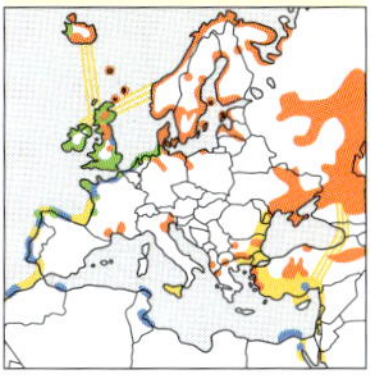

Beobachtungstipp

Der Austernfischer kann seinen kräftigen Schnabel bei der Nahrungssuche vielfältig einsetzen. In weichen Wattböden stochert er nach Würmern; Muschelschalen öffnet er durch Hämmern oder Hebeln.

Stimme *Sehr ruffreudig; Balzrufe „kiwick-kiwick-kiwick“ (in Triller endend); im Flug „kiwiep“.*

Säbelschnäbler

Recurvirostra avosetta (Säbelschnäbler)
L 42–45 cm SpW 77–80 cm Standvogel/Mittelstreckenzieher

Vorkommen *Bewohnt Flachwasserbereiche an Meeresküsten und an Binnengewässern, oft in Lagunen und Wattgebieten.*

> **Brutzeit April–August**
> **4 bräunliche, dunkel gefleckte Eier**
> **1 Brut im Jahr**

Seinen markanten Schnabel zieht der Säbelschnäbler bei der Nahrungssuche seitlich im flachen Wasser hin und her. Mit seinem besonders geformten Schnabel gelangt er an Würmer, Krebse und andere kleine Wassertiere. Seine Nestmulde legt er oft sehr nah am Gewässerufer an, so dass Hochwasser schnell zu Verlusten führen kann.

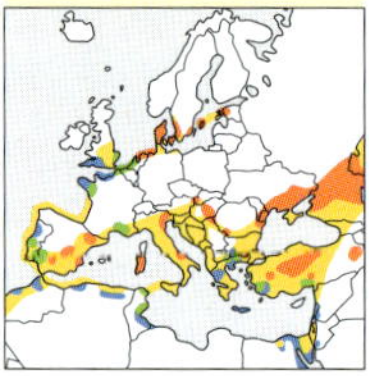

Stimme *Ruft laut und meist gereiht „klütt".*

Stelzenläufer

Himantopus himantopus (Säbelschnäbler)
L 35–40 cm SpW 67–83 cm Mittelstreckenzieher

Vorkommen *Lebt an flachen, oft salzhaltigen Gewässern in der offenen Landschaft.*

> **Brutzeit April–August**
> **4 hellbraune, schwarz gefleckte Eier**
> **1 Brut im Jahr**

Der Stelzenläufer hat im Verhältnis zur Körpergröße ungewöhnlich langen Beine. So kann er bei der Suche nach Wasserinsekten und anderen kleinen Wassertieren in tieferem Wasser waten als verwandte Arten. Er brütet in lockeren Kolonien, meist geschützt auf kleinen Inselchen. Beim Brüten ragen die zusammengelegten Beine weit über den Nestrand hinaus.

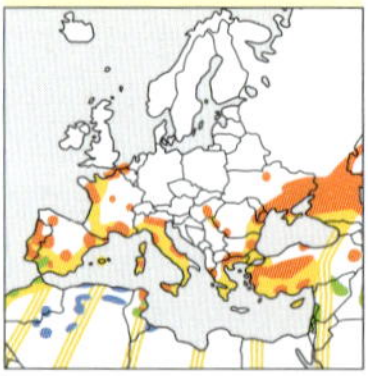

Stimme *Ruft rau und gereiht „kwät" oder „kwüt".*

Kiebitz

Vanellus vanellus (Regenpfeifer)
L 28–31 cm SpW 82–87 cm Kurzstreckenzieher

Im größten Teil seines Brutgebietes ist der Kiebitz Kulturfolger, da er vor allem auf landwirtschaftlichen Nutzflächen brütet. Als Bodenbrüter werden ihm aber heute intensiver Maschineneinsatz und das frühe Mähen von Wiesen zum Verhängnis. Zudem werden geeignete Lebensräume durch Entwässerung vernichtet. Vielerorts tritt der Kiebitz deshalb nur noch als Rastvogel auf dem Durchzug auf, teilweise in großen Schwärmen. Würmer und andere Bodentiere sucht er tagsüber, aber auch in mondhellen Nächten.

Vorkommen *Lebt auf Grün- und Ackerland, in Mooren und ähnlicher Offenlandschaft; auch in Flachwasserbereichen.*

> ***Brutzeit März–August***
> ***4 bräunliche Eier mit schwarzen Flecken***
> ***1 Brut im Jahr***

Jungvogel

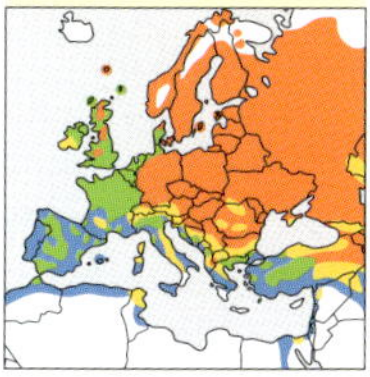

wenige Tage altes Küken

Beobachtungstipp

Beim Balzflug fliegt das Männchen mit vielen Wendungen auf und ab und fängt Sturzflüge erst kurz über dem Boden ab. Dabei ruft er seinen Namen; auch ein summendes Flügelschlaggeräusch ist zu hören.

Stimme *Bei der Balz explosives „tjuuu-witt-witt"; andere Rufe heiser „kwiiieh" oder nasal „gwä-riih".*

Goldregenpfeifer

Pluvialis apricaria (Regenpfeifer)
L 26–29 cm SpW 67–76 cm Kurzstreckenzieher

Vorkommen *Brütet in Moor, Heide und Tundra; außerhalb der Brutzeit meist auf Äckern, Wiesen und Wattflächen.*

- > **Brutzeit April–August**
- > **4 hellbraune, schwarz gefleckte Eier**
- > **1 Brut im Jahr**

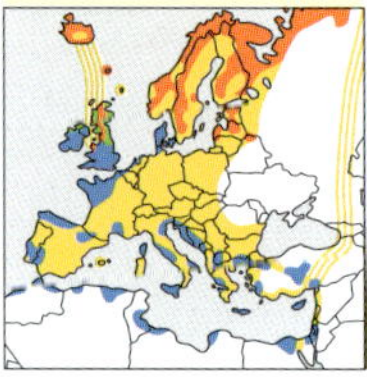

Durch Abtorfung und Entwässerung von Mooren ist die Art in Mitteleuropa fast ausgestorben. Die traurig anmutenden Rufe gehören in Skandinavien noch zur charakteristischen Klangkulisse. Außerhalb der Brutzeit tritt der Goldregenpfeifer oft in Schwärmen von mehreren tausend Vögeln auf, die tagsüber rasten und nachts auf Nahrungssuche gehen.

Stimme *Ruft melancholisch „düü“; Gesang klingt ähnlich und besteht aus mehreren Silben.*

Kiebitzregenpfeifer

Pluvialis squatarola (Regenpfeifer)
L 27–31 cm SpW 71–83 cm Langstreckenzieher

Vorkommen *Brütet in der Tundra; außerhalb der Brutzeit vorwiegend auf Wattflächen und an ähnlichen Küsten.*

- > **Brutzeit Juni–August**
- > **4 Eier**
- > **1 Brut im Jahr**

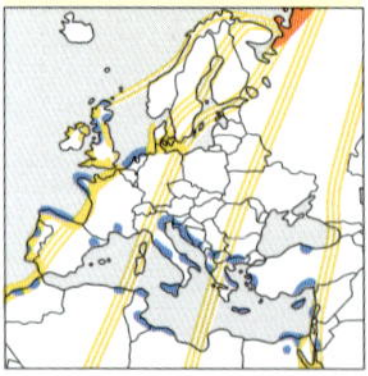

Der Kiebitzregenpfeifer ist ein wahrer Kosmopolit. Er brütet in der Arktis und überwintert an den Küsten aller fünf Kontinente. Bei der Nahrungssuche hält er bewegungslos Ausschau nach Würmern und anderen Wattbewohnern, die er nach wenigen schnellen Schritten ergreift. Lichtstarke Augen ermöglichen ihm auch nächtliche Nahrungssuche.

Stimme *Ruft dünn dreisilbig „tli-ü-iiih“; Klang weniger „traurig“ als der des Goldregenpfeifers.*

Flussregenpfeifer

Charadrius dubius (Regenpfeifer)

L 14–17 cm SpW 42–48 cm Langstreckenzieher

Der Flussregenpfeifer legt seine Eier gut getarnt in eine Mulde zwischen Kieselsteinen. Bei Gefahr stellen sich die Altvögel krank und locken mögliche Feinde mit hängenden Flügeln von Nest oder Jungvögeln weg. Durch Warnrufe alarmiert ducken sich die Küken auf den Boden und sind dank ihrer Tarnfärbung kaum zu entdecken.

Vorkommen *Lebt auf Sand- und Schotterflächen an Binnengewässern, z.B. an Flussufern, Baggerseen und Klärteichen.*

Stimme *Ruf abfallend „piu"; oft Rufreihen wie „ti-ti-ti-ti-ti" oder beim Balzflug heiser „griä-griä-griä".*

> **Brutzeit April–September**
> **4 bräunliche, schwarz gepunktete Eier**
> **1–2 Bruten im Jahr**

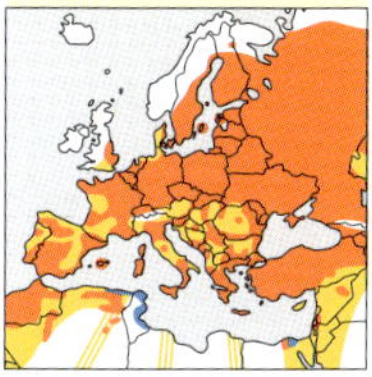

Sandregenpfeifer

Charadrius hiaticula (Regenpfeifer)

L 18–20 cm SpW 48–57 cm Kurz-/Langstreckenzieher

Der Sandregenpfeifer erbeutet mit wenigen Trippelschritten kleine im Schlamm lebende Tiere. Ist er mit der Ausbeute nicht zufrieden, hilft er nach: Durch Trampeln auf der Stelle scheucht er ruhende Wattorganismen auf. Obwohl er den Winter viele tausend Kilometer entfernt verbringen kann, kehrt er jedes Jahr an denselben Brutplatz zurück.

Vorkommen *Brütet auf Sand- und Schotterflächen, meist an der Küste; Überwinterung an Stränden und in Wattgebieten.*

Stimme *Ruft „tü-ih" (2. Silbe betont); beim Balzflug gereiht „düje-düje-düje-…" (jeweils 1. Silbe betont).*

> **Brutzeit März–August**
> **4 sandfarbene, schwarz gepunktete Eier**
> **1–2 Bruten im Jahr**

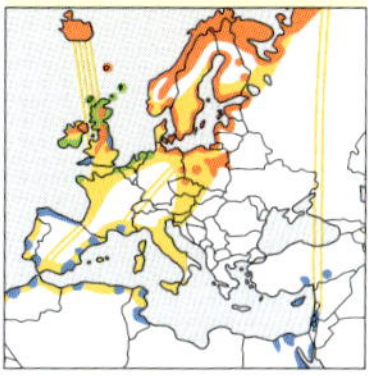

Seeregenpfeifer

Charadrius alexandrinus (Regenpfeifer)

L 15–17 cm SpW 42–45 cm Standvogel–Mittelstreckenzieher

Vorkommen *Bewohnt Sand- und Schotterflächen an Küstengewässern (Lagunen, Watt) und an salzigen Binnenseen.*

> ***Brutzeit April–September***
> ***3 bräunliche, dunkel gefleckte Eier***
> ***1 Brut im Jahr***

Der Seeregenpfeifer bevorzugt als Brutplatz eher kahle Gebiete. Die Nestmulde aber dreht er gerne im Schutz eines kleinen Grasbüschels. Männchen und Weibchen teilen sich das Bebrüten der Eier und führen die Küken schon wenige Stunden nach dem Schlüpfen zu Nahrungsflächen.

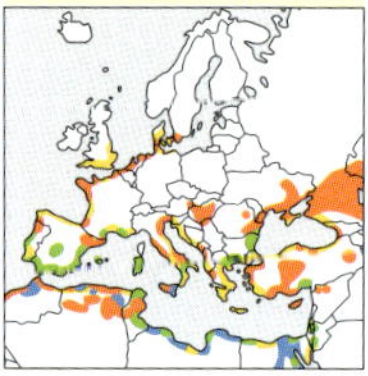

Stimme *Ruft kurz „tit"; beim Balzflug schnurrende Laute.*

Mornellregenpfeifer

Charadrius morinellus (Regenpfeifer)

L 20–22 cm SpW 57–64 cm Langstreckenzieher

Vorkommen *Brütet in der Tundra und hoch im Gebirge; auf dem Zug und im Winter auf Feldern, Wiesen sowie in (Halb-)Wüsten.*

> ***Brutzeit Mai–August***
> ***3 graubraune Eier mit dunkler Fleckung***
> ***1 Brut im Jahr***

Je nach Geschlechterverhältnis in einem Brutgebiet kann ein Männchen bis zu drei Weibchen bzw. ein Weibchen bis zu drei Männchen haben. Der Mornellregenpfeifer lebt polygam. Allerdings verpaart sich ein Altvogel erst beim Schlüpfen der Küken neu, während sich der andere um den Nachwuchs kümmert.

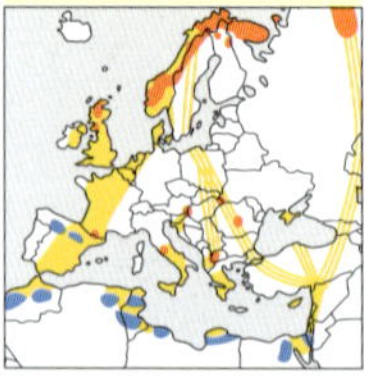

Stimme *Verschiedene kurze Rufe, bei der Balz auch gereiht; auch ein raues „chürrr".*

Odinshühnchen

Phalaropus lobatus (Schnepfen)

L 18–19 cm SpW 31–41 cm Langstreckenzieher

Mit kreiselnden Bewegungen schwimmt das Odinshühnchen auf dem Wasser. Dabei pickt es Insekten auf, im Winter auf dem Meer auch Krebstierchen. Da sich das Männchen allein um Brut und Jungenaufzucht kümmert, beginnen einige Weibchen eine zweite Brut mit einem anderen Partner.

Vorkommen *Brütet an Tümpeln und Buchten in Tundra und auf Wiesen; im Winter auf dem Meer; auf dem Zug auch an Binnengewässern.*

> ***Brutzeit Mai–August***
> ***4 hellbraune, dunkel gefleckte Eier***
> ***1 Brut im Jahr***

Stimme *Ruft fein „ditt" (auch gereiht); Gesang heiser „türri-türri-türri-…".*

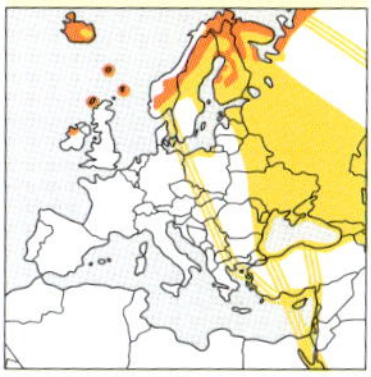

Thorshühnchen

Phalaropus fulicarius (Schnepfen)

L 20–22 cm SpW 37–44 cm Langstreckenzieher

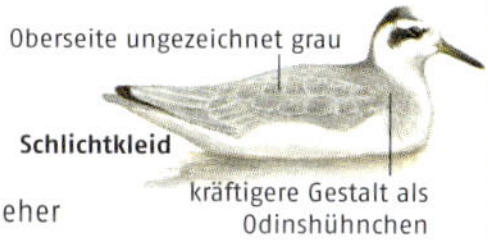

Den größten Teil des Jahres ist das Thorshühnchen ein Hochseevogel. Vom Strand aus bekommt man es nur selten zu Gesicht. Es brütet in lockeren Kolonien und siedelt gerne in der Nähe von Seeschwalben (S. 203–207), um von deren Feindabwehr zu profitieren. Balzflüge unternimmt das Weibchen, das sich nach der Eiablage nicht mehr an der Brut beteiligt.

Vorkommen *Brütet an Tümpeln und anderen Kleingewässern in der Tundra; im Winter auf dem Meer, selten im Binnenland.*

> ***Brutzeit Juni–August***
> ***4 olivgrüne, dunkel gefleckte Eier***
> ***1 Brut im Jahr***

Stimme *Ruft ein- oder zweisilbig „pitt" bzw. „pitt-pitt".*

Uferschnepfe

Limosa limosa (Schnepfen)

L 36–44 cm SpW 70–82 cm Mittel-/Langstreckenzieher

Vorkommen *Brütet in feuchten Wiesen; Überwinterung in flachen Gewässern und auf Wattflächen.*

> ***Brutzeit April–Juli***
> ***4 grünliche, dunkel gefleckte Eier***
> ***1 Brut im Jahr***

Mit ihrem langen Schnabel stochert die Uferschnepfe auf Wiesen nach Regenwürmern. Aus Wattböden zieht sie Borstenwürmer. Nicht alle Uferschnepfen überwintern an der Küste, viele bevölkern außerhalb der Brutzeit Feuchtgebiete im Inneren Westafrikas und fressen dort Pflanzensamen.

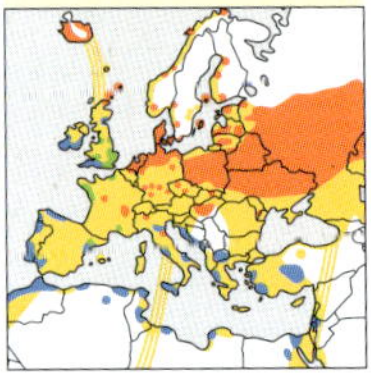

Stimme *Beim Balzflug laut und klar „gritta-gritta-gritta"; im Brutgebiet auch nasal „witte-witte-witte".*

Pfuhlschnepfe

Limosa lapponica (Schnepfen)

L 37–41 cm SpW 70–80 cm Langstreckenzieher

Vorkommen *Brütet in Tundra und Sümpfen in lockeren Baumbeständen; außerhalb der Brutzeit in Wattgebieten.*

> ***Brutzeit Mai–August***
> ***3–4 olivgrüne Eier mit kleinen Flecken***
> ***1 Brut im Jahr***

Europäische Brutvögel überwintern an der Küste von Nordsee und Atlantik. Sibirische Vögel ziehen deutlich weiter, starten im März in Westafrika und machen im Wattenmeer Zwischenstation. Das dort reichhaltige Nahrungsangebot ermöglicht anschließend einen Nonstopflug ins arktische Brutgebiet.

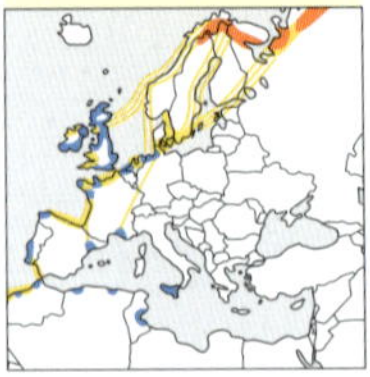

Stimme *Flugruf quäkend „häb-äb-äb"; beim Balzflug ähnlich Uferschnepfe „wikä-wikä-wikä".*

Großer Brachvogel

Numenius arquata (Schnepfen)

L 50–60 cm SpW 80–100 cm Kurzstreckenzieher

In Mooren und Feuchtwiesen gehört der Balzflug mit Trillergesang zu den stimmungsvollsten Naturerlebnissen. Leider ist der Brachvogel aber vielerorts verschwunden, weil Entwässerungen und der Umbruch von Wiesen zu Ackerland seinen Lebensraum zerstörten. Viele Bruten gehen zudem durch die Wiesenmahd verloren. Außerhalb der Brutzeit leben die meisten Brachvögel in Wattgebieten, wo sie den schlammigen Boden nach Muscheln und Würmern absuchen und sich bei Hochwasser zu Hunderten an Rastplätzen sammeln.

außerhalb der Brutzeit meist im Trupp

Vorkommen *Brütet in Mooren und Feuchtwiesen; im Winter auf Wattflächen, Wiesen und Äckern.*

> ***Brutzeit März–August***
> ***4 grünliche oder bräunliche, gefleckte Eier***
> ***1 Brut im Jahr***

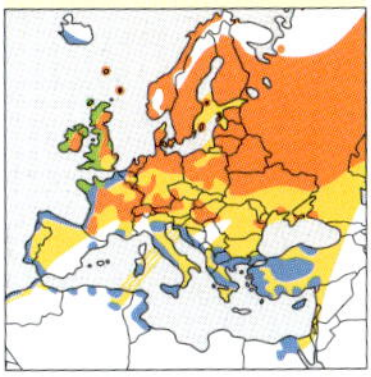

Stimme *Melancholischer, flötender Gesang, der in Trillern endet; ansteigender Flugruf „tlü-ih".*

Schon gewusst?

Der gebogene Schnabel wird als eine Anpassung an die Nahrungssuche im Wattboden angesehen: Der Brachvogel kann so besser als mit einem geraden Schnabel in die gekrümmten Gänge von Wattwürmern eindringen.

Regenbrachvogel

Numenius phaeopus (Schnepfen)

L 40–46 cm SpW 76–89 cm Langstreckenzieher

Vorkommen *Brütet in Tundra, Moor und Heide; auf dem Zug und im Winter an felsigen Küsten und in Wattgebieten.*

- > **Brutzeit Mai–August**
- > **4 olivgrüne Eier mit dunklen Flecken**
- > **1 Brut im Jahr**

Der Regenbrachvogel hat einen ähnlichen Schnabel wie sein großer Verwandter. Er unterscheidet sich aber in der Ernährung. Er frisst gerne Beeren und hat sich – besonders im afrikanischen Winterquartier – auf den Fang von Krebsen spezialisiert. Durch Schütteln im Schnabel entfernt er diesen Beine und Scheren und verschlingt schließlich den Körper.

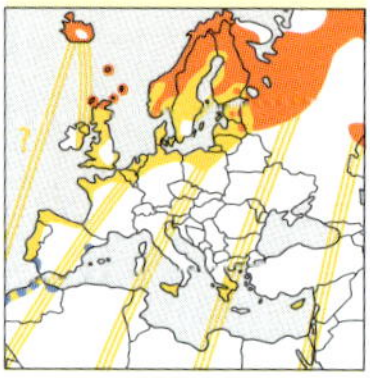

Stimme *Lachend klingender, langsam trillernder Flugruf („ti-ti-ti-ti-ti-ti"); Gesang ähnlich dem Großen Brachvogel.*

Waldschnepfe

Scolopax rusticola (Schnepfen)

L 33–35 cm SpW 56–60 cm Kurzstreckenzieher

Vorkommen *Lebt in Wäldern mit Lichtungen und Schneisen; auf dem Zug und im Winter bisweilen in offenerem Gelände.*

- > **Brutzeit März–September**
- > **4 gelbliche, braun gefleckte Eier**
- > **1–2 Bruten im Jahr**

Die Waldschnepfe lebt nicht wie andere Schnepfen in der offenen Landschaft, sondern bleibt fast immer im Wald verborgen. In der Morgen- und Abenddämmerung hört man sie, wenn sie mit seltsamen Rufen ihr Brutrevier abfliegt. Ihr Bestand ist vor allem durch die Jagd bedroht, denn alljährlich werden in Europa 3–4 Millionen Waldschnepfen geschossen.

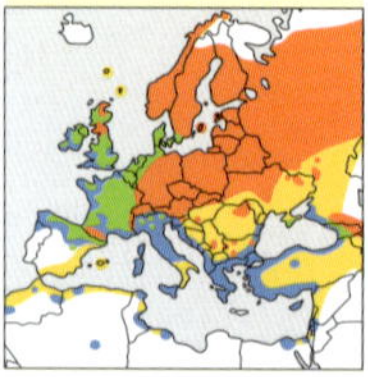

Stimme *Beim Balzflug in der Dämmerung dumpf knarrende Laute, gefolgt von hellem Pfiff („guorrorrorr–fuitt").*

Bekassine

Gallinago gallinago (Schnepfen)
L 25–27 cm   SpW 44–47 cm   Kurzstreckenzieher

Im Volksmund heißt die Bekassine auch „Himmelsziege". Beim Balzflug erzeugt sie durch Vibration der Schwanzfedern ein „meckerndes" Summgeräusch. Auf der Suche nach Würmern durchstochert die Bekassine mit ihrem langen Schnabel schlammige Böden. In Feuchtwiesen und Mooren Nord- und Osteuropas brütet die sehr ähnliche Doppelschnepfe *(G. media)*.

Stimme *Flugruf nasal „gwät", oft mehrfach hintereinander; Gesang lang gereiht, scharf „tücke-tücke-tücke-…".*

Vorkommen *Brütet in Mooren und Feuchtwiesen; sonst auch an schlammigen Ufern und anderen nassen Stellen.*

> ***Brutzeit März–Juli***
> ***4 grünliche, dunkel gefleckte Eier***
> ***1 Brut im Jahr***

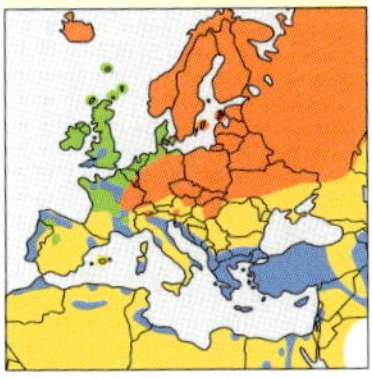

Zwergschnepfe

Lymnocryptes minimus (Schnepfen)
L 17–19 cm   SpW 38–42 cm   Kurz-/Mittelstreckenzieher

Bei Gefahr vertraut die Zwergschnepfe auf ihre Tarnfärbung. Wenn sie bewegungslos am Boden kauert, ist sie nicht zuletzt wegen der an Schilfhalme erinnernden Rückenstreifen kaum auszumachen. Erst im letzten Moment flieht sie. Auch bei der Nistplatzwahl ist sie sehr bedacht, sie bevorzugt unzugängliche Schlammflächen mit schützendem Pflanzenbewuchs.

Stimme *Rhythmischer Fluggesang („gogedi-gogedi-gok"); sonst meist stumm.*

Vorkommen *Brütet in Mooren und nassen Wiesen; auf dem Zug und im Winter an deckungsreichen Ufern und Pfützen.*

> ***Brutzeit April–August***
> ***4 olivbraune Eier mit dunkelbrauner Fleckung***
> ***1 Brut im Jahr***

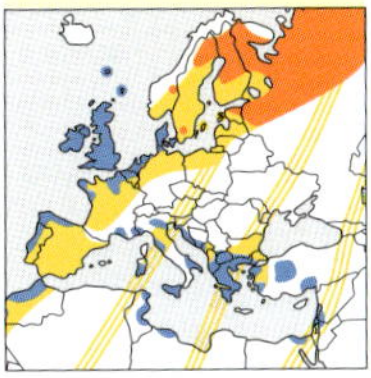

Waldwasserläufer

Tringa ochropus (Schnepfen)

L 21–24 cm SpW 57–61 cm Kurz-/Langstreckenzieher

__Vorkommen__ Brütet an baumbestandenen Tümpeln und Mooren; außerhalb der Brutzeit an bewachsenen Gewässerufern.

- > ***Brutzeit April–Juli***
- > ***4 grünliche bis gelbe, gefleckte Eier***
- > ***1 Brut im Jahr***

Der Waldwasserläufer brütet im Gegensatz zu anderen Schnepfen nicht am Boden, sondern im Dickicht junger Nadelbäume. Er baut kein eigenes Nest, sondern sucht sich alte Drosselnester. Schon Ende Mai beginnen manche Weibchen mit dem Zug ins Winterquartier, das bei einigen Vögeln bereits in Mitteleuropa, bei den meisten aber im tropischen Afrika liegt.

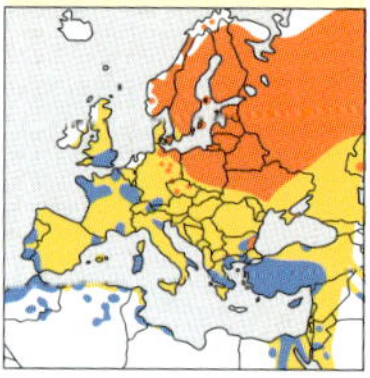

__Stimme__ Ruft hell und jodelnd „tlui-tit-tit".

Bruchwasserläufer

Tringa glareola (Schnepfen)

L 19–23 cm SpW 56–57 cm Langstreckenzieher

__Vorkommen__ Brütet in Mooren und Sümpfen von Tundra und Taiga; außerhalb der Brutzeit an verschiedenen Flachgewässern.

- > ***Brutzeit Mai–August***
- > ***4 bräunliche Eier mit dunkler Fleckung***
- > ***1 Brut im Jahr***

Im Brutgebiet hält sich der Bruchwasserläufer nur wenige Wochen auf, den Rest des Jahres ist er auf Reisen. Dabei lebt er in Trupps, am Mittelmeer und im tropischen Afrika auch in Schwärmen. So auffällig er mit seinen hellen Rufen im Flug ist, so versteckt kann er bei der Nahrungssuche in nassen Wiesen bleiben.

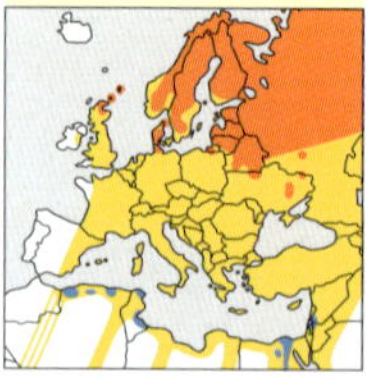

__Stimme__ Ruft hoch und meist dreisilbig „giff-giff-giff"; jodelnder Gesang.

Flussuferläufer

Actitis hypoleucos (Schnepfen)

L 19–21 cm SpW 38–41 cm Mittel-/Langstreckenzieher

Wenn der Flussuferläufer nach Insekten sucht, wippt er fast ununterbrochen mit dem Schwanz. Auch seine Flugweise ist unverwechselbar, kurze schwirrende Flügelschläge wechseln mit Gleitphasen. Meist fliegt er flach über dem Wasser. Ähnlich, aber auf kleine Krebse spezialisiert, ist der in Nordosteuropa brütende Terekwasserläufer *(Xenus cinereus)*.

Vorkommen *Brütet auf Kiesflächen an Flüssen und Baggerseen; auf dem Zug und im Winter auch an anderen Gewässerufern.*

> **Brutzeit April–Juli**
> **4 hellbraune, dunkelbraun gepunktete Eier**
> **1 Brut im Jahr**

Stimme *Ruft hoch und scharf „hi-di-di", oft in langen Reihen; bei Gefahr langgezogen „iiiht".*

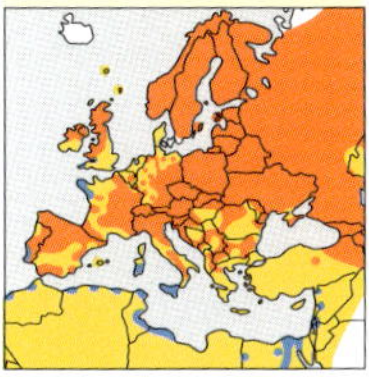

Grünschenkel

Tringa nebularia (Schnepfen)

L 30–35 cm SpW 68–70 cm Mittel-/Langstreckenzieher

Den Grünschenkel sieht man oft durch flaches Wasser waten und immer wieder mit dem Schnabel ins Wasser stoßen. Auf diese Weise erbeutet er Würmer, Krebse und Insekten , aber auch Kaulquappen und kleine Fische. Der etwas kleinere Teichwasserläufer *(T. stagnatilis)* mit ähnlicher Gefiederfärbung vertritt den Grünschenkel in Steppengebieten Osteuropas.

Vorkommen *Brütet an Gewässern in Mooren, Tundra und lockeren Baumbeständen; sonst in Flachgewässern und Wattgebieten.*

> **Brutzeit April–August**
> **4 hellbraune Eier mit dunkelbrauner Fleckung**
> **1 Brut im Jahr**

Stimme *Flugruf härter als Rotschenkel dreisilbig „tjü-tü-tü" (alle Silben gleich kräftig), manchmal rauer.*

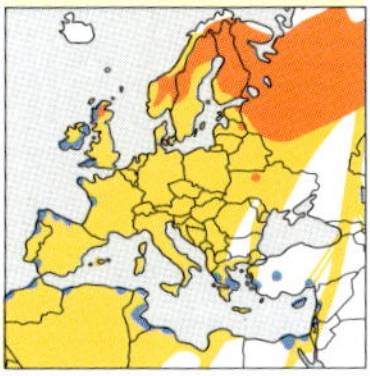

Vorkommen *Brütet in Mooren der Taiga und Tundra; auf dem Zug und im Winter in Flachgewässern und Wattgebieten.*

> ***Brutzeit Mai–August***
> ***4 olivgrüne, dunkel gefleckte Eier***
> ***1 Brut im Jahr***

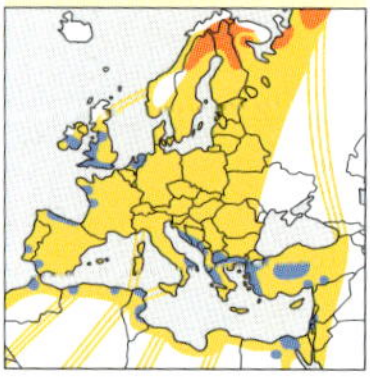

Dunkler Wasserläufer

Tringa erythropus (Schnepfen)

L 29–32 cm SpW 61–67 cm Mittel-/Langstreckenzieher

Das Weibchen hält sich nur kurz im Brutgebiet auf. Bald nach der Eiablage setzt es sich ab und überlässt dem Männchen die Jungenaufzucht. Altvögel sammeln sich von Juni bis August, mausern ins graue Schlichtkleid und ziehen dann ins Winterquartier weiter, das für viele in Afrika liegt. Unabhängig von den Altvögeln folgen die Jungvögel im Herbst.

***Stimme** Ruft mit Betonung auf der höheren 2. Silbe „kjü-jitt".*

Vorkommen *Brütet an Salzwiesen der Küste sowie in Feuchtwiesen und Mooren; sonst in Flachgewässern und Wattgebieten.*

> ***Brutzeit März–August***
> ***4 hellbraune, dunkel gefleckte Eier***
> ***1 Brut im Jahr***

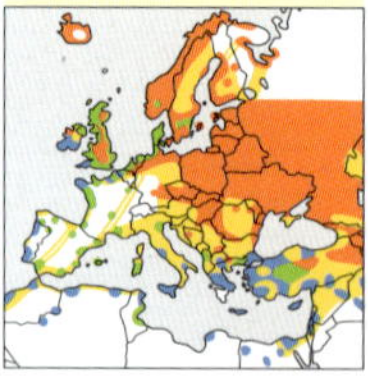

Rotschenkel

Tringa totanus (Schnepfen)

L 27–29 cm SpW 59–66 cm Kurz-/Langstreckenzieher

Am Brutplatz sitzt der Rotschenkel oft auf Zaunpfählen. Von dort hält er Ausschau nach Feinden, deren Annäherung er lauthals verkündet. Sofort verstecken sich dann die Küken unter Grasbüscheln. Viele Rotschenkel ziehen im Herbst bis Westafrika, einige verbringen den Winter an der Nordsee, wo sie sich von kleinen Krebstieren und Würmern ernähren.

***Stimme** Ruft melancholisch dreisilbig „tjü-dü-dü" (1. Silbe betont), auch lang „tjüht"; jodelnder Gesang.*

Kampfläufer

Philomachus pugnax (Schnepfen)
L 20–32 cm SpW 48–58 cm Langstreckenzieher

Mit aufgestellter Federhaube und aufgerichtetem Kragen tanzen Kampfläufer-Männchen in Balzarenen. Nach der Begattung ist das Weibchen alleinerziehend, denn während es brütet und die Jungen führt, befindet sich das Männchen bereits im Mausergebiet und entledigt sich seiner prächtigen Federn. Außerhalb der Brutzeit ist der Kampfläufer fast immer im Trupp anzutreffen, so auch bei der Suche nach kleinen Wassertieren oder Reiskörnern im flachen Wasser.

Vorkommen *Brütet in Tundra, Mooren und Feuchtwiesen; auf dem Zug und im Winter in flachen Gewässern und auf Äckern.*

- ***Brutzeit Mai–August***
- ***4 graugrüne, braun gefleckte Eier***
- ***1 Brut im Jahr***

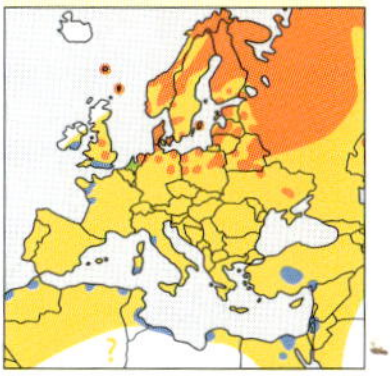

Stimme *Selten zu hörende, leise Rufe.*

Schon gewusst?

Federkragen und Federhaube der Männchen sind ganz unterschiedlich gefärbt, meist rotbraun, weiß oder schwarz. In ihrem komplizierten Sozialsystem spielt die Gefiederfärbung eine Rolle für die Rangstellung des jeweiligen Männchens.

Steinwälzer

Arenaria interpres (Schnepfen)

L 21–26 cm SpW 50–57 cm Langstreckenzieher

Seinen Namen trägt der Vogel, weil er mit dem Schnabel Steine oder Tang wendet, um an darunter versteckte Kleintiere zu kommen. Er hämmert Seepocken auf oder meißelt festsitzende Schnecken von Steinen. Brutvögel Nordeuropas überwintern in Afrika, gleichzeitig verbringen kanadische und grönländische Vögel den Winter in Europa.

Vorkommen *Brütet in steiniger Tundra und an Meeresküsten; im Winter an Felsküsten und Stränden sowie in Wattgebieten.*

- ***Brutzeit Mai–August***
- ***4 grünliche, braun gefleckte Eier***
- ***1 Brut im Jahr***

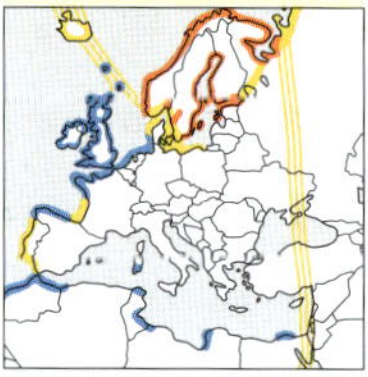

Stimme *Ruft hart „trük", meist gereiht, auch gedehnt „tliuu"; rhythmischer Gesang aus ähnlichen Elementen.*

Sumpfläufer

Limicola falcinellus (Schnepfen)

L 16–18 cm SpW 34–39 cm Langstreckenzieher

Anders als die meisten verwandten Arten zieht der Sumpfläufer nicht entlang der Atlantikküste. Er überwintert in Ostafrika und Arabien. Unterwegs machen viele der etwa 20 000 Paare Rast auf der Krim am Schwarzen Meer. Das Nest baut das Weibchen auf unzugänglichen Schlammflächen, während das Männchen im Singflug das Brutrevier markiert.

Vorkommen *Brütet in Mooren; auf dem Zug und im Winter an schlammigen Gewässerufern und in Wattgebieten.*

- ***Brutzeit Juni–August***
- ***4 gelbliche, braun gefleckte Eier***
- ***1 Brut im Jahr***

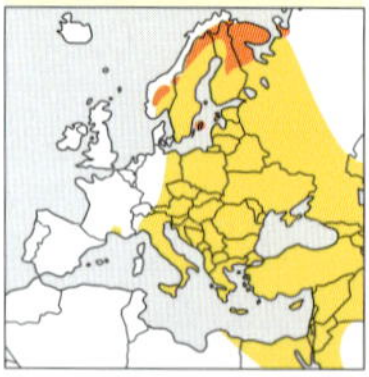

Knutt

Calidris canutus (Schnepfen)

L 23–25 cm SpW 45–54 cm Langstreckenzieher

In der Brutzeit nutzt der Knutt das reichhaltige Insektenangebot der Tundra. Auf dem Zug und im Winterquartier hat er sich auf kleine Muscheln spezialisiert. Mit dem empfindlichen Schnabel spürt er diese beim Stochern im Schlamm auf, verschluckt sie im Ganzen und knackt die Schale im Magen, der mit kräftigen Muskeln ausgestattet ist.

Vorkommen *Brütet in der Tundra; auf dem Zug und im Winter in Wattgebieten, eher selten an Binnengewässern.*

> **Brutzeit Juni–August**
> **4 grünliche, braun gefleckte Eier**
> **1 Brut im Jahr**

Stimme *Flugruf nasal „nott-nott"; beim Balzflug flötender Gesang.*

Sichelstrandläufer

Calidris ferruginea (Schnepfen)

L 18–23 cm SpW 42–46 cm Langstreckenzieher

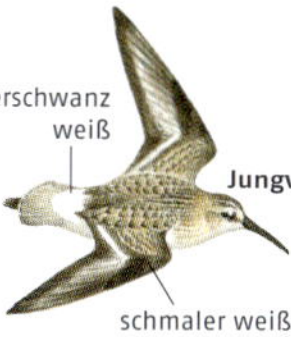

Aus dem sibirischen Brutgebiet zieht der Sichelstrandläufer nach Afrika und Australien. Dort ist an der Anzahl der Jungvögel feststellbar, wie die Brutbedingungen am anderen Ende der Welt waren. Kommen dort keine Lemminge vor, fressen Polarfüchse stattdessen Vogeleier und Küken, sodass die Sichelstrandläufer fast keinen Nachwuchs haben.

Vorkommen *Brütet in der Tundra; außerhalb der Brutzeit in Wattgebieten und an flachen Binnengewässern.*

> **Brutzeit Juni–August**
> **4 olivgrüne, hell und dunkel gefleckte Eier**
> **1 Brut im Jahr**

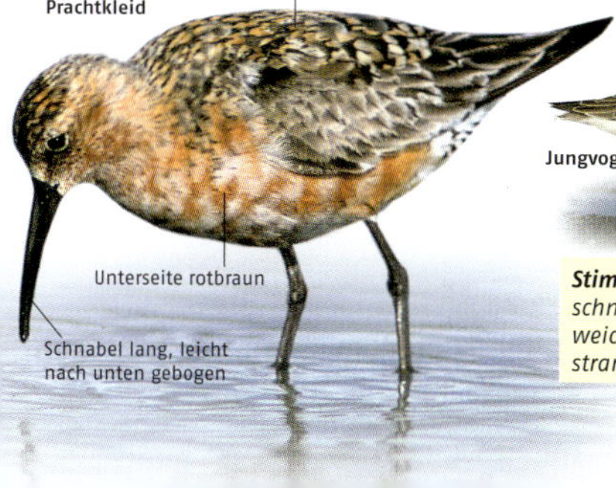

Stimme *Ruft rau schnurrend „djirr", weicher als der Alpenstrandläufer (S. 191)*

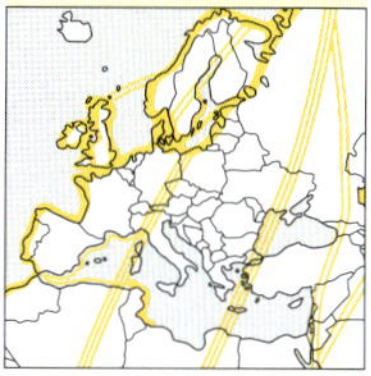

Sanderling

Calidris alba (Schnepfen)

L 20–21 cm SpW 40–45 cm Langstreckenzieher

Vorkommen *Brütet in der Tundra; im Winter vor allem an Sandstränden, auch in sandigen Watten; selten im Binnenland.*

> ***Brutzeit Juni–August***
> ***4 grünliche, braun gefleckte Eier***
> ***1 Brut im Jahr***

Der Sanderling ist der Langstreckenläufer unter den Watvögeln. Scheinbar unaufhörlich rennt er am Rande auslaufender Wellen den Strand entlang, um soeben angespülte oder im Sand lebende Kleintiere aufzupicken. Beim Brüten zwischen rotbraun gefärbten Pflanzen der Tundra ist er mit seinem Prachtkleid bestens getarnt.

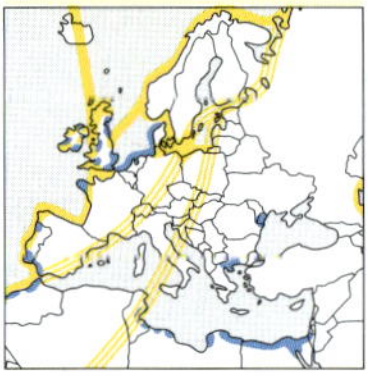

Stimme *Ruft hell „klitt“; beim Balzflug trillernder Gesang.*

Meerstrandläufer

Calidris maritima (Schnepfen)

L 20–22 cm SpW 42–46 cm Kurz-/Langstreckenzieher

Vorkommen *Brütet in karger Tundra; im Winter an Felsküsten und steinigen Stränden; sehr selten im Binnenland.*

> ***Brutzeit Mai–August***
> ***4 grünliche, dunkelbraun gefleckte Eier***
> ***1 Brut im Jahr***

Als einziger Strandläufer hat sich der Meerstrandläufer auf das Leben an Felsküsten spezialisiert. Im Winter pickt er geschickt kleine Schnecken und Miesmuscheln aus Gesteinsritzen. Dies gelingt ihm auch nachts, sodass er sogar noch in Nordnorwegen bei ständiger Dunkelheit überwintern kann. In sein Winterquartier kehrt er Jahr für Jahr zurück.

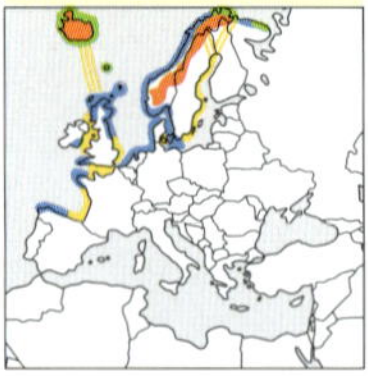

Stimme *Ruft ähnlich der Rauchschwalbe „witt“ oder „witt-witt“.*

Alpenstrandläufer

Calidris alpina (Schnepfen)

L 16–20 cm SpW 38–43 cm Mittel-/Langstreckenzieher

Mit dem Schnabel durchstochert der Alpenstrandläufer schlammige Böden und ertastet Würmer, kleine Muscheln und Schnecken. Wie mit einer Pinzette ergreift er die Beute mit seiner biegsamen Schnabelspitze, die er auch tief im Schlamm öffnen kann. Im Wattenmeer und an vielen anderen Küsten ist der Alpenstrandläufer die häufigste Vogelart. Bei Niedrigwasser verteilen sich die Vögel truppweise zur Nahrungssuche über die Wattflächen, bei auflaufender Flut sammeln sich große Schwärme an Rastplätzen.

Vorkommen *Brütet in Tundra, Mooren und Salzwiesen; sonst in Wattgebieten, an Stränden und flachen Binnengewässern.*

> ***Brutzeit April–August***
> ***4 bräunliche oder grünliche, gefleckte Eier***
> ***1 Brut im Jahr***

Jungvogel

Jungvogel

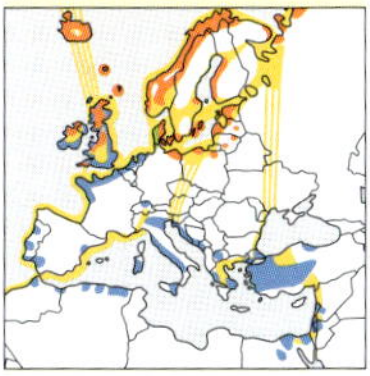

Schlichtkleid

Schon gewusst?

Was haben die Alpen mit dem Strand zu tun? Der Alpenstrandläufer erhielt seinen Namen, da er in Nordeuropa auch im Bergland brütet, den „skandinavischen Alpen".

Prachtkleid

Stimme *Ruft scharf und rau „trrrie"; Gesang aus heiseren, schnurrenden Trillern, auch im Flug vorgetragen.*

Zwergstrandläufer

Calidris minuta (Schnepfen)

L 12–14 cm SpW 34–37 cm Langstreckenzieher

Das Weibchen des Zwergstrandläufers hat in einer Brutsaison zwei Partner: Das erste Männchen muss das Gelege ganz allein ausbrüten, die zweite Brut wird vom Weibchen selbst aufgezogen. In beiden Fällen verlässt der Altvogel das Brutgebiet noch bevor die Jungen fliegen können. Den weiten Weg ins Winterquartier finden diese allein.

Vorkommen *Brütet in der Tundra; außerhalb der Brutzeit im Watt sowie an Stränden und flachen Binnengewässern.*

> **Brutzeit Juni–August**
> **4 grünliche, braun gefleckte Eier**
> **1–2 Bruten im Jahr**

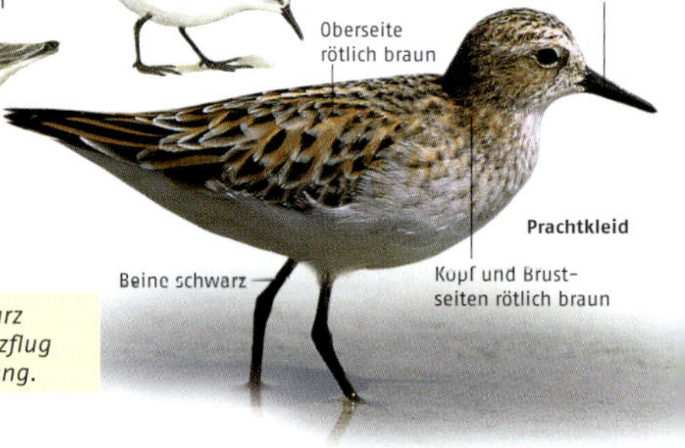

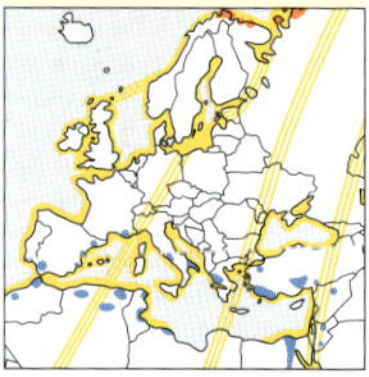

Stimme *Ruft kurz „tit"; beim Balzflug trillernder Gesang.*

Temminckstrandläufer

Calidris temminckii (Schnepfen)

L 13–15 cm SpW 34–37 cm Langstreckenzieher

Die Art wurde nach einem niederländischen Naturforscher benannt. Sie kommt auf dem Zug an der Küste und in Feuchtgebieten des Binnenlandes vor. In schlammigen Bereichen frisst der Temminckstrandläufer dort vor allem Insekten. Sowohl Männchen als auch Weibchen können in einem Sommer mit jeweils zwei Partnern brüten.

Vorkommen *Brütet in der Tundra; auf dem Zug und im Winter an flachen Binnengewässern und Küstenlagunen.*

> **Brutzeit Mai–August**
> **4 gelbbraune, dunkelbraun gefleckte Eier**
> **1–2 Bruten im Jahr**

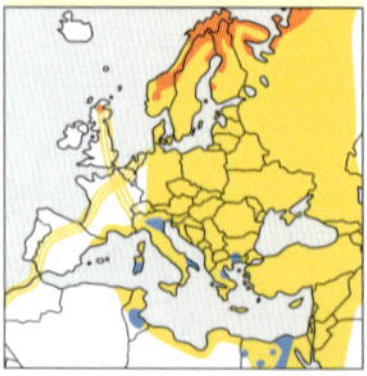

Stimme *Ruft trillernd „tirr"; Balzflug mit Gesang aus auf- und absteigenden Trillern.*

Schmarotzerraubmöwe

Stercorarius parasiticus (Raubmöwen)

L 41–46 cm SpW 110–125 cm Mittel-/Langstreckenzieher

Die Raubmöwe jagt Alken, kleinen Möwen und Seeschwalben nach wilder Verfolgung die Beute ab. Zur Brutzeit fängt sie als Wegelagerer zur Kolonie fliegende Seevögel ab, im Winter sucht sie nahrungsreiche Meeresgebiete vor der afrikanischen Küste auf. Sie kommt in einer hellen und in einer dunklen Variante vor.

Vorkommen *Brütet in küstennaher, offener Landschaft; außerhalb der Brutzeit meist auf dem offenen Meer.*

> ***Brutzeit Mai–September***
> ***2 olivbraune, dunkel gefleckte Eier***
> ***1 Brut im Jahr***

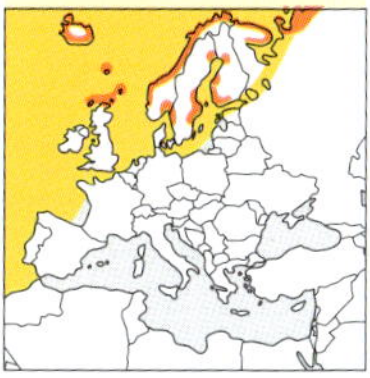

Stimme *Miauende, oft gereihte Rufe, die meist nur im Brutgebiet zu hören sind.*

Falkenraubmöwe

Stercorarius longicaudus (Raubmöwen)

L 48–53 cm SpW 105–117 cm Langstreckenzieher

Mit ihrer sehr wendigen Flugweise kann die Falkenraubmöwe besonders gut den Seeschwalben (S. 203–207) ihre Beute abjagen. Im Winter, den sie im Südatlantik verbringt, fischt sie oft selbst; im arktischen Brutgebiet jagt sie aus dem Rüttelflug heraus Lemminge und andere kleine Nagetiere.

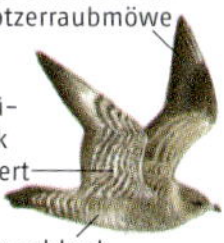

Vorkommen *Brütet in der Tundra, auch abseits der Küste; im Winter fast ausschließlich auf dem Meer.*

> ***Brutzeit Juni–August***
> ***1–2 olivgrüne, dunkel gefleckte Eier***
> ***1 Brut im Jahr***

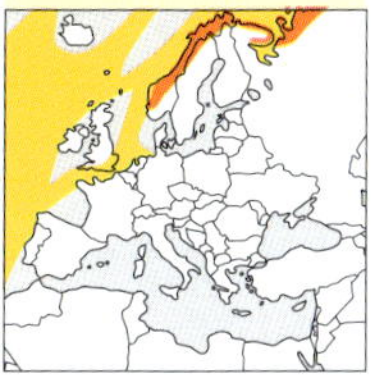

Stimme *Am Brutplatz miauende Rufe, etwas höher als die der Schmarotzerraubmöwe.*

Spatelraubmöwe

Stercorarius pomarinus (Raubmöwen)

L 46–51 cm SpW 125–138 cm Langstreckenzieher

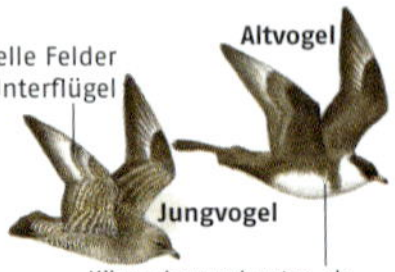

Vorkommen *Brütet in der Tundra; außerhalb der Brutzeit ausschließlich auf dem Meer.*

> ***Brutzeit Juni–August***
> ***2 braune, dunkel gefleckte Eier***
> ***1 Brut im Jahr***

Mit ihrem eher behäbigen, möwenartigen Flug kann die Spatelraubmöwe Seeschwalben (S. 203–207) wenig anhaben. Dafür jagt sie aber Möwen (S. 195–202) ihre Beute ab. Im Brutgebiet frisst sie vor allem Lemminge. In kleinerer Zahl als die Schmarotzerraubmöwe (S. 193) gelangt sie auf dem Zug von Sibirien nach Afrika durch europäische Meere.

Jungvogel (wenige Monate alt)

Altvogel (helle Variante)

Stimme *Jauchzende, bellende und lachende Rufe, die meist nur im Brutgebiet zu hören sind.*

Skua

Stercorarius skua (Raubmöwen)

L 51–56 cm SpW 145–155 cm Kurz-/Langstreckenzieher

Vorkommen *Brütet an Meeresküsten nahe Seevogelkolonien; außerhalb der Brutzeit stets auf offener See.*

> ***Brutzeit April–August***
> ***2 braune, dunkel gefleckte Eier***
> ***1 Brut im Jahr***

Die Skua beschränkt sich bei Angriffen auf andere Seevögel nicht nur auf die im Schnabel getragene Nahrung, sondern tötet mitunter Papageitaucher (S. 208) oder andere Vögel. Ihr Nest verteidigt sie mit wilden Sturzflügen, wobei sie auch Menschen blutige Wunden zufügen kann. Im Winter bleibt sie im Nordatlantik und kann die amerikanische Küste erreichen.

Stimme *Am Brutplatz jauchzende Rufreihen; bei Attacken gegen Feinde schrille Rufe.*

Heringsmöwe

Larus fuscus (Möwen)

L 51–64 cm SpW 135–150 cm Standvogel/Langstreckenzieher

Als am weitesten ziehende Großmöwe überwintert die Heringsmöwe von Spanien bis Westafrika; finnische Vögel ziehen nach Ostafrika. Von den Brutkolonien aus fliegt die Heringsmöwe bis zu 100 km weit auf das Meer hinaus, um dort Fische und Schwimmkrabben zu fangen oder Fischereiabfälle zu ergattern.

Vorkommen *Brütet an Meeresküsten und großen Seen; Nahrungssuche zumeist auf hoher See, aber auch auf Feldern.*

> ***Brutzeit April–August***
> ***2–3 olivgrüne Eier mit schwarzen Flecken***
> ***1 Brut im Jahr***

Stimme *Ähnlich Silbermöwe, aber oft tiefer und nasaler.*

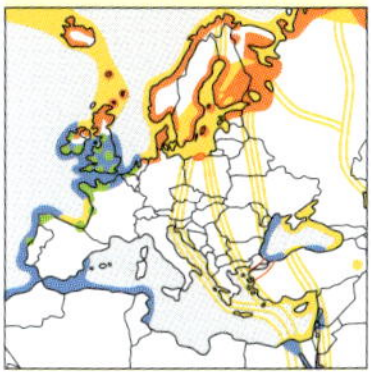

Mantelmöwe

Larus marinus (Möwen)

L 64–79 cm SpW 150–167 cm Kurzstreckenzieher

Die größte europäische Möwe beginnt erst im Alter von 4–5 Jahren zu brüten und findet sie sich dazu in Kolonien zusammen. Sie ernährt sich vielseitig und nutzt häufig Abfälle auf Mülldeponien. Die Hauptnahrung sind aber Fische. Zwar kann die Mantelmöwe auch selbst Fische fangen, von großer Bedeutung sind aber über Bord geworfene Fischereiabfälle.

Vorkommen *Brütet bevorzugt an felsigen Küsten; Nahrungssuche und Überwinterung an Küsten und auf hoher See.*

> ***Brutzeit April–August***
> ***2–3 grünliche, dunkel gefleckte Eier***
> ***1 Brut im Jahr***

Stimme *Ruft deutlich tiefer als Silbermöwe, am häufigsten ist ein kehliges „kao“ zu hören.*

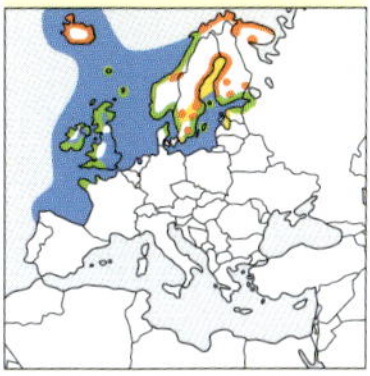

Mittelmeermöwe

Larus michahellis (Möwen)

L 58–68 cm SpW 140–158 cm Standvogel

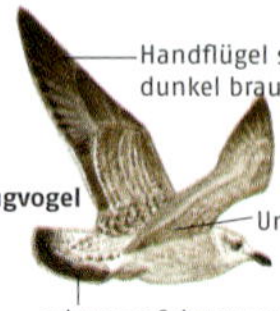

***Vorkommen** Lebt an Meeresküsten und Binnengewässern; Nahrungssuche auch auf Feldern und Mülldeponien.*

- **Brutzeit März–August**
- ***1–3 olivbraune, dunkel gefleckte Eier***
- ***1 Brut im Jahr***

Haushalts- und Fischereiabfälle bieten der Mittelmeermöwe vielerorts einen reich gedeckten Tisch. So kam es im 20. Jahrhundert zu einem starken Bestandsanstieg, die Art breitete sich nach Norden aus und siedelt nun vereinzelt auch an Binnengewässern Mitteleuropas.

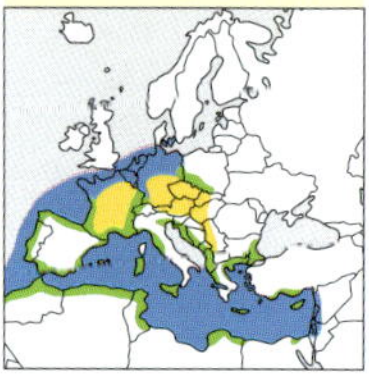

***Stimme** Ähnliches Rufrepertoire wie Silbermöwe, tendenziell in etwas tieferer Tonlage.*

Steppenmöwe

Larus cachinnans (Möwen)

L 58–67 cm SpW 140–158 cm Standvogel/Kurzstreckenzieher

***Vorkommen** Lebt an Meeresküsten und Binnengewässern; Nahrungssuche oft auch auf Feldern und Mülldeponien.*

- **Brutzeit April–August**
- ***2–3 olivgrüne bis graue Eier mit Flecken***
- ***1 Brut im Jahr***

Zwar frisst auch die Steppenmöwe Fisch, doch sucht sie einen großen Teil ihrer Nahrung an Land. Vom Schwarzen Meer aus ist sie stark nach Mitteleuropa vorgedrungen, wo sie stellenweise zu Hunderten rastet und mancherorts sogar brütet. Dabei traf sie auf Silber- (S. 197) und Mittelmeermöwen, mit denen es nun Mischpaare gibt.

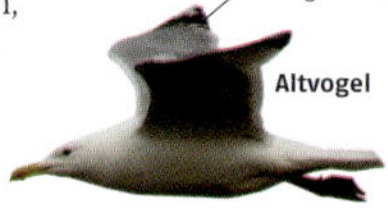

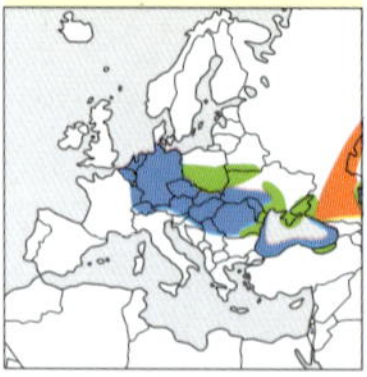

***Stimme** Ähnlich der Silbermöwe aber Rufe etwas tiefer.*

Silbermöwe

Larus argentatus (Möwen)

L 55–67 cm SpW 138–150 cm Standvogel/Kurzstreckenzieher

Die Silbermöwe brütet in großen Kolonien meist in Dünen an der Küste. Da sie zunächst Fischereiabfälle und später auch Hausmüll auf Deponien effizient zu nutzen wusste, hat sie im Bestand stark zugenommen und auch das küstennahe Binnenland besiedelt. Ihr breites Nahrungsspektrum umfasst im Meer gefangene Fische und Krebse sowie im Watt und auf Feldern aufgelesene Würmer. Nordeuropäische Vögel ziehen im Herbst etwas nach Süden, andere streifen lediglich rund um das Brutgebiet umher.

Vorkommen *Lebt an Meeresküsten und Binnengewässern; Nahrungssuche auch auf Feldern, Wiesen und Mülldeponien.*

> ***Brutzeit April–August***
> ***2–3 olivgrüne bis graue Eier mit Flecken***
> ***1 Brut im Jahr***

Jungvogel (1 Jahr alt)

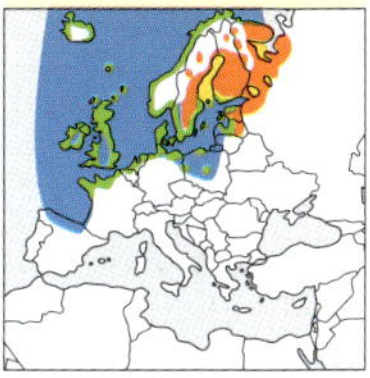

Jungvogel (wenige Monate alt) **Jungvogel (1 Jahr alt)** **Altvogel**

Jungvogel (wenige Monate alt)

Beobachtungstipp

An Strandpromenaden kann man beobachten, wie sich die Silbermöwe große Beutetiere öffnet: Miesmuscheln und andere hartschalige Tiere lässt sie aus der Höhe auf den harten Untergrund fallen, bis die Schale zerplatzt.

Stimme *Vielseitiges Repertoire bellender, miauender, wiehernder und jauchzender Rufe, auch gereiht.*

Eismöwe

Larus hyperboreus (Möwen)

L 62–68 cm SpW 150–165 cm Standvogel/Kurzstreckenzieher

Vorkommen *Lebt an Küsten und auf dem Meer; brütet meist in felsiger Umgebung.*

- ***Brutzeit Mai–August***
- ***2–3 grünliche, dunkel gefleckte Eier***
- ***1 Brut im Jahr***

Die Eismöwe bleibt fast das ganze Jahr im hohen Norden. Ihre Ernährung ist vielseitig. Sie betätigt sich auch als „Raubmöwe" und jagt anderen Seevögeln die Beute ab; Krabbentaucher (S. 208) frisst sie komplett. Einzelne Polarmöwen *(L. glaucoides)* gelangen in nordeuropäische Meere.

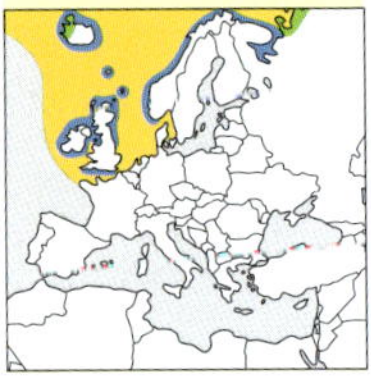

Stimme *Ruft ähnlich wie Silbermöwe (S. 197); häufig schrill „kiao".*

Korallenmöwe

Larus audouinii (Möwen)

L 48–52 cm SpW 115–148 cm Standvogel/Kurzstreckenzieher

Vorkommen *Lebt an Küsten und brütet auf felsigen oder sandigen Inseln.*

- ***Brutzeit März–August***
- ***2–3 olivbraune, dunkel gefleckte Eier***
- ***1 Brut im Jahr***

Mit nur noch 1000 Brutpaaren war die Art vor einigen Jahrzehnten schon fast ausgestorben. Schutzmaßnahmen und die Nutzung von Fischereiabfällen ließen die Bestände auf über 20 000 Paare steigen, fast die Hälfte brütet im spanischen Ebro-Delta. Im Winterhalbjahr streift die Korallenmöwe im Mittelmeer umher bis hin zur nordwestafrikanischen Küste.

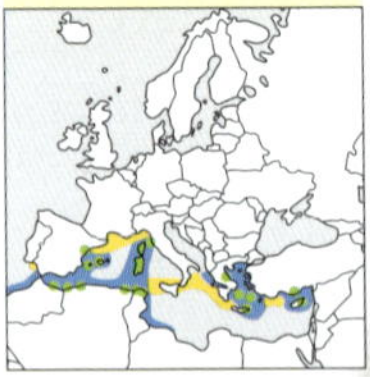

Stimme *Ruft rau „ärrr"; ferner jauchzende und bellende Rufe.*

Sturmmöwe

Larus canus (Möwen)

L 40–46 cm SpW 110–130 cm Standvogel/Kurzstreckenzieher

Die Sturmmöwe brütet oft in großen Kolonien. Von dort schwärmt sie aus, um Futter für die Jungvögel heranzuschaffen. Auf Wiesen und Feldern findet sie vor allem Regenwürmer, vom Meer bringt sie Fisch mit, und als Feinschmecker pflückt sie Kirschen. Im Winter trifft man die Art meist im Trupp an, an Schlafplätzen in Schwärmen auch zu mehreren Tausend.

Stimme *Ruft kräftig, leicht nasal und manchmal heiser endend „kiää".*

Vorkommen *Brütet an Küsten und Binnengewässern; Nahrungssuche auf dem Meer und auf Wiesen und Feldern.*

> **Brutzeit April–Juli**
> **2–3 olivgrüne, schwarz gefleckte Eier**
> **1 Brut im Jahr**

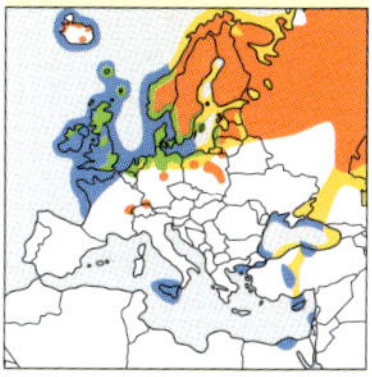

Dreizehenmöwe

Rissa tridactyla (Möwen)

L 38–40 cm SpW 91–120 cm Standvogel

Um auf schmalen Vorsprüngen sitzen zu können, ist die hintere Zehe ihres Fußes stark zurückgebildet. Die Möwe hält sich von der Küste fern, von Stürmen kann sie ins Binnenland geweht werden. Sie ernährt sich von kleinen Fischen, die sie selbst fängt, Seeschwalben (S. 203–207) oder Lummen (S. 209) abjagt oder hinter Fischkuttern aufsammelt.

Stimme *Ruft nasal quäkend „kitti-wääh".*

Vorkommen *Brütet an steilen Felsküsten und lebt ansonsten ausschließlich auf dem offenen Meer.*

> **Brutzeit Mai–August**
> **1–3 graue oder braune Eier mit dunklen Flecken**
> **1 Brut im Jahr**

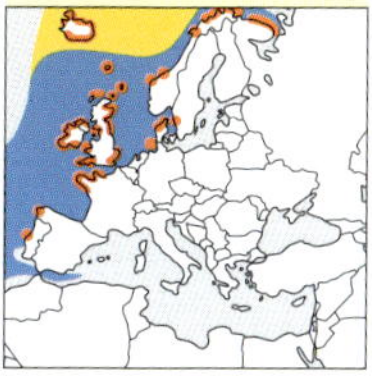

Schwarzkopfmöwe

Larus melanocephalus (Möwen)

L 36–38 cm SpW 92–105 cm Kurzstreckenzieher

Vorkommen *Brütet an Küsten und Binnengewässern; Nahrungssuche meist auf Wiesen und Feldern, im Winter auf dem Meer.*

> ***Brutzeit Mai–Juli***
> ***2–3 bräunliche, schwarz gefleckte Eier***
> ***1 Brut im Jahr***

Von Südosteuropa breitete sich die Art in den letzten 50 Jahren nordwestwärts aus und brütet nun mit mehreren tausend Paaren in Mitteleuropa, meist in Kolonien von Sturm- oder Lachmöwen. Vom Schwarzen Meer ostwärts brütet die größte dunkelköpfige Möwe Europas, die Fischmöwe *(L. ichtyaetus)*.

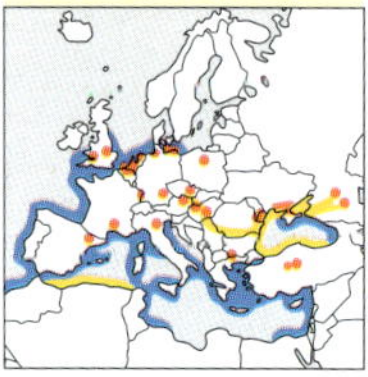

Stimme *Ruft tief und nasal, erst auf- und dann absteigend „oaaooo".*

Zwergmöwe

Hydrocoloeus minutus (Möwen)

L 25–30 cm SpW 70–80 cm Kurz-/Mittelstreckenzieher

Vorkommen *Brütet an Binnenseen und Fischteichen; überwintert auf dem offenen Meer.*

> ***Brutzeit Mai–August***
> ***2–3 braune, dunkel gefleckte Eier***
> ***1 Brut im Jahr***

Europas kleinste Möwe brütet vorwiegend im Binnenland, ist aber im Winter ein echter Seevogel, der sich fern der Küste aufhält. Ihre Jagdweise erinnert sehr an Seeschwalben (S. 203–207). Aus dem Flug stößt sie immer wieder auf die Wasseroberfläche hinab, um Insekten oder kleine Fische aufzunehmen.

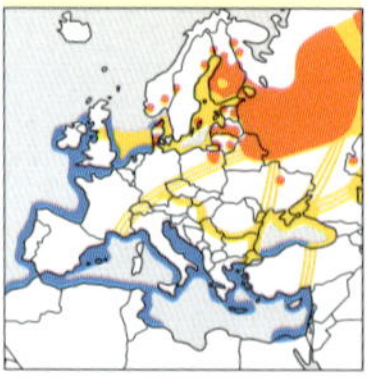

Stimme *Ruft hoch und nasal rhythmisch „keh-ke-keh-ke...", auch einzeln; Alarmruf scharf „keck".*

Lachmöwe

Larus ridibundus (Möwen)

L 34–43 cm SpW 94–110 cm Standvogel/Kurzstreckenzieher

Im Binnenland ist die Lachmöwe die mit Abstand häufigste Möwenart. Ihre Brutkolonie befindet sich oft in Gewässernähe, mitunter baut sie auch eine Nistplattform auf dem Wasser. Die Küken verlassen nach wenigen Tagen das Nest, bleiben aber in der Nähe und verstecken sich bei Gefahr unter Blättern. Am Meer frisst die Lachmöwe verschiedene Kleintiere und Fisch, im Binnenland vor allem Regenwürmer und Insektenlarven. Oft folgt sie dem Pflug, der diese Beute leicht zugänglich macht.

Vorkommen *Lebt an Meeresküsten und Binnengewässern; bei der Nahrungssuche auch auf angrenzenden Wiesen und Feldern.*

- ***Brutzeit April–Juli***
- ***3 braune bis grüne Eier mit dunklen Flecken***
- ***1 Brut im Jahr***

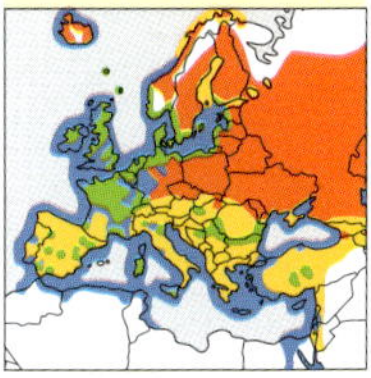

Stimme *Ruft rau krähend langgezogen „krrrääääh", auch kurz „kek-kek".*

Beobachtungstipp

Lachmöwen jagen gerne schwärmende Insekten in der Luft. Wie gewandt sie fliegen können und wie geschickt sie dabei Beute ergreifen, kann man gut beobachten, wenn man ihnen an Parkgewässern Brotkrümel zuwirft.

Dünnschnabelmöwe

Larus genei (Möwen)

L 42–44 cm   SpW 100–110 cm   Kurzstreckenzieher

Vorkommen *Brütet an Küsten und Binnenseen mit Nahrungssuche auch auf Wiesen; überwintert an Küstengewässern.*

> ***Brutzeit April–August***
> ***2–3 gelbliche oder bläuliche Eier mit Fleckung***
> ***1 Brut im Jahr***

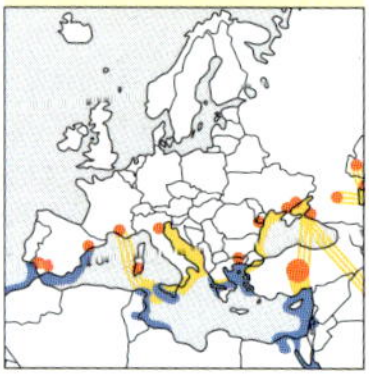

Ihre Nahrung sucht die Möwe meist im Wasser. Mit lang gestrecktem Hals hält sie nach allen Seiten Ausschau und pickt Insekten, kleine Krebse oder Fische auf. In Europa sind ihre Brutkolonien sehr lückenhaft über das Mittelmeer verteilt, der Großteil der etwa 50 000 Brutpaare nistet am Schwarzen Meer in der Ukraine.

Stimme *Ruft heiser „krirrr“ (tiefer als die Lachmöwe, S. 201).*

Schwalbenmöwe

Xema sabini (Möwen)

L 27–33 cm   SpW 90–100 cm   Langstreckenzieher

Vorkommen *Brütet in küstennaher Tundra; außerhalb der Brutzeit nur auf dem offenen Meer.*

> ***Brutzeit Juni–August***
> ***2 olivbraune, dunkel gefleckte Eier***
> ***1 Brut im Jahr***

Die Schwalbenmöwe brütet in der Arktis. Danach zieht sie mitten über dem Atlantik zu den nahrungsreichen Gewässern vor der südwestafrikanischen Küste. Bei Stürmen verschlägt es jeden Herbst einige Vögel an Europas Küsten bis hinein in die Nordsee, mit Glück kann man dann ihren seeschwalbenartig leichten Flug bewundern.

Stimme *Ruft hart „krrrr“, ferner jauchzende und keckernde Laute.*

Brandseeschwalbe

Sterna sandvicensis (Seeschwalben)

L 36–41 cm SpW 95–105 cm Mittel-/Langstreckenzieher

Aus etwa 10 m Höhe stößt die Brandseeschwalbe fast senkrecht ins Wasser, um kleine Fische zu erbeuten. Diese braucht sie zum Balzflug und als Nahrung für die Küken. Die Nachkommenschaft wächst innerhalb von 4–5 Wochen im dichten Gedränge großer Kolonien heran, oft in direkter Nachbarschaft zu Lachmöwen (S. 201).

***Stimme** Ruft hoch und schrill „kir-räck", Betonung auf der zweiten Silbe.*

***Vorkommen** Lebt im Bereich des küstennahen Meeres und brütet dort auf Sand- und Kiesinseln sowie in Salzwiesen.*

> ***Brutzeit April–August***
> ***1–2 weißliche, schwarz gefleckte Eier***
> ***1 Brut im Jahr***

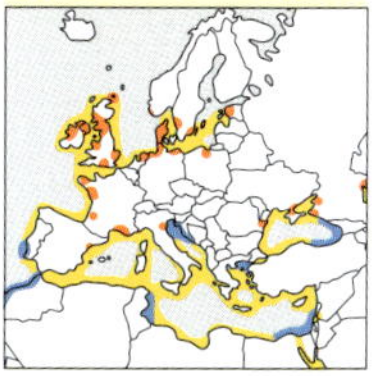

Zwergseeschwalbe

Sternula albifrons (Seeschwalben)

L 22–28 cm SpW 47–55 cm Langstreckenzieher

Auf Sand- und Kiesflächen ohne Pflanzen sind die in Mulden gelegten Eier der Zwergseeschwalbe bestens getarnt. Dennoch gelingt es immer wieder Füchsen und anderen Tieren, Gelege aufzuspüren, sodass vielerorts nur von Naturschützern eingezäunte Vögel erfolgreich brüten können. Zusätzlich gibt es Brutverluste durch Hochwasser.

***Stimme** Gedehnte, heisere Rufe („wäät"), die auch in Reihen ratternder Laute eingestreut werden.*

***Vorkommen** Brütet auf Sandstränden und Kiesbänken an Küsten und Binnengewässern; Nahrungssuche im flachen Wasser.*

> ***Brutzeit Mai–August***
> ***2–3 weißliche, dunkel gefleckte Eier***
> ***1 Brut im Jahr***

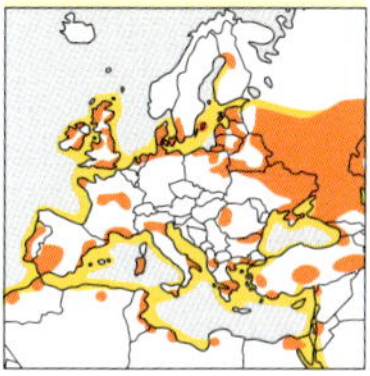

Lachseeschwalbe

Gelochelidon nilotica (Seeschwalben)

L 33–38 cm SpW 100–115 cm Langstreckenzieher

***Vorkommen** Brütet an flachen Küsten und Binnenseen; Nahrungssuche auf Feldern, Wiesen und in karger Landschaft.*

- ***Brutzeit Mai–August***
- ***2–3 bräunliche Eier mit dunklen Flecken***
- ***1 Brut im Jahr***

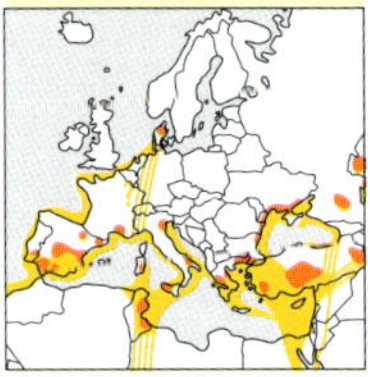

Anders als andere Seeschwalbenarten jagt die Lachseeschwalbe nicht über dem Wasser, sondern an Land. Aus dem Flug heraus fängt sie Insekten und kleine Bodentiere bis hin zu Mäusen. Sie brütet meist in kleineren Kolonien, in denen die Jungen sich schon nach wenigen Tagen unter Pflanzen verstecken. Ihr Winterquartier liegt südlich der Sahara in Afrika.

***Stimme** Ruft nasal, zweisilbig „kä-wä" und scharf keckernd „kä-kä-kä".*

Raubseeschwalbe

Hydroprogne caspia (Seeschwalben)

L 47–56 cm SpW 127–145 cm Mittel-/Langstreckenzieher

***Vorkommen** Lebt an flachen Meeresküsten und größeren Binnengewässern.*

- ***Brutzeit Mai–August***
- ***2–3 hellbraune, dunkel gepunktete Eier***
- ***1 Brut im Jahr***

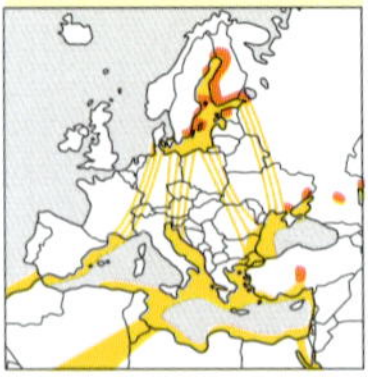

Die größte Seeschwalbe erbeutet bis zu 20 cm große Fische, die sie im Sturzflug aus dem Wasser fischt. Der Bestand hat deutlich abgenommen weil Überwinterungsgebiete in Afrika ausgetrocknet sind, wegen der Bejagung auf dem Zug und im Winter sowie hoher Gelegeverluste durch räuberische Säugetiere und Vögel.

***Stimme** Ruft heiser und gepresst „gwää", sehr an Graureiher erinnernd.*

Flussseeschwalbe

Sterna hirundo (Seeschwalben)

L 31–39 cm SpW 72–98 cm Langstreckenzieher

Die Flussseeschwalben kehren im Frühjahr aus dem Winterquartier zurück. Dabei besetzen in der Brutkolonie zunächst die ältesten Vögel die besten Nistplätze – jüngere Vögel müssen oft mit ungünstigeren Plätzen vorlieb nehmen. Beim Brüten wechseln sich Männchen und Weibchen ab. Nach dem Schlüpfen wärmt und bewacht das Weibchen die Küken, während anfangs nur das Männchen kleine Fische und Würmer herbeischafft. Die seltene Rosenseeschwalbe *(S. dougallii)* brütet vor allem auf den Azoren und in Irland.

Vorkommen *Brütet an Küsten und Binnengewässern mit Kiesbänken; überwintert überwiegend im küstennahen Meeresgebieten.*

- ***Brutzeit April–August***
- ***2–3 braune bis grüne Eier mit dunklen Flecken***
- ***1 Brut im Jahr***

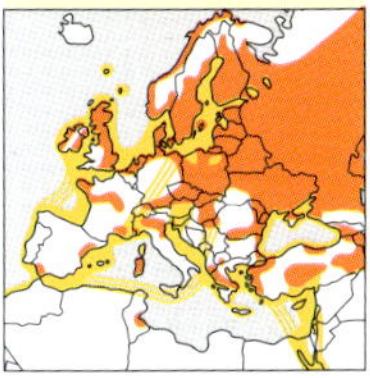

Stimme *Ruft schrill klirrend „kriierrr", oft zusammen mit keckernden Lauten.*

Beobachtungstipp

In der Nähe von Brutkolonien lässt sich das Balzritual beobachten. Es besteht aus paarweise vorgetragenen Schauflügen und dem so genannten Balzfüttern, bei dem das Männchen dem Weibchen einen kleinen Fisch überreicht.

Küstenseeschwalbe

Sterna paradisaea (Seeschwalben)

L 33–36 cm SpW 75–85 cm Langstreckenzieher

Vorkommen *Brütet an Küsten sowie an Binnengewässern der Tundra; überwintert küstennah am Meer.*

> **Brutzeit Mai–August**
> **1–3 grüne, braune oder blaue Eier mit Flecken**
> **1 Brut im Jahr**

Die Küstenseeschwalbe gilt als Weltrekordler im Vogelzug! Von arktischen Brutgebieten nahe dem Nordpol zieht sie zum Überwintern bis zur Antarktis und erreicht damit fast den Südpol. Im Sturzflug fischt die Seeschwalbe nach Nahrung – mit derselben Technik wehrt sie Feinde von der Brutkolonie ab. Eindringlinge müssen mit scharfen Hieben rechnen.

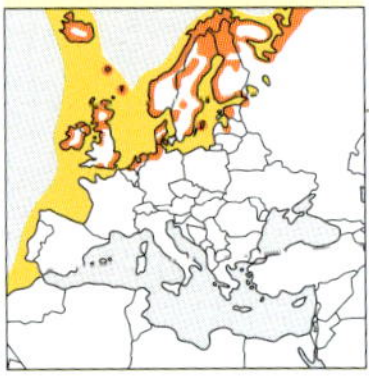

Stimme *Ähnlich Flussseeschwalbe, aber etwas höher und klarer klingend.*

Weißbart-Seeschwalbe

Chlidonias hybrida (Seeschwalben)

L 23–29 cm SpW 74–78 cm Langstreckenzieher

Vorkommen *Brütet an Seen mit Schwimmblattpflanzen; außerhalb der Brutzeit auch an Küstengewässern.*

> **Brutzeit April–September**
> **2–3 graue oder grünliche, braun gefleckte Eier**
> **1 Brut im Jahr**

Das Vorkommen dieser Seeschwalbe ist sehr unstet. Es ist abhängig von der Wasserführung ihrer Brutgewässer. Die Kolonien können genauso schnell erlöschen wie sie entstanden sind. Da die Vögel sich gerne „verfliegen“ und abseits der vorherigen Brutgebiete auftauchen, werden immer wieder neue Gebiete besiedelt.

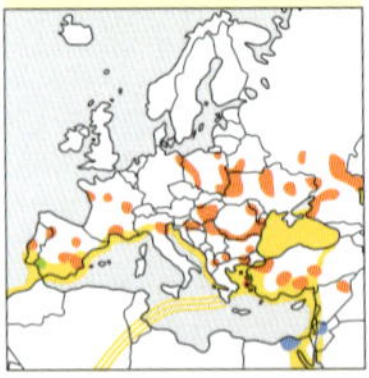

Stimme *Kratzende und knarrende Rufe, z.B. „krrk“ oder „kreck“.*

Trauerseeschwalbe

Chlidonias niger (Seeschwalben)
L 22–28 cm SpW 64–68 cm Langstreckenzieher

Ihr Nest baut die Trauerseeschwalbe auf schwimmendem Pflanzenmaterial und Wasserpflanzen. Damit ist die Brut gut gegen Feinde geschützt. In der Regel finden sich mehrere Paare zu Brutkolonien zusammen. Noch geselliger ist die Art auf dem Zug von und nach Afrika, an günstigen Nahrungsplätzen können sich rasch mehrere Hundert Vögel versammeln.

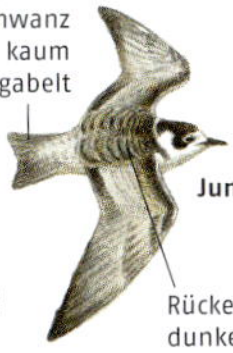

***Vorkommen** Brütet an Binnengewässern mit Schwimmblattpflanzen; außerhalb der Brutzeit an Binnen- und Küstengewässern.*

> ***Brutzeit Mai–August***
> ***2–3 braune oder grüne, schwarz gefleckte Eier***
> ***1 Brut im Jahr***

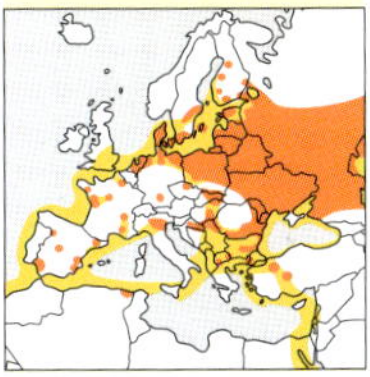

***Stimme** Ruft rau „kriek" oder klarer „kiek".*

Weißflügel-Seeschwalbe

Chlidonias leucopterus (Seeschwalben)
L 20–23 cm SpW 63–67 cm Langstreckenzieher

Ähnlich der Trauerseeschwalbe jagt diese Seeschwalbe meist in Bogenflügen. Dabei werden Insekten oder kleine Wassertiere von der Wasseroberfläche aufgenommen. In den letzten Jahren taucht die osteuropäische Art immer häufiger in Mitteleuropa auf und brütet dort stellenweise – eine mögliche Folge von Entwässerungsmaßnahmen in ihren Brutgebieten.

***Vorkommen** Brütet an flachen Seeufern oder auf überschwemmten Wiesen; im Winter an flachen Binnen- und Küstengewässern.*

> ***Brutzeit Mai–August***
> ***2–3 braune oder grüne, schwarz gefleckte Eier***
> ***1 Brut im Jahr***

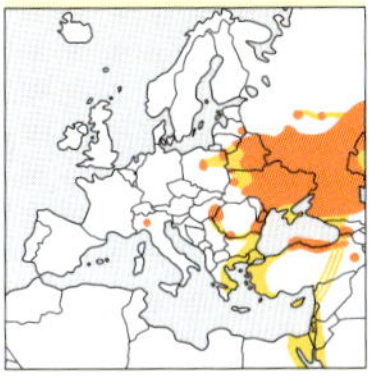

***Stimme** Ruft heiser „kräk" oder kurz „kik".*

Papageitaucher

Fratercula arctica (Alken)

L 26–29 cm SpW 47–63 cm Kurzstreckenzieher

Der wissenschaftliche Name des Papageientauchers bedeutet soviel wie „arktische Brüderchen". Der Vogel brütet in großen Kolonien an steilen Meeresküsten. Dort gräbt er bis zu einem Meter tiefe Höhlen in den Boden oder benutzt vorhandene Hohlräume zum Brüten. Er ernährt sich von kleinen Fischen, die er auf bis zu 60 m tief führenden Tauchgängen fängt.

Vorkommen *Brütet an grasbewachsenen Klippen der Meeresküste; sonst stets auf dem offenen Meer.*

- ***Brutzeit April–August***
- ***1 weißliches Ei mit schwacher Zeichnung***
- ***1 Brut im Jahr***

Stimme *Am Brutplatz tiefe knurrende oder knarrende Laute.*

Krabbentaucher

Alle alle (Alken)

L 17–19 cm SpW 40–48 cm Kurz-/Mittelstreckenzieher

Der für Alken winzige Krabbentaucher ist eine der häufigsten Vogelarten. Zu Zigmillionen brütet er in großen Kolonien auf den Inseln der Arktis. Nur wenige Vögel gelangen im Winter nach Europa. Außer im Skagerak findet er meist nicht die ausreichende Menge an Kleinkrebsen, von denen er sich ernährt.

Vorkommen *Brütet an Felsküsten und küstennahen Felswänden; außerhalb der Brutzeit auf dem offenen Meer.*

- ***Brutzeit Juni–September***
- ***1 bläuliches oder grünliches Ei***
- ***1 Brut im Jahr***

Stimme *Meist stumm; am Brutplatz trillernde, glucksende und bellende Rufe.*

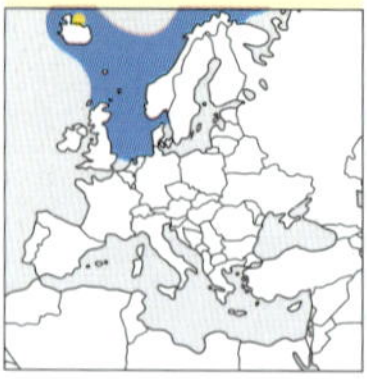

Trottellumme

Uria aalge (Alken)

L 38–43 cm SpW 64–71 cm Kurzstreckenzieher

Dicht an dicht drängeln sich Trottellummen auf schmalen Felsabsätzen der Steilküsten. Das auf den blanken Fels gelegte Ei ist kreiselförmig, damit es nicht herunterrollen kann. Flossenartige Flügel und am Hinterende sitzende Beine machen die Trottellumme zu einem hervorragenden Taucher. Bis in 100 m Tiefe fängt sie Fische. An Land wirkt sie dagegen unbeholfen, was ihr den deutschen Namen verschafft hat. Auf Island und in Norwegen brütet oft in denselben Kolonien die Dickschnabellumme *(U. lomvia)*.

Vorkommen *Brütet an steilen Felsküsten; lebt ansonsten auf dem offenen Meer.*

> ***Brutzeit April–Juli***
> ***1 weiß bis türkis gefärbtes Ei***
> ***1 Brut im Jahr***

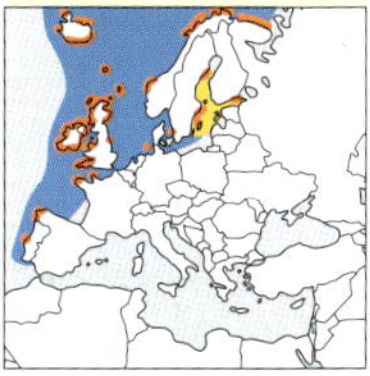

Stimme *Am Brutplatz lang gezogenes, dumpfes bis gurrendes Heulen („hooorrrrr"); Küken rufen dünn „pili-pili".*

Schon gewusst?

Das Heranfliegen von Nahrung mit den schmalen Flügeln ist mühsam. So veranlassen die Altvögel das noch flugunfähige Küken im Alter von drei Wochen, die steile Klippe hinabzuspringen und ihnen auf das offene Meer zu folgen („Lummensprung").

Tordalk

Alca torda (Alken)

L 37–39 cm SpW 63–68 cm Kurzstreckenzieher

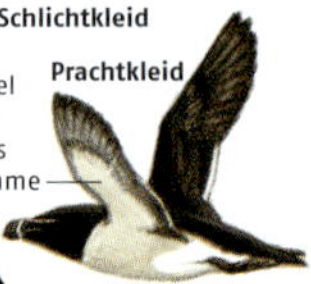

Vorkommen *Brütet an steilen Felsküsten; sonst nur auf dem offenen Meer.*

> **Brutzeit April–August**
> **1 weißliches, leicht geflecktes Ei**
> **1 Brut im Jahr**

Der Tordalk bildet oft gemeinsame Brutkolonien mit der Trottellumme, bevorzugt jedoch etwas geschütztere Felsbereiche in Nischen oder kleinen Höhlen. Er vollführt eigenartige Balzflüge mit zeitlupenartigem Flügelschlag. Das Küken springt noch flugunfähig ins Meer und wird von den Eltern zu den Nahrungsgründen geführt.

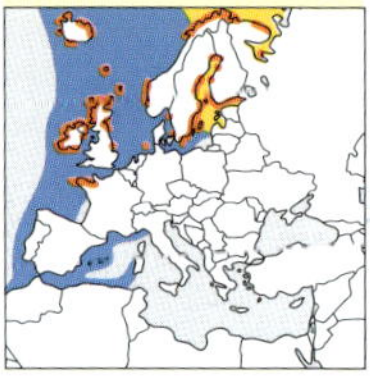

Stimme *Ruft rau knarrend „arrr".*

Gryllteiste

Cepphus grylle (Alken)

L 30–32 cm SpW 52–58 cm Standvogel/Kurzstreckenzieher

Vorkommen *Lebt im küstennahen Meer und brütet dort an steilen Fels- oder Sandufern.*

> **Brutzeit Mai–August**
> **1–2 weiße bis bräunliche, gefleckte Eier**
> **1 Brut im Jahr**

Die Gryllteiste bleibt zur Nahrungssuche in Küstennähe und fängt dort kleine Fische und Krebse. Auch im Brutverhalten unterscheidet sie sich von den anderen Alkenarten, denn sie bildet allenfalls lockere Kolonien und brütet oft auch einzeln. Die Eier werden entweder in Felshöhlen oder in Hohlräumen sandiger Steilwände ausgebrütet.

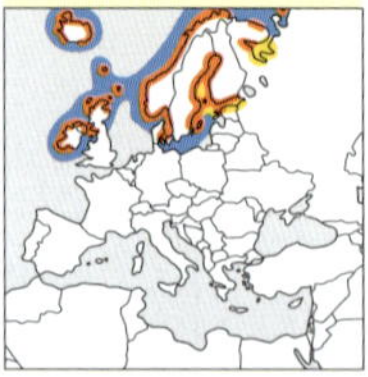

Stimme *Pfeifende und zwitschernde Rufe.*

Eistaucher

Gavia immer (Seetaucher)

L 69–91 cm SpW 127–147 cm Kurz-/Mittelstreckenzieher

Zum Auffliegen benötigt der Eistaucher einen Anlauf von mindestens 5–10 m. Er kann deshalb nur an größeren Gewässern brüten. Dicht am Wasser errichtet er am Ufer einen großen Haufen aus Pflanzenmaterial, der als Nest dient. Nach dem Schlüpfen werden die Jungvögel noch knapp drei Monate lang von den Eltern betreut. An skandinavischen Küsten überwintert der aus Sibirien stammende Gelbschnabeltaucher *(G. adamsii)*, der am gelblichen, aufgeworfenen Schnabel vom Eistaucher zu unterscheiden ist.

Vorkommen *Brütet an großen, tiefen Seen; im Winter zumeist auf dem küstennahen Meer.*

> **Brutzeit Mai–September**
> **1–3 bräunliche, dunkelbraun gefleckte Eier**
> **1 Brut im Jahr**

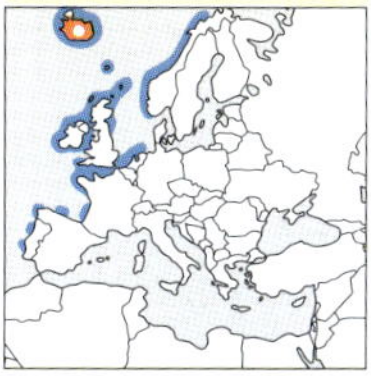

Stimme *Im Flug tief „gak gak"; am Brutplatz lachende Rufreihen und langgezogene, klagende Rufe.*

Schon gewusst?

In Nordamerika sind Eistaucher an größeren Gewässern recht häufig. Da die lachenden und heulenden Rufe dort aus der Landschaft nicht wegzudenken sind, werden sie gerne als akustische Hintergrundkulisse in amerikanischen Filmen benutzt.

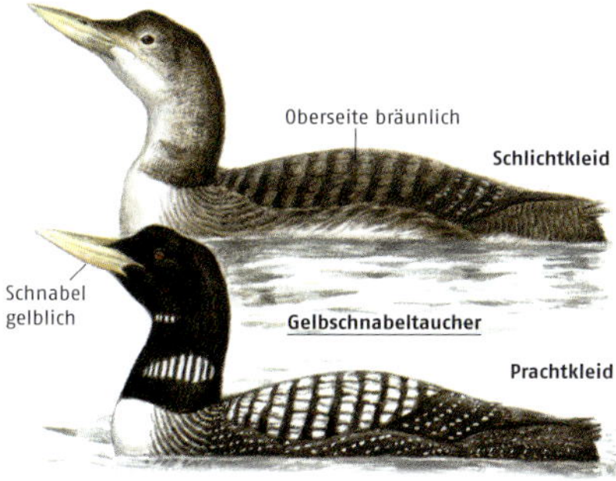

Sterntaucher

Gavia stellata (Seetaucher)

L 53–69 cm SpW 106–116 cm Kurz-/Mittelstreckenzieher

Ein schlanker Körperbau und die weit hinten sitzenden Beine kennzeichnen den Sterntaucher als gewandten Tauchvogel. An Land ist er dagegen unbeholfen. Das Wasser verlässt er deshalb nur zum Brüten auf dem unmittelbar am Gewässerufer platzierten Nest. Von kleineren Brutgewässern aus unternimmt er Flüge zum nahe gelegenen Meer, um dort Fische zu fangen.

***Vorkommen** Brütet an Tümpeln und Seen in der Tundra; im Winter vor allem auf dem küstennahen Meer, auch an größeren Seen.*

> ***Brutzeit Mai–August***
> ***1–3 bräunliche, dunkelbraun gefleckte Eier***
> ***1 Brut im Jahr***

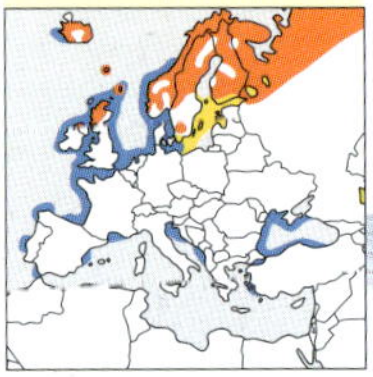

***Stimme** Im Flug gänseähnlich „gak gak"; bei der Balz miauende Rufe beider Partner im Duell.*

Prachttaucher

Gavia arctica (Seetaucher)

L 58–73 cm SpW 110–130 cm Kurz-/Mittelstreckenzieher

Der Prachttaucher senkt den Kopf ins Wasser, um nach Fischen Ausschau zu halten. Entdeckte Beute fängt er im Tauchen. Dank der Schwimmhäute an den Zehen ist er ein schneller Schwimmer. Tauchgänge können 1–2 Minuten dauern und bis zu 40 m tief führen. Leider verfangen sich dabei immer wieder Vögel in Fischernetzen und ertrinken.

***Vorkommen** Brütet an Seen in Tundra und Mooren; auf dem Zug und im Winter im küstennahen Meer und auf Seen.*

> ***Brutzeit April–September***
> ***1–3 bräunliche, dunkelbraun gefleckte Eier***
> ***1 Brut im Jahr***

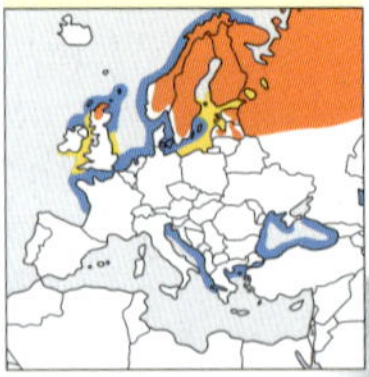

***Stimme** Flugruf gänseähnlich „gag gag"; zur Brutzeit leidend klingende Rufe, tief und ansteigend „aooouuu".*

Haubentaucher

Podiceps cristatus (Lappentaucher)

L 46–61 cm SpW 85–90 cm Standvogel/Kurzstreckenzieher

Der Haubentaucher baut schwimmende Nistplattformen und verankert sie an Wasserpflanzen. Jungvögel halten sich bis zu drei Wochen lang auf dem Rücken der Eltern auf, zehn Wochen lang werden sie gefüttert – zunächst mit Insekten, später mit kleinen Fischen. Diese werden von den Altvögeln in bis zu 40 m tief führenden Tauchgängen erbeutet. Reicht die Nahrung am Brutplatz nicht aus, unternimmt der Haubentaucher Flüge zu benachbarten Gewässern. Außer zum Fliegen verlässt er das Wasser aber nicht.

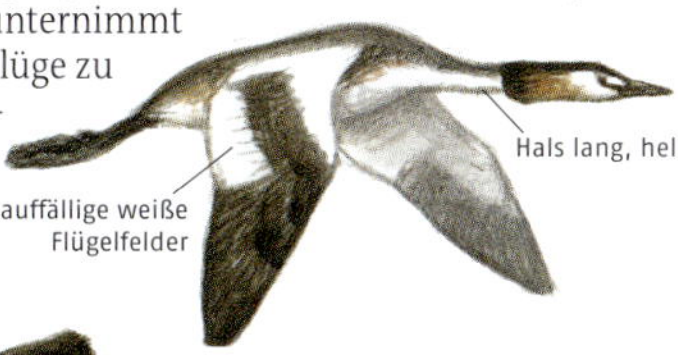

Schlichtkleid

Vorkommen *Brütet an stehenden, meist mit Schilf bestandenen Gewässern; überwintert auf größeren Seen und an Küsten.*

- **Brutzeit März–Oktober**
- **2–6 weißliche, ungefleckte Eier**
- **1–2 Bruten im Jahr**

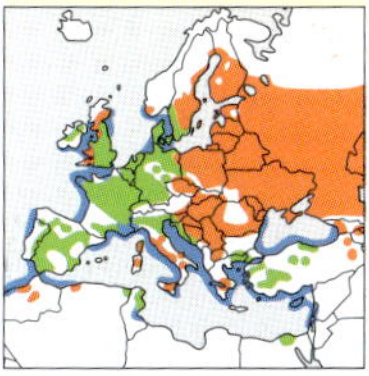

Stimme *Die nur zur Brutzeit geäußerten Rufe klingen rau: kurz „grrök grrök" oder langgezogen „örrrr".*

Beobachtungstipp

Haubentaucher sind wenig scheu und kommen auch an Badeseen vor. Vom Ufer aus kann man von März bis Juni das zeremonienreiche Balzverhalten beobachten, z.B. Kopfschütteln, Präsentieren von Nistmaterial, plantschendes Aufrichten.

Jungvogel

Prachtkleid

Zwergtaucher

Tachybaptus ruficollis (Lappentaucher)

L 25–29 cm SpW 40–45 cm Standvogel/Kurzstreckenzieher

***Vorkommen** Stehende, oft sehr kleine Binnengewässer mit klarem Wasser; außerhalb der Brutzeit auch auf Flüssen.*

- > ***April–Oktober***
- > ***5–6 weißliche, ungefleckte Eier***
- > ***2 Bruten im Jahr***

Fühlt sich ein Zwergtaucher gestört, taucht er blitzschnell ab. Er lugt erst im Schutz dichter Ufervegetation wieder vorsichtig aus dem Wasser. Im Brutgebiet fällt er deshalb oft nur durch seine Balztriller auf. Küken können zwar schon am ersten Tag tauchen, lassen sich aber gerne eine Woche lang auf dem Rücken der Eltern chauffieren.

***Stimme** Balztriller aus schnell aufeinander folgenden Einzeltönen, oft im Duett beider Partner vorgetragen.*

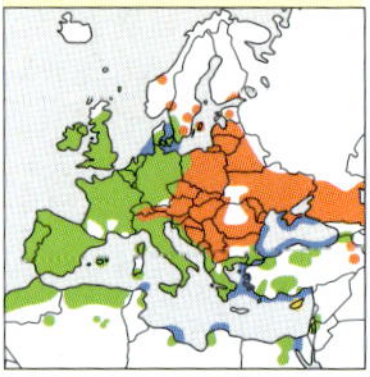

Rothalstaucher

Podiceps grisegena (Lappentaucher)

L 40–50 cm SpW 77–85 cm Kurzzstreckenzieher

***Vorkommen** Brütet an kleinen, flachen Seen und Teichen; im Winter auf größeren Seen und an Meeresküsten.*

- > ***Brutzeit April–September***
- > ***2–6 weißliche, ungefleckte Eier***
- > ***1–2 Bruten im Jahr***

Im Sommer ist der Rothalstaucher unverwechselbar. Im Schlichtkleid ähnelt er dem größeren Haubentaucher (S. 213). Zum Brüten bevorzugt der Rothalstaucher kleinere Gewässer, im Winter dagegen die Weite des Meeres. Dort taucht er vor allem nach kleinen Fischen, im Sommer aber auch nach Wasserinsekten, Krebstierchen und Fröschen.

***Stimme** Zu Beginn der Brutzeit Reihen scharfer „keck"-Rufe; auch wiehernde Rufe einzeln oder im Duett.*

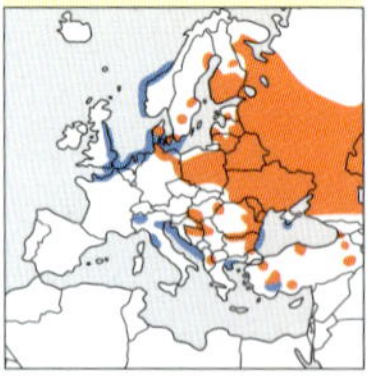

Ohrentaucher

Podiceps auritus (Lappentaucher)
L 31–38 cm SpW 59–65 cm Kurzstreckenzieher

Bereits im Winterquartier finden sich Männchen und Weibchen. Als Paar ziehen sie ins Brutgebiet. Dort bauen sie aus Wasserpflanzen ihr schwimmendes Nest. Nach dem Schlüpfen bleiben die Küken zunächst auf dem Rücken der Eltern. Der Ohrentaucher frisst neben kleinen Fischen bevorzugt Insekten, die er auch von der Wasseroberfläche aufliest.

Vorkommen *Brütet an Seen und Teichen; überwintert vor allem in küstennahen Meeresgebieten und auf größeren Seen.*

> **Brutzeit Mai–September**
> **3–6 weißliche, ungefleckte Eier**
> **1 Brut im Jahr**

Stimme *Am Brutplatz raue, nasale Rufe, aber auch Trillerduette ähnlich dem Zwergtaucher.*

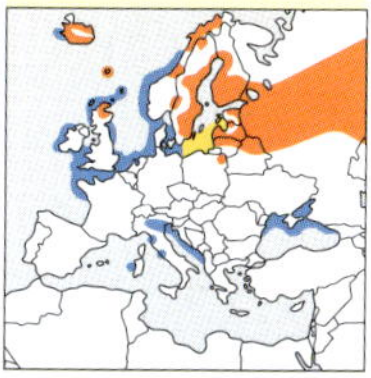

Schwarzhalstaucher

Podiceps nigricollis (Lappentaucher)
L 28–34 cm SpW 56–60 cm Mittelstreckenzieher

Unter den europäischen Lappentauchern ist der Schwarzhalstaucher der geselligste. Oft sieht man ihn in Trupps, außerdem brütet er gerne in Kolonien. Er sucht die Nähe von Lachmöwen, um von deren Feindabwehr zu profitieren. Trotz ähnlicher Färbung sind Schwarzhals- und Ohrentaucher in allen Kleidern an der Kopf- und Schnabelform klar unterscheidbar.

Vorkommen *Seen und Teiche mit vielen Wasserpflanzen werden zum Brüten bevorzugt; große Seen dienen als Winterquartier.*

> **Brutzeit April–August**
> **3–4 weiße Eier**
> **1–2 Bruten im Jahr**

Stimme *Im Winter stumm, zur Brutzeit kurze ansteigende Rufe und Triller aus hohen Tönen.*

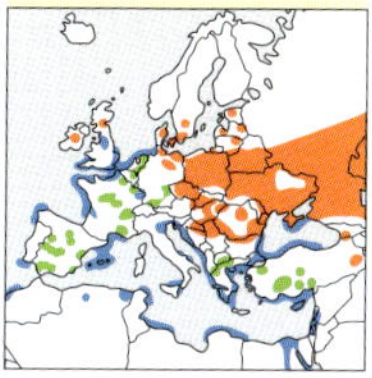

Singschwan

Cygnus cygnus (Entenverwandte)

L 140–165 cm   SpW 205–235 cm   Kurz-/Mittelstreckenzieher

Vorkommen *Brütet an Seen; im Winter sowohl auf Seen und flachen Küstengewässern wie auch auf Äckern und Wiesen.*

> ***Brutzeit April–Oktober***
> ***4–6 gelblich weiße Eier***
> ***1 Brut im Jahr***

Der Singschwan braucht sehr viel Zeit für seine Brut. Nach dem Nestbau vergehen etwa zehn Tage, bis das Weibchen alle Eier gelegt hat. Diese müssen dann 5–6 Wochen bebrütet werden, doch erst nach drei Monaten ist der Nachwuchs flügge. Eltern und Jungvögel ziehen anschließend gemeinsam ins Winterquartier und bleiben bis zum Frühjahr zusammen.

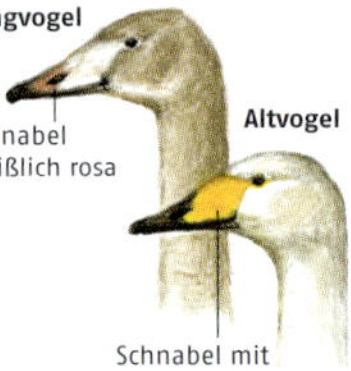

Stimme *Laute, heulende Rufe („uuug"), auch mehrsilbig („ug-uuug").*

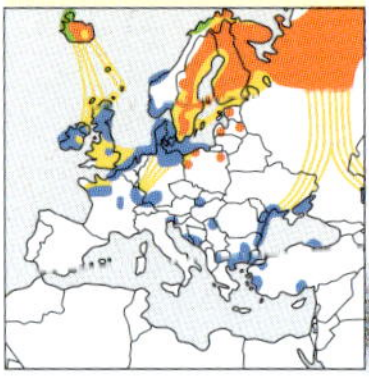

Zwergschwan

Cygnus bewickii (Entenverwandte)

L 115–140 cm   SpW 170–195 cm   Langstreckenzieher

Vorkommen *Brütet an Gewässern in der Tundra; im Winter auf nassen Wiesen und Äckern sowie auf Seen.*

> ***Brutzeit Mai–September***
> ***3–5 gelblich weiße Eier***
> ***1 Brut im Jahr***

Der kurze arktische Sommer erfordert beim Zwergschwan eine möglichst geringe Brutzeit. Die Jungvögel können schon im Alter von zwei Monaten fliegen, kurz darauf beginnt im September der Zug ins milde Winterquartier. Auf dem Rückflug gibt es im Mai einen Stopp am Weißen Meer, wo Wasserpflanzenknollen die Energie für den Flug nach Sibirien liefern.

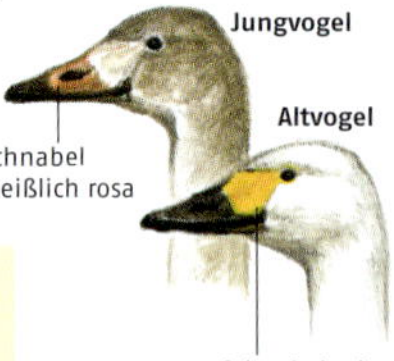

Stimme *Laute, dennoch gedämpft klingende Rufe („hu-hu-hu").*

Höckerschwan

Cygnus olor (Entenverwandte)

L 125–160 cm SpW 208–240 cm Standvogel

Der Höckerschwan wurde früher viel bejagt. Vor 100 Jahren war er aus großen Teilen Europas verschwunden. Verwilderte Parkvögel haben aber zu Zunahme und Wiederbesiedlung verlorengegangener Brutgebiete geführt. Heute leidet die Art vor allem im Winter. Viele Vögel verhungern, wenn die Nahrung bei Eis und Schnee unerreichbar wird. Am Brutplatz verteidigt das Männchen Nest und Nahrungsgründe gegen Eindringlinge. Wenn die Jungen nach 4–5 Monaten fliegen können, werden auch sie verscheucht.

Vorkommen *Bewohnt Seen, langsam fließende Flüsse und Gräben, auch Küstenlagunen; Nahrungssuche auch auf Äckern.*

> ***Brutzeit April–Oktober***
> ***5–8 grünlich graue Eier***
> ***1 Brut im Jahr***

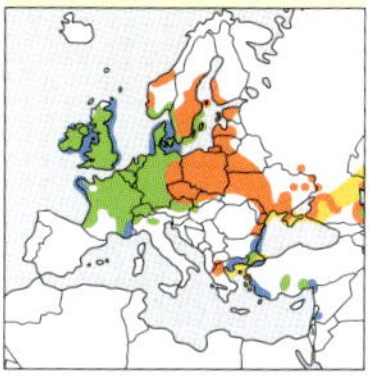

Stimme *Nasales „uink", gegenüber Feinden auch fauchendes „kchrr"; pfeifendes Fluggeräusch.*

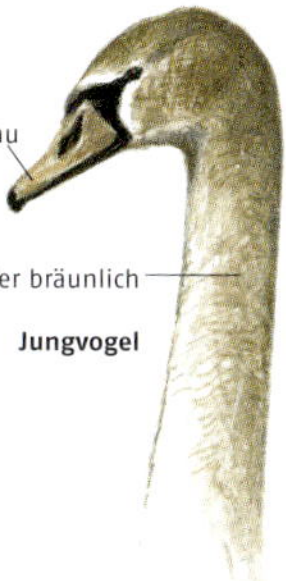

Jungvogel

errichtet gewaltige Nesthügel

Beobachtungstipp

Der Höckerschwan ist reiner Vegetarier. Im Wasser benutzt er seinen langen Hals, um vom Gewässergrund Wasserpflanzen abzureißen. Besonders im Winter kann man ihn an Land beobachten, wie er auf Wiesen und Feldern Gras und Rapsblätter frisst.

Saatgans

Anser fabalis (Entenverwandte)

L 66–84 cm SpW 142–176 cm Mittel-/Langstreckenzieher

Vorkommen *Brütet in Taiga und Tundra; im Winter auf Wiesen und Feldern, nachts auf Seen.*

- > **Brutzeit Mai–September**
- > **4–6 weißliche Eier**
- > **1 Brut im Jahr**

In Mitteleuropa überwintern zwei Unterarten. Diese unterscheiden sich in Form und Schwarzanteil des Schnabels. Die Waldsaatgans stammt aus Skandinavien und Westsibirien, die Tundrasaatgans brütet in Nordsibirien. Im Winter kommen sie gemeinsam vor, nach Westen wird die Tundrasaatgans häufiger. Neben grünen Pflanzenteilen fressen sie auch Getreide.

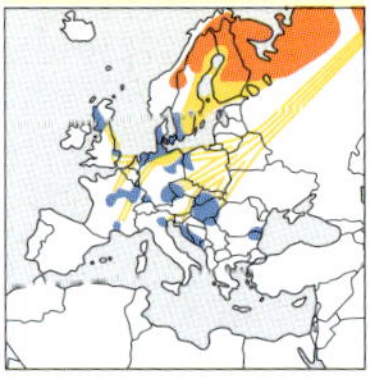

Stimme *Im Flug nasale, zwei- bis dreisilbige Rufe („ang-ang").*

Kurzschnabelgans

Anser brachyrhynchus (Entenverwandte)

L 60–75 cm SpW 135–170 cm Langstreckenzieher

Vorkommen *Brütet in der Tundra auf Klippen und an Sümpfen; im Winter auf Wiesen und Feldern.*

- > **Brutzeit Mai–September**
- > **3–6 weißliche Eier**
- > **1 Brut im Jahr**

Die Kurzschnabelgans vertritt die sehr ähnliche Saatgans in Spitzbergen, Island und Grönland. Sie pendelt im Winter je nach Wetterlage zwischen Dänemark und Holland hin und her. Vor dem weiten Flug ins Brutgebiet legt sie in Nordnorwegen die nötigen Energiereserven an.

Stimme *Im Flug etwas höhere Rufe als die Saatgans, zweisilbig „a-gak".*

Graugans

Anser anser (Entenverwandte)

L 76–89 cm SpW 147–180 cm Standvogel/Kurzstreckenzieher

Die Zahl der Graugänse nahm in den letzten Jahren zu. Gründe dafür sind ergriffene Schutzmaßnahmen und Auswilderungsprojekte. An Gewässern ist die Graugans der früheste Brutvogel: Schon am Ende des Winters kann man sie auf dem Nest sehen, und bereits im April tauchen die ersten Küken auf, die von beiden Eltern betreut werden.

***Vorkommen** Brütet an verschiedensten deckungsreichen Gewässern, auch in Parks; im Winter auf Wiesen und Feldern.*

> ***Brutzeit März–Juli***
> ***4–6 weiße Eier***
> ***1 Brut im Jahr***

***Stimme** Ruft meist dreisilbig „ang-ang-ang", etwas tiefer und rauer als andere graue Gänse.*

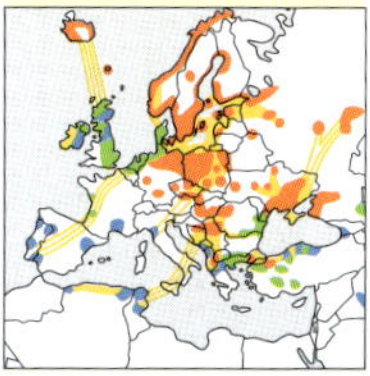

Blässgans

Anser albifrons (Entenverwandte)

L 65–86 cm SpW 135–165 cm Langstreckenzieher

Die Art brütet nicht in Europa, überwintert hier aber in Scharen: orangeschnäbelige Vögel aus Grönland auf den Britischen Inseln, rosaschnäbelige Vögel aus Sibirien in Mitteleuropa. Von Nordeurasien nach Südosteuropa zieht die rundköpfigere Zwerggans *(A. erythropus)*.

***Vorkommen** Brütet in der Tundra; im Winter auf Feldern und Wiesen, nachts auf Seen.*

> ***Brutzeit Mai–September***
> ***5–6 gelblich weiße Eier***
> ***1 Brut im Jahr***

***Stimme** Hohe, zweisilbige Rufe („a-jak"), die von weitem an Hundegebell erinnern.*

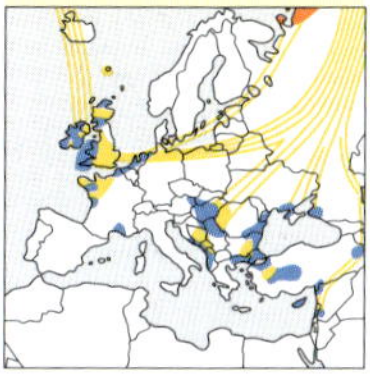

Kanadagans

Branta canadensis (Entenverwandte)

L 90–100 cm SpW 160–183 cm Standvogel/Kurzstreckenzieher

Vorkommen *Brütet an Seen und Teichen; Nahrungssuche auf Feldern und Wiesen, im Winter auch in flachen Küstengewässern.*

> ***Brutzeit März–August***
> ***5–6 gelbliche Eier***
> ***1 Brut im Jahr***

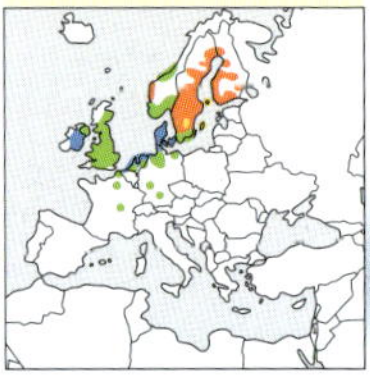

Die aus Nordamerika stammende Art wurde schon vor über 300 Jahren in England eingebürgert. Im 20. Jahrhundert erfolgten Aussetzungen zunächst in Schweden, später auch in Deutschland und anderen Ländern. Wie viele Gänsearten ernährt sich die Kanadagans meist von Pflanzen an Land, mit fast schwanenartig langem Hals erreicht sie auch Wasserpflanzen.

Altvogel mit Küken

Stimme *Ruft laut trompetend „a-honk".*

Weißwangengans

Branta leucopsis (Entenverwandte)

L 58–71 cm SpW 132–145 cm Kurz-/Langstreckenzieher

Vorkommen *Brütet an Felsen in der Tundra und an felsigen Küsten; im Winter auf Salzwiesen und anderem Grasland.*

> ***Brutzeit Mai–September***
> ***4–5 weißliche Eier***
> ***1 Brut im Jahr***

Im Winter kann man Weißwangengänse auf Salzwiesen beim Grasen beobachten. Zum Brüten suchen sie jedoch Felswände in Klippen auf. Die frisch geschlüpften Küken springen aus großer Höhe herab. Rasch führt das Elternpaar sie zum nächsten Gewässer; erst dort sind sie sicher vor Polarfüchsen, die bei der Kolonie auf Beute warten.

grasender Schwarm

Stimme *Ruft heller als die Ringelgans (S. 211) „grrak".*

Ringelgans

Branta bernicla (Entenverwandte)

L 55–66 cm SpW 110–120 cm Langstreckenzieher

Nach kurzem Brutgeschäft in Nordsibirien kommt die Dunkelbäuchige Ringelgans im Herbst nach Europa. Doch nicht jedes Jahr verläuft die Brut erfolgreich: Sind in der Tundra keine Lemminge vorhanden, fressen Polarfüchse stattdessen Eier der Ringelgans und sorgen für einen totalen Brutausfall. Von Grönland bis Spitzbergen brütet die hellbäuchige Form, die in Großbritannien überwintert. Zwischen Ringelgänsen sieht man mitunter eine Rothalsgans *(B. ruficollis)*, die eigentlich von Sibirien zum Schwarzen Meer zieht.

Hellbäuchige Ringelgans

Dunkelbäuchige Ringelgans

Rothalsgans

Vorkommen *Brütet in küstennaher Tundra; im Winter auf Salzwiesen und Wattflächen, auch auf Feldern und Wiesen.*

- ***Brutzeit Juni–September***
- ***3–5 grünlich weiße Eier***
- ***1 Brut im Jahr***

Stimme *Tiefe, raue Rufe, meist mehrfach („rott-rott-rott").*

Beobachtungstipp

Besonders gut beobachten lässt sich die Ringelgans im April/Mai im Wattenmeer. In großen Schwärmen frisst sie sich dort Fettreserven an, die für einen Flug bis zum Weißen Meer reichen, ihrem einzigen Stopp auf dem Weg nach Sibirien.

Brandgans

Tadorna tadorna (Entenverwandte)

L 58–67 cm SpW 110–133 cm Kurzstreckenzieher

Vorkommen *Lebt an Meeresküsten sowie an küstennahen Binnengewässern.*

- > ***Brutzeit April–August***
- > ***8–10 gelbliche Eier***
- > ***1 Brut im Jahr***

Die Brandgans ist ein Höhlenbrüter und nistet bevorzugt in Kaninchenbauen. Unmittelbar nach dem Schlüpfen führen beide Eltern ihre Küken zum Wasser, wo diese sofort nach Schnecken und Krebstierchen tauchen. Bald darauf wandern viele Altvögel zum Mausern ins Wattenmeer, die Jungen mehrerer Paare finden sich daraufhin zu „Kindergärten“ zusammen.

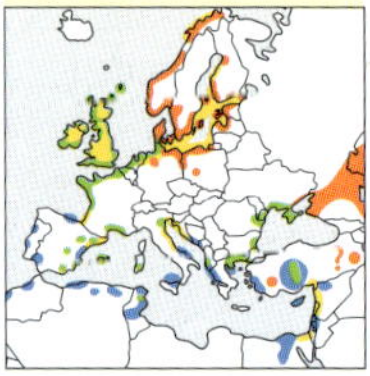

Stimme *Im Brutgebiet kann man ein schnelles, tiefes Gackern sowie ein helles Pfeifen („pjiu“) hören.*

Nilgans

Alopochen aegyptiaca (Entenverwandte)

L 71–73 cm SpW 134–154 cm Standvogel

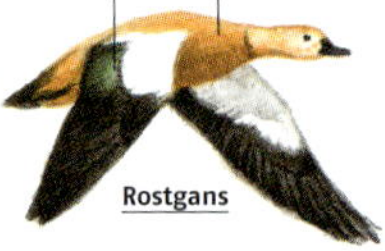

Vorkommen *Brütet an Seen und anderen Binnengewässern, auch in Parks.*

- > ***Brutzeit März–September***
- > ***6–10 weißliche Eier***
- > ***1–3 Bruten im Jahr***

Im 17. Jahrhundert wurde die afrikanische Art in England eingebürgert. Von dort aus breitete sie sich jüngst nach Holland und Deutschland aus. Hier brüten inzwischen über 5000 Paare auf dem Boden, in Erdhöhlen oder auf Bäumen. In Südosteuropa lebt die ähnliche Rostgans *(Tadorna ferruginea)*.

Stimme *Verschiedene zischende und trompetende Laute.*

Mandarinente

Aix galericulata (Entenverwandte)

L 41–51 cm SpW 65–75 cm Standvogel

Durch Bejagung ist die Mandarinente in ihrer ostasiatischen Heimat sehr selten geworden. In Großbritannien und Mitteleuropa bilden Gefangenschaftsflüchtlinge und ausgewilderte Vögel einen fast ebenso großen Bestand. Auch die nordamerikanische Brautente *(A. sponsa)* kommt in Europa frei fliegend vor, brütet aber seltener als die Mandarinente.

Vorkommen *Lebt an baumbestandenen Binnengewässern, häufig in Parks.*

> **Brutzeit April–August**
> **9–12 cremefarbene Eier**
> **1 Brut im Jahr**

***Stimme** Verschiedene Rufe bei der Balz, sonst meist stumm.*

Weißkopf-Ruderente

Oxyura leucocephala (Entenverwandte)

L 43–48 cm SpW 58–69 cm Standvogel

Diese Ruderente erlitt einen dramatischen Bestandseinbruch durch den Verlust von Lebensräumen. Die europäischen Restbestände sind heute besonders durch Vermischung mit der Schwarzkopf-Ruderente *(O. jamaicensis)* bedroht. Diese nordamerikanische Art wurde in England eingebürgert und breitet sich nach Mittel- und Südeuropa aus.

Vorkommen *Brütet an Salzwasserseen mit Röhrichtbeständen; im Winter auch an offeneren Seen mit flachem Wasser.*

> **Brutzeit Mai–September**
> **5–6 graue bis grünliche Eier**
> **1 Brut im Jahr**

***Stimme** Verschiedene Rufe bei der Balz, sonst meist stumm.*

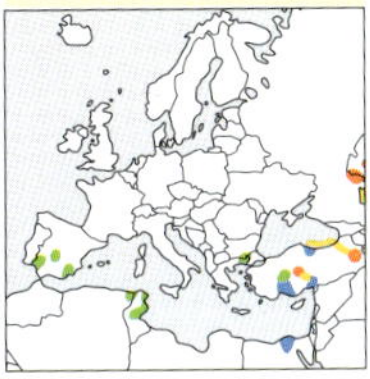

Pfeifente

Anas penelope (Entenverwandte)
L 45–51 cm SpW 75–86 cm Mittel-/Langstreckenzieher

Vorkommen *Brütet an Seen; außerhalb der Brutzeit an Binnengewässern und auf Wiesen, besonders an der Küste.*

- > ***Brutzeit April–September***
- > ***7–9 rahmfarbene Eier***
- > ***1 Brut im Jahr***

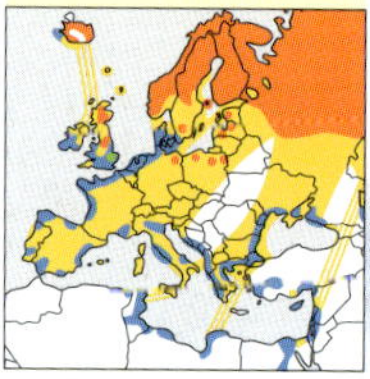

Ähnlich wie Ringel- und Weißwangengans grast die Pfeifente bevorzugt auf Salzwiesen. Da ihr relativ kleiner Körper im Winter viel Wärme verliert, kann sie sich kaum Ruhephasen gönnen, sondern muss Tag und Nacht Nahrung zu sich nehmen. Auch im Frühjahr ändert sich das nicht, denn es muss Energie für den Zug nach Sibirien gespeichert werden.

Stimme *Charakteristischer, in der Tonhöhe abfallender Pfeifton („piuuu“).*

Löffelente

Anas clypeata (Entenverwandte)
L 44–52 cm SpW 70–85 cm Mittel-/Langstreckenzieher

Vorkommen *Brütet an Seen und in Sümpfen; im Winter an Binnengewässern, nur selten an der Meeresküste.*

- > ***Brutzeit April–August***
- > ***8–12 grünliche bis gelbliche Eier***
- > ***1 Brut im Jahr***

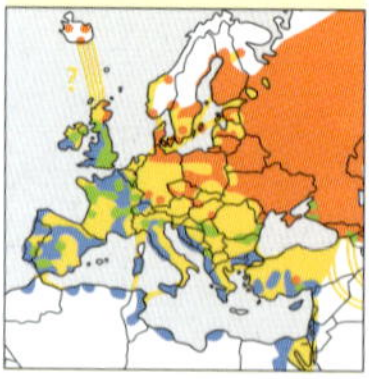

Die besondere Schnabelform erlaubt es der Löffelente, Pflanzenteile und Wassertiere von der Wasseroberfläche abzufiltern. Dabei sieht man sie mit vorgestrecktem Kopf auf dem Wasser „liegen“. Bereits im Winter findet sich das Brutpaar zusammen, die Jungenaufzucht überlässt das Männchen allein dem Weibchen.

Stimme *Abgesehen von rauen Rufen bei der Balz wenig ruffreudig.*

Stockente

Anas platyrhynchos (Entenverwandte)

L 50–65 cm SpW 81–99 cm Standvogel/Mittelstreckenzieher

Ab Herbst imponiert das Männchen mit seinem Prachtkleid, das später eine Rolle bei der Balz spielt. Wie bei allen Enten beschränkt sich der Beitrag des Männchens bei der Fortpflanzung auf die Begattung; danach wird das prächtige Gefieder abgelegt und durch ein schlichteres Sommergefieder ersetzt. Das Weibchen vertraut beim Brüten am Boden auf sein tarnfarbenes Gefieder und flieht nur bei höchster Gefahr vom Nest.

Vorkommen *Lebt in Gewässern aller Art, von großen Seen bis zu kleinen Tümpeln; am Meer meist nur in flachen Bereichen.*

> ***Brutzeit Februar–September***
> ***7–13 grünliche bis bräunliche Eier***
> ***1 Brut im Jahr***

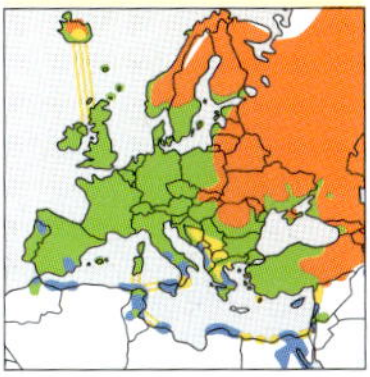

Schon gewusst?

Der Name der Art stammt von Nestern, die in „auf den Stock geschnittenen" Kopfweiden gefunden wurden. Außer am Boden brüten Stockenten in Städten an den kuriosesten Stellen, z.B. in Blumenkübeln oder auf Hausdächern.

Weibchen mit Küken

Stimme *Verschiedene quakende und pfeifende Laute.*

Schnatterente

Anas strepera (Entenverwandte)

L 46–58 cm SpW 84–95 cm Mittel-/Langstreckenzieher

Vorkommen *Bewohnt stehende und langsam fließende Binnengewässer.*

> ***Brutzeit April–August***
> ***8–12 gelblich braune Eier***
> ***1 Brut im Jahr***

Obwohl unauffällig gefärbt balzt das Männchen der Schnatterente mit Schütteln, kurzem Aufrichten und Kopfnicken. Zur Paarungszeit gibt es die für Enten typischen Verfolgungsflüge, bei denen ein Weibchen von 1–2 Männchen in aufdringlicher Weise begleitet wird.

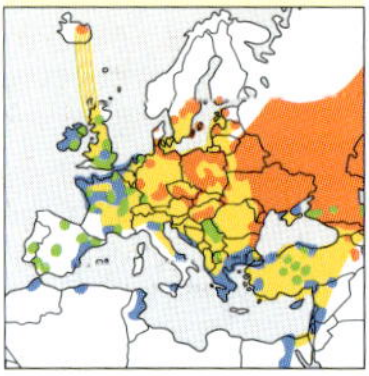

Stimme *Selten zu hörendes, hölzernes Knarren; andere Rufe ähnlich Stockente.*

Spießente

Anas acuta (Entenverwandte)

L 50–66 cm SpW 80–95 cm Mittel-/Langstreckenzieher

Vorkommen *Brütet an Seen; auf dem Zug und im Winter vor allem an Küstengewässern.*

> ***Brutzeit April–August***
> ***7–11 grünlich gelbe Eier***
> ***1 Brut im Jahr***

Mit ihrem langen Hals ist die Spießente unter den Enten am besten an das „Gründeln" angepasst. Dabei wird der gesamte vordere Körper unter Wasser getaucht, das Hinterende steht nach oben. Mit kräftigen Fußbewegungen hält der Vogel diese Stellung, während er mit dem Schnabel Wasserpflanzen ausreißt und dabei eine Wassertiefe von 50 cm erreicht.

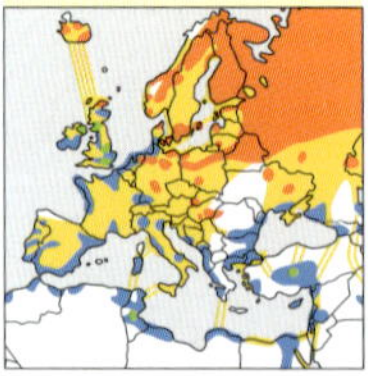

Stimme *Verschiedene leise, raue und quakende Rufe.*

Krickente

Anas crecca (Entenverwandte)

L 34–43 cm SpW 53–59 cm Kurz-/Langstreckenzieher

Außerhalb der Brutzeit tritt die Krickente gerne in Trupps auf. Tagsüber sieht man sie häufig ruhen, denn die Nahrungssuche findet vor allem nachts statt. Pflanzenteilchen und kleine Wassertiere pickt sie aus dem Wasser (auch mit dem Kopf unter Wasser), auf Schlammflächen schlabbert sie mit vorgestrecktem Hals Essbares von der Oberfläche.

Vorkommen *Brütet an Seen und Gräben; außerhalb der Brutzeit an flachen Binnen- und Küstengewässern.*

> ***Brutzeit April–August***
> ***8–11 gelblich graue Eier***
> ***1 Brut im Jahr***

Stimme *Ruft hell „krück".*

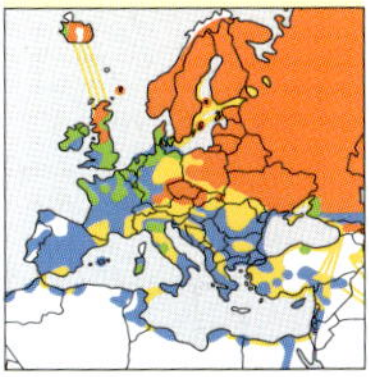

Knäkente

Anas querquedula (Entenverwandte)

L 37–41 cm SpW 60–63 cm Langstreckenzieher

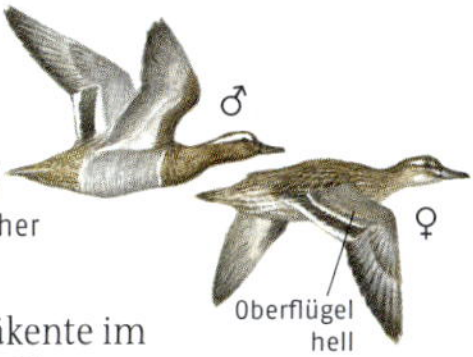

Als einzige Entenart zieht sich die Knäkente im Herbst vollständig aus Europa zurück. Sie verbringt den Winter in Afrika. Dort hält sie sich gerne in Reisfeldern auf, denn Sämereien gehören zu ihrer bevorzugten Nahrung. Zusammen mit der Entwässerung von Brutgebieten haben Dürreperioden im Überwinterungsgebiet zu starkem Bestandsrückgang geführt.

Vorkommen *Brütet an flachen Binnengewässern; auf dem Zug gerne an Überschwemmungsflächen.*

> ***Brutzeit April–August***
> ***7–11 hellbraune Eier***
> ***1 Brut im Jahr***

Stimme *Flugruf nasal „knäk"; bei der Balz langgezogenes, hölzern klingendes Knarren.*

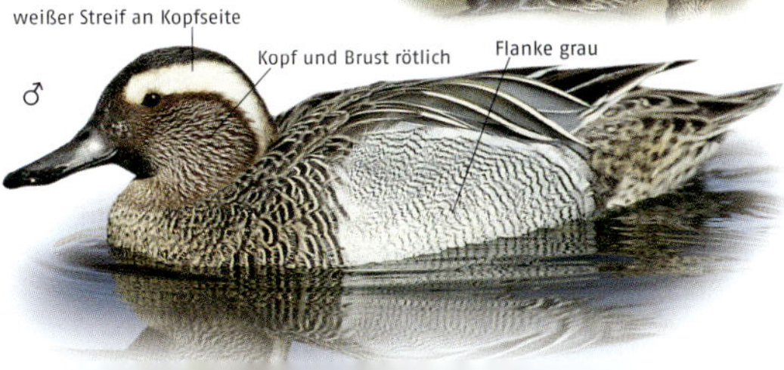

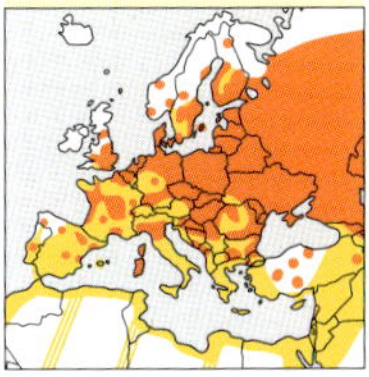

Kolbenente

Netta rufina (Entenverwandte)

L 53–57 cm SpW 84–88 cm Standvogel/Kurzstreckenzieher

Vorkommen *Bewohnt flache Binnengewässer, bevorzugt mit Röhrichtbeständen am Ufer.*

- **Brutzeit April–August**
- **8–10 graue Eier**
- **1 Brut im Jahr**

Die Kolbenente fällt durch ihren großen runden Kopf auf. Das Männchen kümmert sich nicht um das Brüten, hält aber mitunter noch Wache, wenn das Weibchen die Jungen führt. Da sich das Nest nah am Ufer am Boden befindet, ist es bei Hochwasser von Überflutung bedroht.

Stimme *Verschiedene kurze Rufe, die nur selten zu hören sind.*

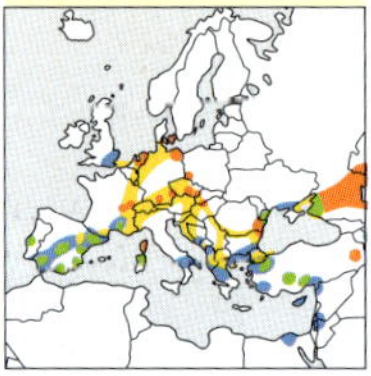

Tafelente

Aythya ferina (Entenverwandte)

L 42–58 cm SpW 72–82 cm Kurz-/Mittelstreckenzieher

Vorkommen *Brütet an Seen und Teichen mit dicht bewachsenem Ufer; im Winter auch auf langsam fließenden Flüssen.*

- **Brutzeit April–September**
- **7–11 grünliche bis bräunliche Eier**
- **1 Brut im Jahr**

Obwohl ihr abgerundeter Hinterkörper im Wasser wenig Widerstand verursacht, taucht die Tafelente möglichst nur bis zu 2 m tief. Ihre Beute ist dabei vielfältig, von Pflanzenteilchen und Insektenlarven bis hin zu Muscheln. In Osteuropa lebt die kleinere, fast ganz braune Moorente *(A. nyroca)*.

Stimme *Wenig ruffreudig, nur bei der Balz verschiedene kurze Laute.*

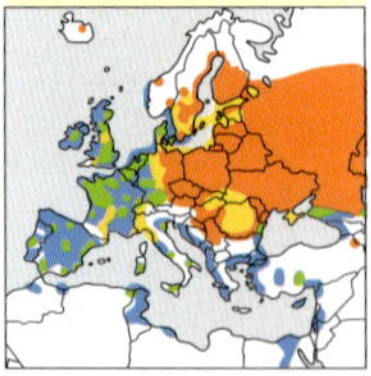

Reiherente

Aythya fuligula (Entenverwandte)

L 40–47 cm   SpW 67–73 cm   Kurz-/Mittelstreckenzieher

Die Reiherente kann sehr gut tauchen. Am Gewässergrund ertastet sie mit dem Schnabel ihre Nahrung, hauptsächlich Muscheln. Dies geschieht überwiegend im Dunkel der Nacht, der Tag wird meist zum Verdauen und Ausruhen genutzt. Besonders im Winter kommt es dabei zu großen Ansammlungen in geschützten Buchten.

Stimme *Wenig ruffreudig, nur bei der Balz verschiedene kurze Laute.*

Vorkommen *Lebt an Seen, Teichen und Küstenlagunen.*

> ***Brutzeit Mai–September***
> ***6–11 graugrüne Eier***
> ***1 Brut im Jahr***

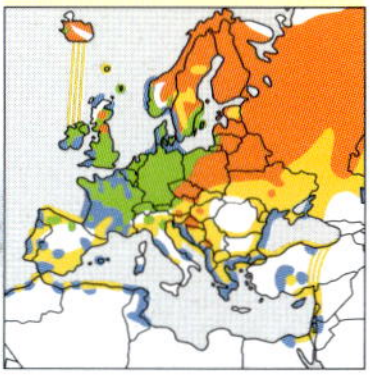

Bergente

Aythya marila (Entenverwandte)

L 40–51 cm   SpW 72–84 cm   Mittelstreckenzieher

Im Winter ruht die Bergente in oft großen Schwärmen in Meeresbuchten oder auf küstennahen Seen. Nachts fliegt sie auf das Meer hinaus und taucht nach Muscheln und Krebstieren. Ins Binnenland dringen fast nur Jungvögel vor. Sie unterscheiden sich von der kleineren Reiherente durch Kopfform und weiße Schnabelbasis.

Vorkommen *Brütet in der Tundra und an Meeresküsten; überwintert bevorzugt in Küstengewässern und an großen Seen.*

Stimme *Wenig ruffreudig, nur bei der Balz verschiedene kurze Laute.*

> ***Brutzeit Mai–September***
> ***6–11 olivgraue Eier***
> ***1 Brut im Jahr***

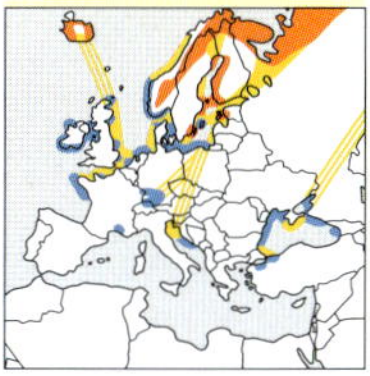

Eiderente

Somateria mollissima (Entenverwandte)

L 50–71 cm SpW 80–108 cm Kurzstreckenzieher

Vorkommen *Brütet an Meeresküsten; Überwinterung in flachen Küstengewässern, selten im Binnenland.*

- > ***Brutzeit April–August***
- > ***4–6 grünliche bis bräunliche Eier***
- > ***1 Brut im Jahr***

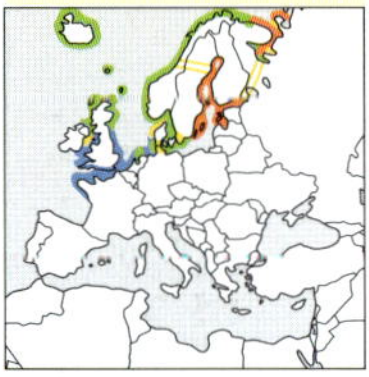

Bei Tauchgängen erbeutet die Eiderente verschiedene Meerestiere. Durch Schütteln im Schnabel entfernt sie großen Krebsen vor dem Verschlucken Beine und Scheren. Vielerorts sind Miesmuscheln die Hauptnahrung, die sie ganz verschluckt und erst in der anschließenden Ruhephase im kräftigen Muskelmagen knackt. Die ähnliche, aber anhand der Kopfform unterscheidbare Prachteiderente *(S. spectabilis)* brütet an der Nordküste Sibiriens und kommt im Winter an die norwegische Küste.

Stimme *Bei der Balz äußern Männchen ein nasales Jaulen („a-huui"); bei Weibchen tiefes Gackern.*

Schon gewusst?

Die weichen Daunenfedern, mit denen das Weibchen das Nest auspolstert, werden in skandinavischen Ländern als Füllmaterial für Kissen benutzt. Wegen des wirtschaftlichen Wertes ist die Eiderente dort hoch geschätzt und brütet deshalb auch in Dörfern.

Eisente

Clangula hyemalis (Entenverwandte)

L 36–47 cm   SpW 73–79 cm   Kurzstreckenzieher

Mit über 50 m Tauchtiefe ist die Eisente weniger als andere Entenarten an flache Gewässer gebunden. Am Meeresgrund sucht sie vor allem nach Muscheln. Im Frühjahr bevorzugt sie in der Ostsee den Laich des Herings, durch gemeinschaftliche Nahrungssuche großer Trupps ist er leichter auffindbar. Während die Eisente oft weit von der Küste entfernt bleibt, taucht die in Sibirien brütende und in Skandinavien überwinternde Scheckente *(Polysticta stelleri)* gerne nahe am Ufer.

Vorkommen *Brütet an Küsten und kleinen Seen; im Winter in flachen Küstengewässern, selten im Binnenland*

> ***Brutzeit Mai–August***
> ***5–9 gelbliche bis grünliche Eier***
> ***1 Brut im Jahr***

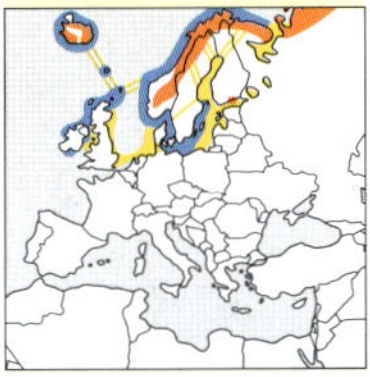

Stimme *Von Männchen sind im Spätwinter und Frühjahr nasale, jodelnde Balzrufe („ga-ga-loiik") zu hören.*

Beobachtungstipp

Bei der Balz kommen die Eisenten oft recht nah an die Küste. Das mit verschiedenen Kopfbewegungen und Rundflügen versehene und akustisch untermalte Schauspiel ist an der Ostsee besonders im März gut zu beobachten.

Trauerente

Melanitta nigra (Entenverwandte)

L 44–54 cm SpW 79–90 cm Kurz-/Mittelstreckenzieher

Vorkommen *Brütet an Seen; im Winter fast ausschließlich in flachen Küstengewässern, seltener an großen Binnenseen.*

- **Brutzeit Mai–September**
- ***6–9 braune Eier***
- ***1 Brut im Jahr***

Die Trauerente taucht nach bestimmten Muschelarten, die sie mit dem Schnabel aus dem Sand gräbt. In flachen Meeresbereichen mit Muschelvorkommen sammeln sich deshalb viele tausend Vögel zum spätsommerlichen Gefiederwechsel und zum Überwintern. Auf dem Zug dorthin fliegt die Trauerente in langen Ketten an den Küsten entlang.

Stimme *Ruft während des nächtlichen Zuges „pjü", sonst nur wenige Laute bei der Balz.*

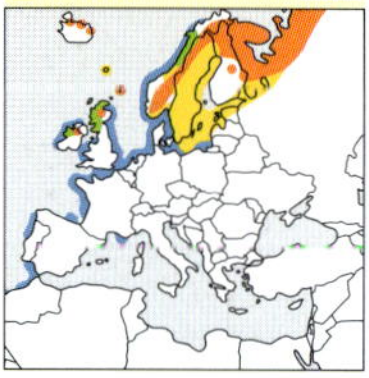

Samtente

Melanitta fusca (Entenverwandte)

L 51–58 cm SpW 90–99 cm Kurz-/Mittelstreckenzieher

Vorkommen *Brütet an Seen der Tundra und an Meeresküsten; im Winter in flachen Küstengewässern, seltener auf Binnenseen.*

- **Brutzeit Mai–September**
- ***7–9 hellbraune Eier***
- ***1 Brut im Jahr***

Im Flug fällt die Samtente in gemischten Trupps sofort durch ihr weißes Flügelfeld auf. Wegen ähnlicher Ernährung ist die Samtente oft in denselben Überwinterungsgebieten anzutreffen wie die etwas kleinere Trauerente. Das Weibchen zieht die Jungen alleine auf, verlässt sie aber bereits nach vier Wochen, noch bevor diese fliegen können.

Stimme *Nur bei der Balz pfeifende und raue Rufe.*

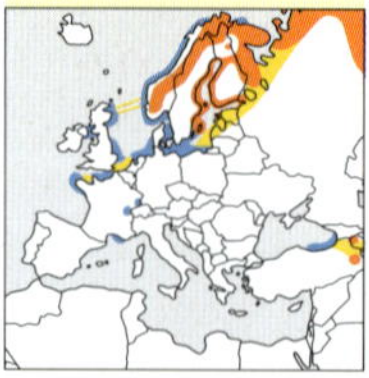

Schellente

Bucephala clangula (Entenverwandte)
L 42–50 cm SpW 65–80 cm Kurzstreckenzieher

Die Schellente trägt ihren Namen wegen des klingelnden Flügelschlaggeräusches. Sie taucht nach Insektenlarven, Krebstierchen und Muscheln, die sie mit ihrem pinzettenartigen Schnabel ergreift. Dazu benötigt sie ausreichend Licht, sodass sie nur tagsüber frisst und sich abends an Schlafplätzen sammelt. Die Eier brütet das Weibchen in einer Baumhöhle aus.

Vorkommen *Brütet in Baumbeständen an Seen und Flüssen; im Winter an Seen, Flüssen und flachen Küstengewässern.*

> *Brutzeit März–August*
> *8–11 blaugrüne Eier*
> *1 Brut im Jahr*

Stimme *Bei der Balz wirft das Männchen den Kopf zurück und ruft rau „gwäää".*

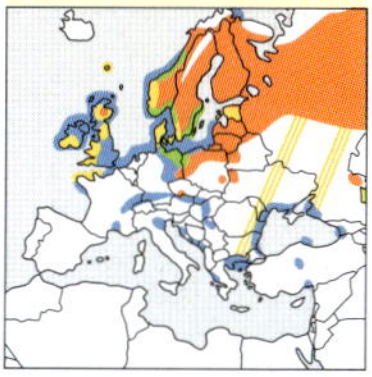

Zwergsäger

Mergellus albellus (Entenverwandte)
L 38–44 cm SpW 55–69 cm Kurz-/Mittelstreckenzieher

Im Sommer ernährt sich der Zwergsäger, ein Baumhöhlenbrüter, vor allem von Insekten. Im Winter besteht die Nahrung dagegen überwiegend aus kleinen Fischen. Dann konzentrieren sich zigtausende Zwergsäger im niederländischen IJsselmeer und im polnisch-deutschen Oderhaff; nur wenige Vögel besuchen andere Gewässer.

Vorkommen *Brütet an baumbestandenen Gewässern; im Winter an Seen, Flüssen und flachen Küstengewässern.*

> *Brutzeit Mai–September*
> *7–9 beigefarbene Eier*
> *1 Brut im Jahr*

Stimme *Bei der Balz knarrende und quakende Rufe.*

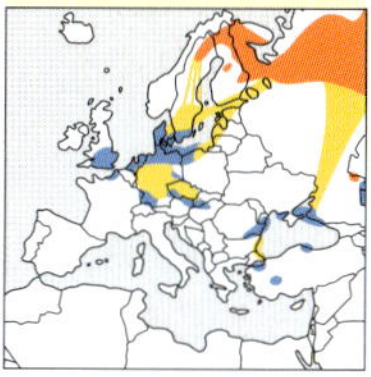

Gänsesäger

Mergus merganser (Entenverwandte)

L 58–66 cm SpW 82–97 cm Kurzstreckenzieher

Vorkommen *Brütet an baumbestandenen Gewässern (auch Küste); im Winter an Seen, Flüssen und flachen Küstengewässern.*

> ***Brutzeit März–September***
> ***8–12 rahmfarbene Eier***
> ***1 Brut im Jahr***

Zum Brüten sucht sich das Weibchen eine Baumhöhle, mitunter auch eine Felshöhle. Selbst in Kirchtürmen sind Bruten bekannt. Im Alter von 1–2 Tagen springen die Küken aus großer Höhe zu Boden und werden vom Weibchen zum nächsten Gewässer geführt. Dort beginnen sie gleich, nach Wasserinsekten und kleinen Fischen zu tauchen.

Stimme *Im Flug ist ein hartes „korrr" zu hören, ferner verschiedene Rufe bei der Balz.*

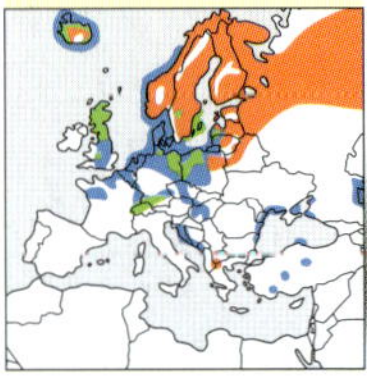

Mittelsäger

Mergus serrator (Entenverwandte)

L 52–58 cm SpW 70–86 cm Standvogel/Kurzstreckenzieher

Vorkommen *Brütet an Küsten, Seen und Flüssen; im Winter vorwiegend in flachen Küstengewässern.*

> ***Brutzeit April–September***
> ***8–10 bräunliche bis grünliche Eier***
> ***1 Brut im Jahr***

Der Mittelsäger hat wie auch seine Verwandten einen mit Zähnchen besetzten Schnabel. Mit diesem kann er kleine Fische gut greifen. Seine Nahrung erspäht er mit dem Kopf unter Wasser, falls nötig taucht er, um sie zu fangen. Der Mittelsäger brütet am Boden, meist unter Büschen oder im Schutz von hohen Grasbüscheln.

Stimme *Bei der Balz heisere Rufe; im Flug rau „krrok".*

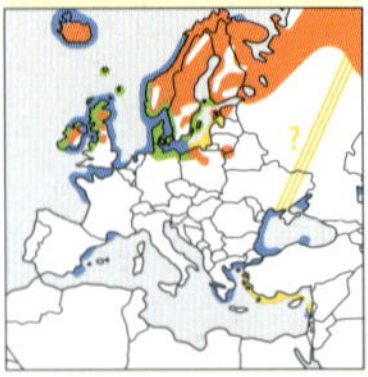

Eissturmvogel

Fulmarus glacialis (Sturmvögel)

L 45–50 cm SpW 102–112 cm Standvogel–Langstreckenzieher

Vorkommen *Lebt stets auf hoher See und kommt nur zum Brüten an felsige Küsten.*

> ***Brutzeit Mai–September***
> ***1 weißes, ungeflecktes Ei***
> ***1 Brut im Jahr***

Ein Eissturmvogel kann über 40 Jahre alt werden. Er beginnt erst im Alter von neun Jahren zu brüten. Doch schon zuvor macht er sich auf die Suche nach einem Brutpartner und einem Brutplatz auf einem Felsabsatz – beidem bleibt er über viele Jahre treu. Ähnlich einem Albatros nutzt der Eissturmvogel Aufwinde zwischen den Wellen und kann so, fast ohne mit den Flügeln zu schlagen, Hunderte von Kilometern fliegen. So ist es ihm möglich, die Nahrung für Jungvögel aus einem sehr großen Gebiet heranzutragen.

Stimme *Am Brutplatz tiefes Gackern, sonst meist stumm.*

brütet auf Felsabsätzen

Schon gewusst?

Der Eissturmvogel ist die häufigste Seevogelart der Nordsee. Diesen Rang verdankt er den massenhaft über Bord gehenden Fischereiabfällen, die er zur Ernährung nutzt. Einzelnen Fischkuttern folgen oft mehrere tausend Eissturmvögel.

Dunkler Sturmtaucher

Puffinus griseus (Sturmvögel)
L 40–51 cm SpW 94–109 cm Langstreckenzieher

***Vorkommen** Brütet an Meeresküsten der Südhalbkugel, sonst nur auf dem offenen Meer.*

> **Brutzeit Oktober–Mai**
> ***1 weißes Ei***
> ***1 Brut im Jahr***

Der Dunkle Sturmtaucher fliegt nach der Brutzeit mehrere zehntausend Kilometer. Von den Brutplätzen auf Inseln nahe der Antarktis reist er bis in den Nordatlantik. Von Juli bis November erreicht er die Küsten Westeuropas und durchquert dabei auch die Nordsee. Besonders bei starkem Wind führt ihn der Flug in ständigem Auf und Ab über die Wellen.

***Stimme** Auf See nur selten heisere oder kreischende Rufe, meist stumm.*

Gelbschnabel-Sturmtaucher

Puffinus diomedea (Sturmvögel)
L 45–48 cm SpW 100–125 cm Langstreckenzieher

***Vorkommen** Brütet auf felsigen Meeresinseln; sonst auf dem offenen oder küstennahen Meer.*

> **Brutzeit Mai–Oktober**
> ***1 weißes Ei***
> ***1 Brut im Jahr***

In großen Kolonien brütet der Gelbschnabel-Sturmtaucher auf vielen kleinen Mittelmeerinseln. Obwohl er den Brutplatz nur nachts besucht, kann man ihn scharenweise in den umliegenden Gewässern beobachten. Auffällig ist seine typische Flugweise: flaches Gleiten mit wenigen Flügelschlägen, dann steiles Aufsteigen um mehrere Meter und schnelles Abfallen.

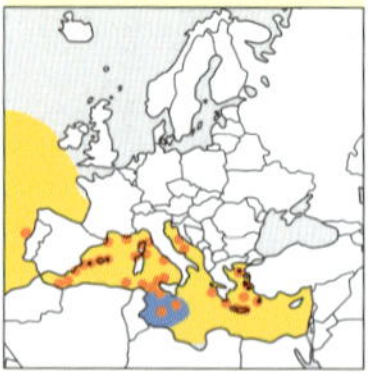

***Stimme** In Brutkolonien sind nasale, jammernde Laute zu hören.*

Schwarzschnabel-Sturmtaucher

Puffinus puffinus (Sturmvögel)
L 30–38 cm SpW 76–89 cm Langstreckenzieher

Für einen europäischen Vogel ist das Zugverhalten des Schwarzschnabel-Sturmtauchers ungewöhnlich. Von seinen Brutgebieten aus überquert er den Atlantik und gelangt an die Ostküste Südamerikas. Bis zum Beginn des Frühjahrs kehrt er wieder nach Europa zurück. Während dieser Reise sucht er die Wasseroberfläche nach Meerestieren ab, mitunter taucht er auch.

Stimme *Am Brutplatz gackernde und quakende Laute, auf See stumm.*

***Vorkommen** Brütet an felsigen, grasbewachsenen Meeresküsten, sonst nur auf dem offenen Meer.*

> ***Brutzeit April–Oktober***
> ***1 weißes Ei***
> ***1 Brut im Jahr***

Mittelmeer-Sturmtaucher

Puffinus yelkouan (Sturmvögel)
L 30–40 cm SpW 76–93 cm Kurzstreckenzieher

Wie der Name sagt, ist der Mittelmeer-Sturmtaucher ein Bewohner mediterraner Gewässer. Er brütet in Kolonien und ist auch bei der Nahrungssuche sehr gesellig. Seine Trupps kann man regelmäßig auch am Schwarzen Meer beobachten. Im westlichsten Teil des Mittelmeeres brütet dagegen der oberseits etwas hellere Balearensturmtaucher *(P. mauretanicus)*.

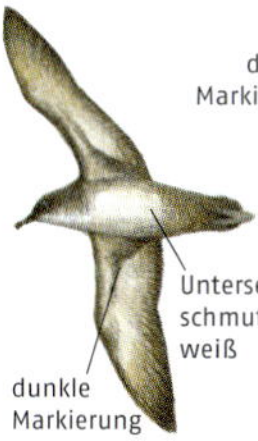

Balearensturmtaucher

Stimme *Am Brutplatz gackernde und quakende Laute.*

***Vorkommen** Brütet auf felsigen Meeresinseln, hält sich sonst bevorzugt im küstennahen Meer auf.*

> ***Brutzeit April–September***
> ***1 weißes Ei***
> ***1 Brut im Jahr***

Sturmschwalbe

Hydrobates pelagicus (Sturmschwalben)
L 14–18 cm SpW 36–39 cm Langstreckenzieher

***Vorkommen** Brütet auf felsigen Meeresinseln; sonst ausschließlich auf dem offenen Meer.*

- ***Brutzeit Mai–September***
- ***1 weißes Ei, manchmal mit bräunlichen Punkten***
- ***1 Brut im Jahr***

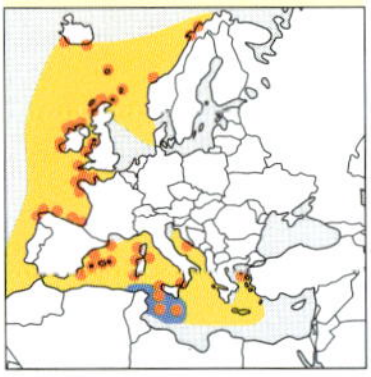

Die Sturmschwalbe füttert den in einer Felsspalte versteckt aufwachsenden Jungvogel nur nachts. Ihre Brutkolonien sind deshalb schwer zu finden und werden vor allem aufgrund der Lautäußerungen entdeckt. Die meiste Zeit verbringt die Sturmschwalbe auf dem Meer, wo sie in ständigem Flatterflug kleine Meerestiere von der Wasseroberfläche pickt.

***Stimme** Am Brutplatz raues Schnurren, das mit nasalem Laut endet.*

Wellenläufer

Oceanodroma leucorhoa (Sturmschwalben)
L 19–22 cm SpW 45–48 cm Langstreckenzieher

***Vorkommen** Brütet auf felsigen Meeresinseln; sonst ausschließlich auf dem offenen Meer.*

- ***Brutzeit Mai–August***
- ***1 weißes, schwach gepunktetes Ei***
- ***1 Brut im Jahr***

Auf der Suche nach kleinen Fischen oder Krebsen fliegt der Wellenläufer geschickt zwischen hohen Wellen umher. Dabei trippelt er mit den Beinen auf der Wasseroberfläche. Die meisten Wellenläufer brüten in Nordamerika. Wenn sie auf dem Weg ins tropische Winterquartier von Stürmen überrascht werden, verschlägt es sie bis an die Nordseeküste.

***Stimme** Am Brutplatz raues Gurren und nasales Gackern.*

Basstölpel

Sula bassana (Tölpel)

L 87–100 cm SpW 165–180 cm Kurz-/Langstreckenzieher

Eindrucksvoll ist die Jagd des Basstölpels nach Fischen. Aus einem 30–40 m hohen Suchflug stürzt er sich fast senkrecht hinab, nimmt durch Anlegen der Flügel eine pfeilförmige Gestalt an und taucht so bis zu 3 m tief ins Meer hinein. Mit Hilfe von Flügelschlägen kann er sogar Wassertiefen von 20 m erreichen und dabei Fische verfolgen. Bei großen Fischschwärmen jagen Basstölpel gruppenweise, doch können Suchflüge bis zu 500 km von der Brutkolonie entfernt zum Auffinden solcher Stellen nötig sein.

Vorkommen *Brütet an Steilküsten und auf felsigen Meeresinseln; Nahrungssuche meist auf offenem Meer.*

> ***Brutzeit April–September***
> ***1 bläuliches Ei***
> ***1 Brut im Jahr***

brütet in riesigen Kolonien

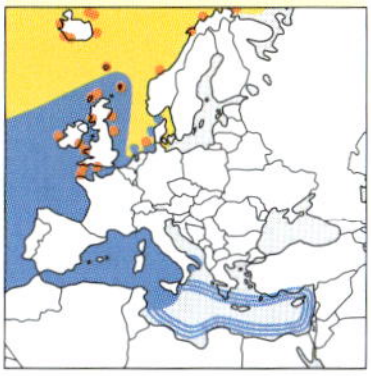

Stimme *Ruft am Brutplatz laut und tief „arrrrr“ oder wiederholt „krrok-krrok-krrok“.*

Beobachtungstipp

Am Brutplatz sind Basstölpel wenig scheu. Sie lassen sich in verschiedenen Kolonien auf den Britischen Inseln, in Frankreich und auf Helgoland aus geringer Distanz bei Nestbau, Balz und Aufzucht der Jungen beobachten.

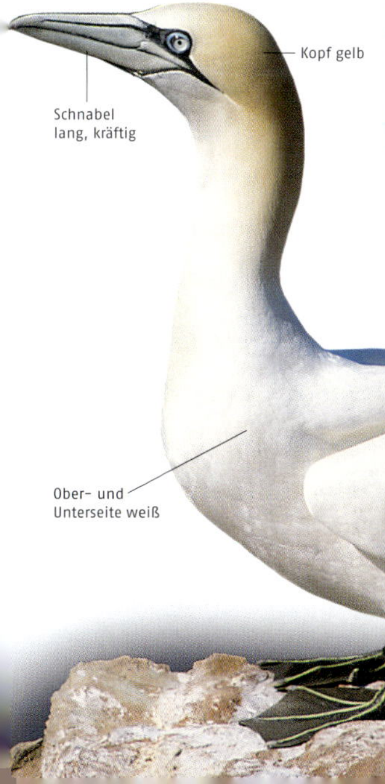

Rosapelikan

Pelecanus onocrotalus (Pelikane)

L 140–175 cm SpW 270–360 cm Mittel-/Langstreckenzieher

Vorkommen *Brütet an verschiedenartigen Seen, Nahrungssuche auch im küstennahen Meer.*

> ***Brutzeit April–September***
> ***2 weiße Eier***
> ***1 Brut im Jahr***

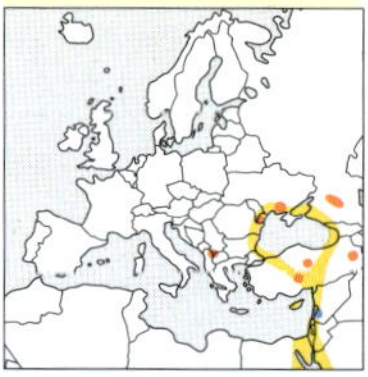

Der Rosapelikan brütet nicht nur in Kolonien, sondern geht auch bei der Jagd gerne gemeinschaftlich vor. Fischschwärme werden umkreist und zusammengetrieben, bis jeder Pelikan seine Beute mit dem sackartig vergrößerten Schnabel aus dem Wasser schöpfen kann. Ebenfalls sehr selten brütet in Südosteuropa der Krauskopfpelikan *(P. crispus)*.

Krauskopfpelikan

Stimme *Am Brutplatz verschiedene knurrende Laute, sonst stumm.*

Krähenscharbe

Phalacrocorax aristotelis (Kormorane)

L 65–80 cm SpW 90–115 cm Standvogel/Kurzstreckenzieher

Vorkommen *Lebt fast ausschließlich an felsigen Meeresküsten; nur sehr selten an Binnengewässern.*

> ***Brutzeit März–August***
> ***1–6 blassblaue Eier***
> ***1 Brut im Jahr***

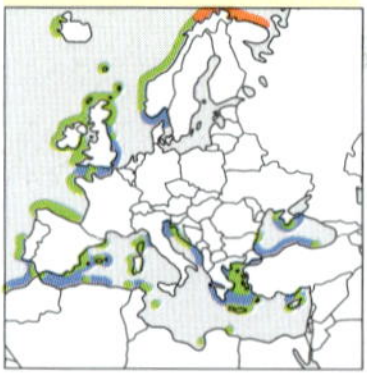

Aus Tang oder anderen Wasserpflanzen baut die Krähenscharbe ihr Nest. Sie befestigt es auf Klippen oder in Spalten von Felswänden. Nur wenn nicht ausreichend Fisch als Nahrung vorhanden ist, verlässt sie den Bereich des Brutgebiets. In der Regel siedelt sich ein Jungvogel im Alter von drei Jahren in seiner Geburtskolonie an.

Prachtkleid

Schlichtkleid

Jungvögel

Mittelmeer **Atlantik**

Stimme *Am Brutplatz gurgelnde Rufe sowie klickende Laute.*

Kormoran

Phalacrocorax carbo (Kormorane)

L 80–100 cm SpW 130–160 cm Standvogel/Mittelstreckenzieher

Kormorane brüten in großen Kolonien. Gemeinschaftliches Fischen und abendliche Versammlungen an großen Schlafplätzen kennzeichnen ihn als geselligen Vogel. In Mitteleuropa baut er aus Ästen ein Nest im Baum, oft benachbart zu Reihern. Um beim Zug ins Winterquartier Kraft zu sparen, fliegen die Trupps in keilförmiger Formation, wobei jeder Vogel vom Windschatten seines Vordermanns profitiert. An Binnengewässern Südosteuropas lebt die kleinere Ausgabe des Kormorans, die Zwergscharbe *(Ph. pygmeus)*.

Vorkommen *Brütet auf Klippen der Meeresküste und in Gehölzen an Seen; Nahrungssuche auf Gewässern aller Art.*

> ***Brutzeit März–August***
> ***3–4 hellblaue Eier***
> ***1 Brut im Jahr***

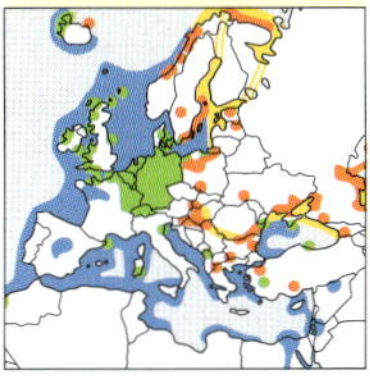

Zwergscharbe

Stimme *An Brut- und Schlafplätzen lautes Gackern in tiefer Tonlage.*

Beobachtungstipp

Häufig kann man den Kormoran mit ausgebreiteten Flügeln am Ufer oder auf Bäumen sehen. Anders als die meisten Wasservögel kann er sein Gefieder nicht einfetten. Dadurch taucht er besser, muss die Federn aber anschließend trocknen.

Zeichnungen
Alle Vogelzeichnungen von Paschalis Dougalis/Kosmos, ausgenommen 3 Vogeltopographienzeichnungen auf den Seiten 6 und 7 von Steffen Walentowitz, alle Zeichnungen der Vogeleier von Walter Söllner/Kosmos, Verbreitungskarten und Silhouetten von Wolfgang Lang

Fotografien
Adam 29m, 32ure, 3 4.v.o, 53oli, 59u, 64u, 73mz, 73u, 84mre, 86uz, 96u, 89u, 101mli, 101uli, 105mli, 107u, 113u, 122mre, 125mre, 125mz, 126uz, 161ore, 162oli, 163ore, 174oli, 175mz, 175uli, 177ore, 194ure, 199mli, 201u, 208mre, 218oli, 219mre, 219u, 220mz, 221ore, 221u, 224oz, 225mli, 234ure, 241uli; **Angermayer** 25ore, 66oli, 97u, 131ore, 240oli; **Aquila/Lankinen** 104ure; **Aquila/Thomas** 238mli; **Bethge** 110oli; **Bethge/Hecker** 25mz; **Buchhorn/Silvestris** 48mz, 160uz; **Buchner/Limbrunner** 191u; **Danegger** Ulm, 3 2.v.o, 19m, 43mz, 75uli, 83mli, 94oli, 113ore, 129uli, 141ore, 143uli, 154mli, 157mz, 159oz, 161mli, 164mre, 213ore, 223mli, 226uz, 227uli, 225mz, 229mz; **Delpho** 136mz, 140ore; **Diedrich** 21m, 148mli, 148mre, 154oli, 156mre, 179ore, 183mli, 206oli, 220mli, 232mli; **J. Dierschke** 207mre, 218ure; **V. Dierschke** 135mre, 156ure, 178uz, 196mli, 200oz, 220uz; **Diemer** 155mz; **FLPA/Silvestris** 112oli, 138mli, 150oli, 156oli; **Fünfstück** 21oz, 40oli, 53ore, 54mli, 68oli, 76m, 83ore, 85mre, 93mre, 93ore, 128uz, 141oz, 180oli, 196uli, 204mli, 216ore, 226ure, 228oli, 228ure, 233oli, 240mz; **Fürst** 1m, 3. 4v.o, 16, 22u, 44ore, 46mre, 64m, 65u, 72ure, 75mli, 81ore, 92mre, 122mli, 129ore, 162mre, 164oli, 168ure, 186mli; **Gensbol** 104ore; **Gottschling** 55mz, 196mre, 196ure, 196uz; **Groß** Ulo, 30, 27ore, 33u, 38oli, 44mre, 49ore, 57u, 61ore, 62oli, 65ore, 66u, 75mre, 82mli, 85oz, 86mli, 86ore, 87ore, 104mli, 107ore, 115mli, 119u, 121mli, 121ore, 123u, 132mli, 143mre, 143uz, 146mz, 151ore, 157mre, 163mre, 165uli, 167ore, 182ure, 197ore, 222u, 228uli; **Gross/Silvestris** 54oli; **Grüner** 1u, 3u, 25mre, 26ore, 31ure, 35u, 36ure, 39u, 41ore, 42oli, 46oli, 53mre, 53u, 54u, 67om, 72mz, 78u, 82u, 85uli, 90oli, 91u, 93mli, 93uli, 97mre, 114oli, 115mre, 116oz, 120oli, 123mz, 128mli, 128mre, 140oli, 141mli, 147ore, 150mli, 150ure, 160mli, 160oli, 161ure, 162mli, 164mli, 169u, 170mli, 170ore, 176uz, 184ure, 189oz, 190mre, 190ure, 195mre, 195oz, 195uz, 198ore, 199ore, 201ore, 204u, 206mli, 206mz, 214mz, 215mre, 220mre, 223mre, 225ore, 227mre, 232mz, 232u, 235mz, 235ore; **Haag** 69uli, 176mre, 194oli, 202u, 214uz; **Halley** 24ure, 26u, 36oli, 37u, 38mre, 45ore, 53oz, 63mz, 70mli, 95ore, 98oli, 100ure, 102mre, 110mli, 116oli, 130ure, 133oli, 134uz, 137mli, 137uz, 138ure, 139mz, 139oli, 140mli, 144mre, 145ore, 157uli, 169ore, 175ore, 179mre, 185mli, 186ore, 194mz, 195uli, 198mre, 202mli, 208u, 210mli, 211ore, 211u, 236mli, 238ore; **Harrop** 20mre; **Hautala** 110mre; **Hecker** 20oli, 24mz, 24oli, 25u, 28oli, 39ore, 40mli, 42u, 50oli, 51u, 52m, 52oli, 57ore, 60u, 66mli, 67ore, 69mli, 76u, 78mre, 78oli, 84mli, 84uz, 86oli, 87mre, 88oli, 88u, 92ure, 96oli, 97ore, 105oz, 106mz, 111ore,

117ore, 118ure, 122uz, 131uz, 132uz, 162ure, 165ore, 170mz, 177mre, 177uli, 188mre, 192mli, 193ore, 196mz, 196oli, 200mre, 205ore, 210ure, 212oli, 214ure, 216mre, 224uz, 225u, 230u, 233mli; **Heintzenberg** 26mli, 56mli, 102oli, 130mli, 133ore, 143ore, 194uli, 229mli, 231uli; **Heinzelmann** 62mli; **Hinze** 90mli, 90uz, 141uli, 217u; **Höfer** UIu, 2, 3 3.v.o, 19ore, 23u, 28mli, 30m, 30oli, 34ore, 38mli, 38u, 41mli, 47u, 66ore, 72mz, 76oli, 77u, 79oli, 86mz, 95u, 97mz, 98mre, 98ure, 99u, 122ure, 124oli, 126mre, 126oli, 134mli, 145uli, 146oli, 149ore, 154mre, 159mz, 165mz, 173ore, 173u, 177mz, 180ore, 180uz, 184mli, 186ure, 189mre, 191ore, 195ore, 197u, 199mre, 199mz, 208oli, 216mre, 218uz, 220oli, 222oli, 239ore, 239u, 241ure; **Hoskin/Silvestris** 170ure, 72ore; **Hüttenmoser** 158ure; **Jachmann** 28ure, 55uz, 120mli, 120ure; **Kalden/Silvestris** 163mli; **Katolás** 41uz; **Klees** 10, 34mli, 34mre, 34oli, 48ore, 54ore, 67u, 73oz, 94u, 127uli, 136uz, 159ore, 161mz, 168oli, 193mli, 194mli, 239oz; **Lacz/ Silvestris** 152oli, 49u, 142mz, 183mre; **Lange/Angermayer** 166mz; **Lenz/Silvestris** 230mz; **Limbrunner** 20mli, 20u, 24mli, 39mli, 41mre, 63oz, 64oli, 69mre, 69uz, 73mre, 73ore, 79ore, 82oli, 85mli, 90ure, 92oli, 98mli, 112u, 114mli, 114ure, 115uli, 120mz, 125ore, 127ore, 131ure, 132mre, 132oli, 132ure, 136oli, 139uz, 140ure, 142oli, 144mli, 146mli, 148oli, 148uz, 153ore, 165mre, 168mre, 168uz, 171u, 173mz, 179mz, 180mli, 181mli, 182mli, 185mre, 187ore, 187u, 188mli, 195mli, 196ore, 200mli, 203mli, 207ore, 212ore, 215mz, 224mli, 224ure, 226mli, 227uz, 229uz,233ore, 234mz, 237ore, 240ore; **Marquez/Silvestris** 137ore; **McElroy** 198mz; **Mestel/Hecker** 27mz, 46mli, 109ore, 170oli, 171oz, 216u, 220ore, 226oli, 229ore, 234oli; **Moosrainer** 23ore, 27uli, 36mli, 39mre, 43ore, 43uli, 44oli, 48mli, 48ure, 60oli, 61u, 63ore, 66mre, 70mre, 70oli, 72mli, 89ore, 99ore, 100mre, 105mre, 105u, 106ure, 111u, 115ore, 118mli, 118mz, 135ore, 135uz, 136mre, 144ure, 149u, 154uz, 157mli, 157ore, 158oli, 161mre, 161uli, 163uli, 164uz, 166oli, 166ure, 172mre, 172ure, 174ure, 176mz, 178mre, 178ure, 181ore, 182mre, 192oli, 198u, 203u, 204oli, 213u, 215mli, 220ure, 224mz, 228mz, 233uli, 233uz; **Newell** 236ore; **Nill** 18u, 22oli, 36uz, 58mli, 71mli, 71ore, 75mz, 80oli, 91ore, 101mre, 118oli, 119ore, 124mli, 125uli, 133mre, 133uli, 134mre, 138oli, 142mli, 143mz, 146ure, 147uli, 151mli, 158mli, 189mz, 190oli, 206u, 208mli, 212u, 234mli, 240ure; **Pforr** 31ore, 47m, 56u, 78mz, 80u, 103ore, 109u, 137mre, 160mre, 163mz, 192u, 202oli; **Pfützke** 104uz; **Pollin** 223u; **Pölting/Angermayer** 219ore; **Reinhard** 100mli; **Reinhard/Angermayer** 60mre; **Reszeter** 44mli, 44ure, 45mre, 45uli, 55mre, 74mli, 74ure, 236mre, 238oli; **Schmid/ Angermayer** 56oli, 62mre, 168mli, 169mz; **Schmidt** 27mre, 40mre, 40u, 43mre, 58oli, 70u, 78mli, 92mli, 92ore, 118mre, 122oli, 126mli, 155u, 172mli, 172oli, 174mli; **Silvestris/ Schiersmann** 104oli; **Sohns/Silvestris** 114oz, 115mz; **Sprank/Silvestris** 176oli, 210oli; **SWAN Buckingham**, 205mz; **Synatzschke** 18oli, 32oli, 37mli, 79oz, 129ure, 130ore, 134oli, 158ore, 167ure, 183u, 200ure, 202mre; **Tepke** 211oz, 236oli, 236ore; **Thielscher/Silvestris** 46u, 123ore, 185ore; **Tuschel/Willner** 18ore, 26oli, 32mre, 32oz, 36mz, 74mz, 110u, 140mz, 178mli, 193uli, 198mli, 234ore, 121uli; **Varesvuo** 55ore, 63mre, 63uz, 102mli, 102ure, 102uz, 229mre, 232oli; **Volmer** 240mre; **Wendl/Angermayer** 50mz; **Wendl/Zeininger** 135mli; **K. Wernicke** 155ore, 167mli, 174mre, 176mli, 176ure, 182oli, 183ore, 186mre, 186mz, 186oli, 186uli, 188oli, 189uli, 189uz, 190mli, 193mre, 199u, 203mre, 203ore, 204mre, 209ore, 209u, 210mre, 212mli, 212mz, 214oli, 215ore, 217mz, 217ore, 218mli, 219mli, 222mre, 226oz, 230oli, 233mre, 234uz, 241ore; **P. Wernicke** 88mz, 139ore, 141mre, 141mz, 141oz, 143oli; **Wernicke/Silvestris** 175mz; **Wilhelmshurst/Silvestris** 116mli, 223ore, 50ure, 51mli, 87u, 179uli, 218mre, 229uli, 231ure; **Willner** 74ore, 147mli, 171ore, 180mre, 227ore, 228mli, 228ore, 240mli; **Wisniewski/Silvestris** 152u, 216mli; **Wöhler/Silvestris** 56mz; **Wothe** 150mre, 150ore, 156uz, 188uz, 237mre; **Zeininger** 21ore, 28mz, 29ore, 31m, 32mli, 33m, 33ore, 34u, 35ore, 37ore, 43oz, 45mz, 47ore, 48oli, 50mli, 51mre, 51ore, 54mre, 58mz, 58u, 59ore, 62u, 65m, 68u, 69ore, 71mz, 72oli, 74oli, 75ore, 77ore, 79mre, 79uz, 81u, 82mre, 84oli, 85mre, 87mz, 90mz, 100oli, 101ore, 103u, 105ore, 106mli, 106oli, 106uz, 108oli, 108u, 114uz, 116ure, 117u, 124mre, 128oli, 130oli, 136mli, 138mre, 142ure, 144oli, 151mre, 151uli, 153u, 156mli, 158mz, 159uli, 163uz, 164ure, 166mli, 168oz, 178oli, 181u, 184mre, 184oli, 184uli, 185uli, 189ore, 192mre, 198oli, 200oli, 205u, 207mli, 207u, 214mli, 214ore, 215uli, 216oli, 224oli, 226mre, 227mli, 227mz, 231ore; **Ziesler/Angermayer** 222mli

o = oben; m = horizontal mittig; u = unten; li = links; z = vertikal mittig; re = rechts; UI = Umschlag Innenseite; v. = von

Buchfink
Haussperling
Bluthänfling
Stieglitz
Grünling
Goldammer
Feldlerche
Baumpieper
Baumpieper
Bachstelze
Waldbaumläufer
Gartenbaumläufer
Kleiber
Kohlmeise
Blaumeise
Sumpfmeise
Schwanzmeise
Grauschnäpper
Neuntöter
Raubwürger
Gelbspötter
Wintergoldhähnchen
Zilpzalp
Fitis
Waldlaubsänger

Alle Abbildungen in Originalgröße

Welches Ei ist das?

Alle Abbildungen in Originalgröße

Teichhuhn

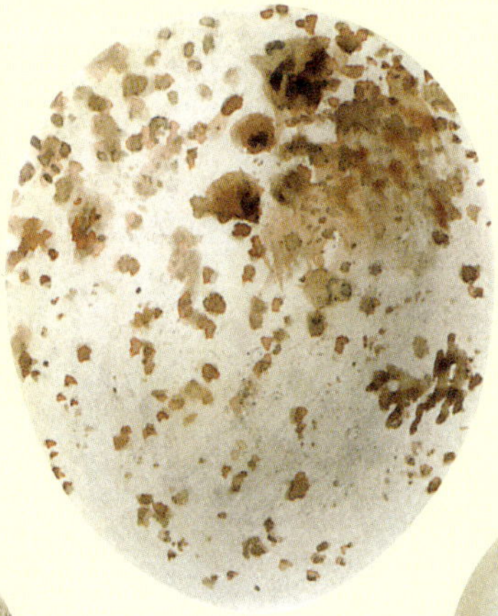

Schwarzmilan

Rebhuhn

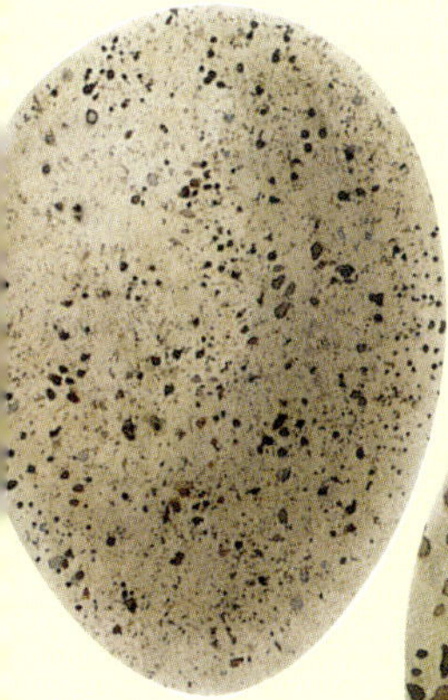

Blässhuhn

Jagdfasan

Silbermöwe

Austernfischer

Lachmöwe

Autor

Volker Dierschke widmete sich schon von Kindesbeinen an der Vogelbeobachtung, zunächst angeleitet von seinem ornithologisch tätigen Großvater. Nach seinem Biologiestudium in Göttingen erforschte er an den Vogelwarten Helgoland und Hiddensee den Vogelzug und arbeitete an seiner Dissertation über den Zug von Watvögeln. An der Universität Kiel war er an Projekten über die Verbreitung von Seevögeln in den deutschen Meeresgebieten beteiligt. Dank seiner vielseitigen Kenntnisse der Vogelwelt gehört er zu den bekanntesten Ornithologen in Deutschland und ist Herausgeber der wissenschaftlichen Zeitschrift „Die Vogelwelt". Volker Dierschke ist als freiberuflicher Biologe und Autor tätig.

Impressum

Mit 870 Farbfotos (siehe Bildnachweis S. 248/249) und 747 farbigen Vogelzeichnungen von Paschalis Dougalis/Kosmos, 3 Vogeltopographiezeichnungen auf den Seiten 6 und 7 von Steffen Walentowitz, 69 farbigen Eierzeichnungen von Walter Söllner/Kosmos und 368 Verbreitungskarten sowie 13 Signets von Wolfgang Lang.

Das Foto auf Seite 2 zeigt einen Kleiber. Die Fotos auf Seite 3 zeigen (von oben nach unten): Goldammer, Ringeltaube, Turmfalke, Graureiher, Rotschenkel und Schwarzhalstaucher. Auf Seite 16/17 finden Sie ein Bienenfresserpaar.

Umschlaggestaltung von eStudio Calamar,
unter Verwendung eines Bildes (Schwarzspecht) von Peter Zeininger

Unser gesamtes lieferbares Programm und viele weitere Informationen zu unseren Büchern, Spielen, Experimentierkästen, DVD, Autoren und Aktivitäten finden Sie unter **www.kosmos.de**

FSC
www.fsc.org
MIX
Paper from responsible sources
FSC® C023164

ISBN 978-3-440-10796-6
Projektleitung: Stefanie Tommes
Lektorat: Alke Rockmann, Bärbel Oftring, Annegret Kuhn
Produktion: Markus Schärtlein, Johannes Geyer
Grundlayout: eStudio Calamar
Printed in Italy / Imprimé en Italie